Optimierung des Temperaturfeldes beim Laserstrahlhärten

Optimization of the Temperature Field during Laser Hardening

Von der Fakultät für Maschinenwesen
der Rheinisch-Westfälischen Technischen Hochschule Aachen
zur Erlangung des akademischen Grades eines
Doktors der Ingenieurwissenschaften
genehmigte Dissertation

vorgelegt von

Martin Schulz

Berichter/in:

Univ.-Prof. Dr.-Ing. Thomas Bergs
Univ.-Prof. Dr. rer. nat. Peter Loosen

Tag der mündlichen Prüfung: 10. Dezember 2021

ERGEBNISSE AUS DER PRODUKTIONSTECHNIK

Martin Schulz

Optimierung des Temperaturfeldes beim Laserstrahlhärten

Herausgeber:
Prof. Dr.-Ing. T. Bergs
Prof. Dr.-Ing. Dipl.-Wirt. Ing. G. Schuh
Prof. Dr.-Ing. C. Brecher
Prof. Dr.-Ing. R. H. Schmitt

Band 22/2022

WZL | RWTH AACHEN UNIVERSITY

Fraunhofer IPT

Bibliografische Information der Deutschen Nationalbibliothek
Die Deutsche Nationalbibliothek verzeichnet diese Publikation in der Deutschen Nationalbibliografie; detaillierte bibliografische Daten sind im Internet über https://portal.dnb.de abrufbar.

Martin Schulz:

Optimierung des Temperaturfeldes beim Laserstrahlhärten

1. Auflage, 2022

Gedruckt auf holz- und säurefreiem Papier, 100% chlorfrei gebleicht.

Apprimus Verlag, Aachen, 2022
Wissenschaftsverlag des Instituts für Industriekommunikation und Fachmedien an der RWTH Aachen
Steinbachstr. 25, 52074 Aachen
Internet: www.apprimus-verlag.de, E-Mail: info@apprimus-verlag.de

Druck: CPI Druckdienstleistungen GmbH, Ferdinand-Jühlke-Straße 7 I 99095 Erfurt

ISBN 978-3-98555-078-4

D 82 (Diss. RWTH Aachen University, 2021)

Vorwort und Danksagung

Preamble and Acknowledgment

Die vorliegende Arbeit ist im Rahmen meiner Tätigkeit als wissenschaftliche Mitarbeiter am Fraunhofer-Institut für Produktionstechnologie in Aachen entstanden. Mein Dank gilt dabei allen, die mich während dieser Zeit begleitet haben.

Zunächst möchte ich Herrn Prof. Dr.-Ing. Thomas Bergs für die Betreuung meiner Arbeit danken. Außerdem gilt mein Dank für das Korreferat Herrn Prof. Dr. rer. nat. Peter Loosen sowie Herrn Prof. Dr.-Ing. Christian Schindler für die Übernahme des Prüfungsvorsitzes.

Für die tolle Arbeitsatmosphäre und die moralische Unterstützung während des Promotionsprozesses danke ich meinen ehemaligen Kollegen der Abteilung „Lasermaterialbearbeitung". Mein Dank gilt neben anderen Kristian Arntz, Maximilian Wegener, Kai Winands, Jan Riepe, Ulrike Hermens, Nils Klingbeil, Marius Gipperich, Sebastian Kamman, Jürgen van Rieth und Guido Gerst. Besonders danken möchte ich Stefan Gräfe für die angeregten Gespräche, kreativen Ideen und kritische Reflektion. Meinen studentischen Hilfskräften möchte ich für die tatkräftige Unterstützung danken. Stellvertretend für viele andere sein hier Nivaldo Venture Junior, Simon Jentzsch, Florian Sous und Matthias Brucki genannt.

Unter anderem ist die vorliegende Arbeit im Rahmen des Projektes nano DPP im Forschungscampus „Digital Photonic Production" entstanden. Daher möchte ich mich zusätzlich bei den Projektpartnern vom Aachener Zentrum für integrativen Leichtbau, vom Lehrstuhl für Technologie Optischer Systeme der RWTH Aachen, von TRUMPF Photonic Components und von innolite für die erfolgreiche Zusammenarbeit bedanken.

Am wichtigsten für den erfolgreichen Abschluss dieser Arbeit war die stetige Unterstützung seitens meiner Familie und meiner Freunde. Für die Nachsicht bei manchmal knapper Zeit und Zerstreutheit bin ich meinen Freunden dankbar. Meinen Eltern, Inge und Winfried Schulz, kann ich für ihre immense Unterstützung nicht genug danken. Vor Allem möchte ich meiner Frau Shabnam Schulz danken: Ohne dein Verständnis, deine Unterstützung und dein Anspornen wäre diese Arbeit nicht möglich gewesen. Mehr als alles andere möchte ich dir aber für unseren Sohn Elian Schulz danken.

Hamburg, im Februar 2022 Martin Schulz

Zusammenfassung

Das Laserstrahlhärten ist ein etabliertes Fertigungsverfahren, das ein präzises und effizientes Randschichthärten ermöglicht. Ein Laserstrahl erhitzt hierzu die Oberfläche des Werkstücks. Anschließend erfolgt die Abkühlung durch Selbstabschreckung. Das so erzeugte Temperaturfeld ergibt sich als Konsequenz aus absorbierter Laserleistung, Vorschubgeschwindigkeit und der Strahlform. Das Temperaturfeld wiederum bedingt die metallurgische Umwandlung des Werkstoffes und damit die Produktqualität.

Durch die Lösung des inversen Wärmeleitungsproblems ergibt sich ein neuer Ansatz zur Prozessoptimierung: Das Temperaturfeld kann direkt als Optimierungsgröße verwendet werden. Wie die Analyse des Stands der Technik zeigt, sind moderne Strahlformungssysteme wie Freiformoptiken in der Lage, die so berechneten Intensitätsverteilungen zu realisieren. Hieraus resultiert ein neuer Freiheitsgrad zur Prozessoptimierung und ebenso ein Wissensdefizit hinsichtlich optimaler Temperaturfelder, dem mit folgendem Ansatz begegnet wird:

Zunächst werden Zielgrößen identifiziert. Als Zielgröße für die Prozessoptimierung können sowohl produktions- als auch qualitätstechnisch relevante Bewertungsgrößen identifiziert werden. Die für die Optimierung erforderliche quantitative Beschreibung der Bewertungsgrößen vom Zeit-Temperatur-Verlauf wird durch eine Modellierung erarbeitet. Auf dieser Basis werden Zeit-Temperatur-Verläufe hergeleitet, die jeweils auf die Optimierung einer Bewertungsgröße abzielen. Zudem kann der Einfluss der hergeleiteten Zeit-Temperatur-Verläufe auf anderen Bewertungsgrößen identifiziert werden.

Den erzeugbaren Temperaturfeldern zur Generierung der entsprechenden Zeit-Temperatur-Verläufe sind jedoch physikalische Grenzen gesetzt. So kann die Intensitätsverteilung nur auf die Oberfläche einwirken. Auch werden Aufheizraten, Abkühlraten und der Wärmefluss in der Tiefe durch andere Größen wie die Vorschubgeschwindigkeit bedingt. In einem weiteren Teilmodell erfolgt daher eine Approximation der Lösung des inversen Wärmeleitungsproblems. Das Teilmodell erlaubt dabei eine schnelle Bestimmung physikalisch realisierbarer Temperaturfelder.

Mit dem Modell können so effizient Temperaturfelder in einem weiten Parameterraum simuliert und die Bewertungsgrößen analysiert werden. Auf diese Weise werden verschiedene Felder simulativ eruiert und mit dem Stand der Technik verglichen. Ausgewählte Temperaturfelder werden darüber hinaus mit Hilfe von Freiformoptiken realisiert und die Ergebnisse auf diese Weise experimentell verifiziert.

Mit diesem Ansatz wird gezeigt, dass die Temperaturfelder während des Laserstrahlhärtens optimiert werden können. Das Profil mit einer konstanten Oberflächentemperatur hat das größte Potential und ist den hergeleiteten Profilen mit komplexeren funktionalen Temperaturverläufen überlegen.

Summary

Laser Hardening allows for a precise and efficient surface hardening technique and has become an established manufacturing process. A laser beam heats up the surface of the work piece. Subsequently, the temperature drops through self-quenching. The generated temperature field is determined by laser power, feed rate and intensity distribution. The temperature field in turn induces the metallurgical transformation.

The solution of the inverse heat conduction problem allows for a new approach for process optimization: The temperature field can directly be discussed as optimization parameter. The analysis of the state-of-the-art shows, that modern beam shaping devices can generate the calculated intensity distributions. This new generation of devices allows for an optimization of the process. Since the state of knowledge still is insufficient in this regard, it has been selected as research topic. To cover this topic the following approach has been taken:

Production- as well as quality-related parameters can be optimization targets and have to be defined. The optimization process requires a modeling of the quantitative description of the dependence of the evaluation parameters on temperature and time. Based on this modeling, time-temperature-cycles can be derived, which focus on a single evaluation parameter. Furthermore, the influence of this parameter in relation to other targets can be identified.

The real, generable temperature fields of the process are limited by physics. Just to mention some examples: The intensity distribution only influences the surface temperature. Heating and cooling rates of the other parameters are limited by the feed rate. The model also shows that the inverse heat conduction problem is solved by approximation. In this context the model facilitates a fast calculation of the temperature fields that can be generated.

The model provides a basis for the simulation of different temperature fields in a broad parameter space and analyses the process results. This way the temperature fields are can be compared with each other and be reflected with the state-of-the-art. Selected temperature fields are then realized with freeform optics to experimentally verify the results.

This approach proves that the temperature fields can be optimized during the laser hardening process. Fields with a constant surface temperature have the highest potential and are superior to the derived profiles with a more complex functional temperature cycle.

Inhaltsverzeichnis

Content

Formelzeichen und Abkürzungsverzeichnis

Formula Symbols and Abbreviations

$a_{Abs,x}$		Parameter des Absorptionsmodells
$a_{Mart.}$		Faktor in der Koistinen-Marburger-Gleichung
$A_{Absorption}$	[%]	Absorption
A_{Ges}	[mm²]	gehärteter Bereich
A_{H1}	[mm²]	konstruktiv nutzbarer Bereich
A_{H2}	[mm²]	nicht nutzbarer Bereich
$A_{Querschnitt}$	[m²]	austenitisierte Querschnittsfläche
Ac_1	[°C]	Temperatur, bei der die Bildung des Austenits bei Erwärmen beginnt
Ac_3	[°C]	Temperatur, bei der die Bildung des Austenits bei Erwärmen endet
$b_{Korn,1}$		Parameter des Temperaturverlaufs zur Reduktion des Korngrenzenwachstums
$b_{Oxid,2}$		Parameter des Temperaturverlaufs zur Optimierung des Oxidschichtwachstums
B_T	[mm]	Breite in der Einhärtungstiefe
Bgm		Begeisterungsmerkmale
Bm		Basismerkmale
c		Kohlenstoffanteil
c_{Int}		Integrationskonstanten
c_{Korn}		Exponenten des Korngrenzenwachstums
c_p	[J/K]	Wärmekapazität
CVD		Chemical Vapor-Deposition
D	[m²/s]	Diffusionskonstante
D_0	[m²/s]	Ausgangsdiffusionskonstante
DOE		Diffractive Optical Element
E_A	[J/mol]	Aktivierungsenergie
EDX		energiedispersive Röntgenspektroskopie
$erf\,()$		Fehlerfunktion

$f_{Aust.}$		Austenitanteil
$f_{Fer.}$		Ferritanteil
$f_{Mart.}$		Martensitanteil
$f_{Zem.}$		Zementitanteil
FEM		Finite-Elemente Methode
FL-Arm		Fiber Laser with Adjustable Ring Mode
H	[HV_1]	Härte im Gefüge
$H_{Aust.}$	[HV_1]	Härte des Austenits
$H_{Fer.(Verguetet)}$	[HV_1]	Härte des Ferrits (vergütet)
$H_{Zem.}$	[HV_1]	Härte des Zementits
$H_{Martensit}$	[HV_1]	Härte des Martensits
i,j		Feldindex
$JMAK - Gleichung$		Johnson-Mehl-Avrami-Kolmogorow-Gleichung
$K_{Aust.}, K_{Mart.}$	[GPa]	Kompressionsmodul
$K_{Druck.}$	[N/m]	Druckeigenspannungskennzahl
$K_{Het.}$		Kennzahl der Heterogenität
$K_{Zug.}$	[μm^2]	Zugeigenspannungskennzahl
k_{JMAK}		Faktor in der JMAK-Gleichung
L_L	[mm]	Länge des Laserprofils
Lm		Leistungsmerkmale
M		Merkmale klassifiziert als „Major“
m		Merkmale klassifiziert als „Minor“
M_F	[°C]	Temperatur, bei der die Umwandlung des Austenits in Martensit bei einem Abkühlen annähernd vollständig ist.
M_S	[°C]	Temperatur, bei der die Umwandlung des Austenits in Martensit bei einem Abkühlen beginnt.
MEMS		Micro-Electro-Mechanical System
NA		Numerische Apertur
n_i, n_j		Anzahl der Felder in x bzw. y
N_{JMAK}	[$1/m^3s$]	Nukleationsrate
n_{JMAK}		Faktor in der JMAK-Gleichung

Nd:Yag-Laser		Neodym-dotierter Yttrium-Aluminium-Granat-Laser
P_L	[W]	Laserleistung
P'_L	[W/m]	längenbezogene Laserleistung
P''_L	[W/m²]	flächenbezogene Laserleistung
$P_x, P_y,$		Exponenten der Super-Gaußfunktion
$\partial T\ /\partial\ t^-_{min}$	[°C/s]	minimale Abkühlrate
$\partial T\ /\partial\ t^+_{max}$	[°C/s]	maximale Aufheizgeschwindigkeit
$q(x, y)$	[W/m²]	lokale Wärmeleistung
R	[J/mol K]	allgemeine Gaskonstante
$\widehat{R}$	[m]	radialer Abstand vom Koordinatenursprung
R_x		Randbedingungen
REM		Rasterelektronenmikroskopie
R_H	[mm]	Radius der Härtespur
ρ	[kg/m³]	Dichte
Rm		Rückweisungsmerkmale
σ	[m]	Gaußradius
T	[°C]	Temperatur (allgemein)
$t_{H_{max}}$	[s]	maximale Haltezeit
$t_{H_{min}}$	[s]	erforderliche Haltezeit
T_0	[°C]	Umgebungstemperatur
T_A	[°C]	gemittelte Austenitisierungstemperatur
T_H	[mm]	Einhärtungstiefe
T_{max}	[°C]	maximale Prozesstemperatur
T_{min}	[°C]	minimale Prozesstemperatur
T_{MO}	[°C]	Temperatur an der Metalloberfläche
T_{OO}	[°C]	Temperatur an der Oxidoberfläche
u	[m/s]	Vorschubgeschwindigkeit
v_{JMAK}	[m/s]	Wachstumsgeschwindigkeit
VCSEL		Vertical-Cavity Surface-Emitting Laser
x	[m]	Koordinate in x-Richtung

$\widehat{X}, \widehat{Y}, \widehat{Z}, \widehat{L}, \widehat{B}, \widehat{F}$		Hilfsvariablen in Formel 4
$\widehat{x}, \widehat{\tau}$		Hilfsvariablen in Formel 32
x', y', z', t'	[m],[s]	Koordinaten und Zeit im Koordinatensystem der Strahlquelle
$x_{\%x}$		Anteil des entsprechenden Elements x an der Legierung
y	[m]	Koordinate in y-Richtung
z	[m]	Koordinate in z-Richtung
$ZTA - Diagramm$		Zeit-Temperatur-Austenitisierungs-Diagramm
$ZTU - Diagramm$		Zeit-Temperatur-Umwandlungs-Diagramm
α_{therm}	[1/K]	Wärmeausdehnungskoeffizient
$\widehat{\gamma}$		Hilfsvariablen in Formel 33
$\Delta x, \Delta y, \Delta z$	[m]	Inkremente in x bzw. y oder z
δ_{Korn}	[µm]	Korngröße
δ_{Oxid}	[m]	Oxidschichtdicke
$\Delta V_{Fer.\rightarrow Aust.}$		Volumenzunahme bei der Umwandlung von Ferrit zu Austenit
$\Delta V_{Fer.\rightarrow Mart.}$		Volumenzunahme bei der Umwandlung von Ferrit zu Martensit
λ	[W/mK]	Wärmeleitfähigkeit
μ_{GW}		geometrischer Wirkungsgrad
$\mu_{Prozess}$		Prozesswirkungsgrad
$\sigma_{ij,fließ,Austenit}$	[MPa]	Fließgrenze des Austenits
$\sigma_{Std,C}$		Standardabweichung des Kohlenstoffgehaltes
σ_x, σ_y	[mm]	Gaußradius in x bzw. y
$\dot{\Phi}'''$	[W/m³]	Volumenleistung

1 Einleitung

Introduction

Seit ihrem ersten industriellen Einsatz Mitte der 1960iger-Jahre hat sich die Lasertechnik als Querschnittstechnologie in vielen Fertigungsprozessen etabliert. Das martensitische Härten mittels Laserstrahlung ist dabei eines der ersten Verfahren, in denen der Laser produktionstechnisch eingesetzt wurde [ION13, S. 26-29].

Als bisher wichtigste Meilensteine der Prozessoptimierung sind die Pyrometerregelung und effiziente leistungsstarke Strahlquellen wie der Diodenlaser zu nennen. Ebenso hat sich das erreichbare Prozessergebnis durch die Möglichkeiten zur Manipulation der Intensitätsverteilung kontinuierlich verbessert. Obwohl Stand der Technik in der Regel homogenisierte Intensitätsprofile sind, werden in Forschung und Entwicklung leistungsfähigere Strahlformungssysteme erprobt. Diese Systeme eröffnen neue Freiheitsgrade zur Gestaltung der Intensitätsverteilung. Wie diese Freiheitsgrade zur Optimierung des Laserstrahlhärtens beitragen können, ist jedoch noch nicht geklärt und soll in der folgenden Arbeit thematisiert werden.

Im Fokus dieser Arbeit stehen dabei nicht die Techniken zur Strahlformung, sondern die Optimierung der damit erzeugten Temperaturverteilung im Prozess. Den Rückschluss auf die zur Erzeugung erforderlichen Intensitätsverteilungen erlaubt die numerische Lösung des inversen Wärmeleitungsproblems. Die Realisierung der bestimmten Intensitätsverteilung kann dann mit unterschiedlichen Strahlformern geschehen.

Zur Findung optimierter Temperaturfelder ist die Arbeit wie folgt aufgebaut:

Nach einer kurzen Themenabgrenzung wird die Abhängigkeit des Prozesses vom Zeit-Temperatur-Verlauf qualitativ diskutiert. Anschließend werden die mit den derzeit verfügbaren technischen Mitteln erzeugbaren Strahlprofile vorgestellt und ihr Einfluss auf das Temperaturfeld und die Werkstoffreaktion erörtert.

Aus dem so aufgearbeitetem Stand der Technik wird die Forschungshypothese abgeleitet und der Lösungsweg aufgezeigt.

Zunächst werden hierzu basierend auf allgemeinen Anforderungen an laserstrahlgehärtete Produkte Bewertungsgrößen zur Optimierung von Temperaturfeldern erarbeitet. Um die Abhängigkeiten der Bewertungsgrößen von den Temperaturfeldern zu beschreiben, wird ein Modell erstellt. Am Beispiel einer homogenen Intensitätsverteilung wird das Modell experimentell verifiziert. Das Beispiel dient auch dazu, den Stand der Technik hinsichtlich der eingeführten Größen zu bewerten. Anschließend werden auf Grundlage der Modellannahmen Temperaturfelder hergeleitet, die jeweils zu einer Verbesserung hinsichtlich einer der Bewertungsgrößen führen. Das Potential dieser Temperaturfelder wird diskutiert und anhand eines Härteversuches mit Freiformspiegeln experimentell überprüft.

Introduction

Einleitung

Since its first industrial application in the mid-1960ties laser technology has developed into a cross-sectional technology used in various manufacturing processes. Martensitic hardening through laser radiation is one of the first processes where laser technology was used in industrial production [ION13, S. 26-29].

Closed loop control by pyrometers and efficient and powerful sources such as diode lasers are considered to be the most significant milestones in the development of laser technology up to the present day. The achievable process results also have continually improved due to the technical capabilities to manipulate the intensity profile. While homogenized intensity distribution devices currently are state of the art in industrial applications, more powerful beam shaping devices are tested in research and development. These systems allow for new degrees of freedom in the shaping of the intensity distribution. How these new degrees of freedom can be utilized to optimize the laser hardening process still is unknown and its further research is the topic of this thesis.

The present work is not focusing on the analysis of the different new techniques of-beam shaping but explores the possible ways and means to optimize the temperature field generated by them during the process. The numeric solution of the inverse heat conduction problem allows to calculate the necessary intensity distribution which may be realized with different beam shaping techniques.

To obtain optimal temperature fields the thesis is structured as follows:

Chapter 2 begins with a short outline of the topic and then discusses the temperature dependence of the process. Thereafter the currently producible beam profiles are described. The influence of the beam profile on the temperature profile in the process and the effects on the production process are analyzed.

In chapter 3 the research hypothesis is deduced on the basis of the scientific discussions in the chapter State of the art.

Based on generic requirements for laser hardened products, evaluation parameters for optimized temperature fields are concluded in chapter 4.

A model is developed in chapter 5 describing the dependence of the evaluation parameters on the temperature field.

Subsequently, the model is in chapter 6 verified by means of the homogenous intensity distribution. The capability of this distribution is discussed.

Based on the model assumptions, potential temperature fields are inferred in chapter 7 with the objective of optimizing the process in accordance with the evaluation parameters.Chapter 8 covers the final verification of the model as well as the validation of optimized temperature fields implemented on the basis of empirical studies with freeform mirrors.

2 Stand der Technik in Forschung und Industrie

State of the Art, Structure and Format of the Thesis

Der prozessbezogene Stand der Technik lässt sich in das Forschungswissen über physikalische Wirkmechanismen sowie die verwendete Anlagentechnik in Forschung und Industrie einteilen. Bevor diese beiden Themenbereiche diskutiert werden, erfolgt zu Beginn des Kapitels eine kurze Prozessbeschreibung und Eingrenzung des Themenfelds. Hieraus werden die Wirkzusammenhänge hergeleitet. In Kapitel 2.2 wird der aktuelle wissenschaftliche Erkenntnisstand zu den metallurgischen Vorgängen während des Prozesses erläutert. Im Fokus stehen dabei die Abhängigkeiten vom Zeit-Temperatur-Verlauf. Die Übersicht über den Stand der Technik endet in Kapitel 2.3 mit einer Betrachtung der in Forschung und Industrie verwendeten Strahlformungssysteme. Die Anlagentechnik und deren Wirkung auf den Zeit-Temperatur-Verlauf stehen hier im Vordergrund.

2.1 Prozessbeschreibung und thematische Abgrenzung

Process Description and Thematic Differentiation

Neben den Eisenlegierungen verfügen auch Titanlegierungen über Gefügemodifikationen, die als martensitisch bezeichnet werden [ION13, S. 22; PETE02, S. 12-16]. Außerdem weisen Aluminium- und Bleibronzen vergleichbare Mechanismen auf [RAWL81, S. 185; LÄPP10, S. 110]. In der folgenden Arbeit werden ausschließlich Eisenlegierungen thematisiert. Der Begriff „Laserstrahlhärten“ wird in dieser Arbeit somit als Synonym für das martensitische Randschichthärten von Stahllegierungen mithilfe eines Laserstrahles gemäß DIN EN 17022-5 verwendet [DIN 00a].

Das martensitische Randschichthärten mittels Laserstrahlung gehört laut DIN 8580 zu den Verfahren der sechsten Hauptgruppe “Stoffeigenschaften ändern“ [DIN 03]. Innerhalb dieser Gruppe gibt es eine Vielzahl anderer Laseroberflächenbehandlungen, die zu einer Modifikation des Werkstoffes in der Randzone führen. Vom Laserstrahl-Schmelzhärten, -Legieren oder -Dispergieren gemäß DIN 30950 [DIN 99] unterscheidet sich das martensitische Randschichthärten durch den Aggregatszustand des Umwandlungsvorgangs. Der Werkstoff verbleibt in der festen Form und wird durch eine Festkörperreaktion umgewandelt. Strömungsphänomene oder makroskopische Veränderungen der Zusammensetzung spielen keine Rolle. Das Prozessergebnis ist daher ausschließlich vom Ausgangszustand des Werkstoffes und dem Zeit-Temperatur-Verlauf des Prozesses abhängig.

Der Zeit-Temperatur-Verlauf lässt sich zeitlich in eine Aufheizphase, eine Haltephase und eine Abkühlphase unterteilen [RUDL93, S. 45; BLOE97, S. 13; ION13, S. 15-16; YANG90a, S. 119]. Zur Erläuterung zeigt Abbildung 1 einen exemplarischen Zeit-Temperatur-Verlauf eines beliebigen prozessierten infinitesimalen Werkstoffvolumens innerhalb der Randzone. Im Werkstoff wird zunächst das Ausgangsgefüge aufgelöst. Der dabei gebildete Austenit hat ein wesentlich höheres Lösungsvermögen für Kohlenstoff als der bei Raumtemperatur vorliegende Ferrit. Im neugebildeten Gefüge homogenisiert sich der Kohlenstoff. Wenn der Abkühlvorgang schnell genug erfolgt, bleibt der Kohlenstoff zwangsgelöst und verzerrt die Gitterstruktur zu hartem Martensit [KÜPP96, S. 48; S. 55].

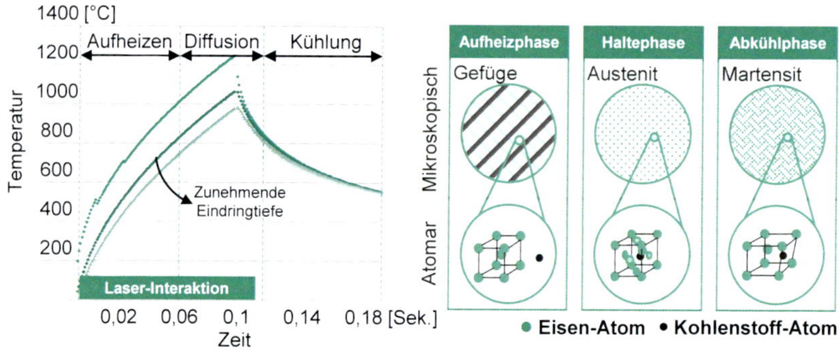

Abbildung 1: Exemplarischer Zeit-Temperatur-Verlauf und Phasen des Prozesses

Die Zeit-Temperatur-Verläufe beim Randschichthärten sind neben den thermischen Werkstoffeigenschaften primär von der eingesetzten Energiequelle abhängig. Beim Laserstrahl-, Elektronenstrahl- und Flammhärten wird nur die Oberfläche erwärmt, während das induktive Verfahren das gesamte Randschichtvolumen erfasst [DIN 00a, S. 3]. Die räumliche Verteilung der Temperatur im Werkstück, das Temperaturfeld, wird durch Konduktion gemäß dem Fourierschen Gesetz erzeugt. Somit determiniert die Intensitätsverteilung an der Oberfläche das Temperaturfeld.

Der Abkühlvorgang erfolgt beim Randschichthärten mit Laserstrahlung oder Elektronenstrahlen in der Regel durch Selbstabschreckung [DIN 00a, S. 8]. Der Begriff der Randschicht impliziert dabei, dass das prozessierte Volumen im Verhältnis zum Werkstückvolumen gering ist [ION13, S. 16]. Die Temperatur fällt daher außerhalb der von der Wärmequelle beeinflussten Bearbeitungszone rasch ab. In Sonderfällen, die in dieser Arbeit nicht thematisiert werden sollen, wird die Selbstabschreckung durch ein Kühlmedium unterstützt [KLOC17; KOVA98, S. 134; KÜPP96]. Die betrachteten Abkühlvorgänge sind damit nur abhängig vom Temperaturfeld im Werkstück am Ende der Aufheiz- und Haltephase [DIN 00a, S. 10; PANT05a, S. 264].

In der vorliegenden Arbeit sollen die grundlegenden Mechanismen des Laserstrahlhärtens betrachtet werden. Für komplexe Bauteile kann die hierzu erforderliche Bestimmung des Temperaturfeldes ausschließlich über numerische oder experimentelle Verfahren unter Berücksichtigung des Einzelfalls geschehen [AMEN85, S. 103-111; SCHM86, S. 71]. Randbedingungen, die sich aufgrund der Geometrie des Werkstückes ergeben, werden daher nicht berücksichtigt.

Laserstrahlung wird in einer Strahlquelle erzeugt. Mittels einer Strahlführung wird die Strahlung auf das Werkstück geleitet. Die Intensitätsverteilung kann durch optische Elemente, sogenannte Strahlformungssysteme, beeinflusst werden [BLOE97; DIN

00a, S. 6; S. 7; SCHÜ00; SCHL94, S. 30]. Die Oberflächentemperatur während des Laserstrahlhärtens ist von der Intensitätsverteilung an der Werkstückoberfläche und somit von der eingesetzten Strahlquelle und Strahlformung abhängig.

Hinsichtlich der Prozessführung lassen sich beim Randschichthärten zwei Varianten unterscheiden: Der Prozess kann mit und ohne Relativbewegung durchgeführt werden. Ohne Relativbewegung wird die gesamte zu härtende Fläche zeitgleich prozessiert [HRUŠ13b, S. 2]. Während kleinere Bereiche auf diese Weise gehärtet werden können [BLOE97, S. 38-39; BONS09, S. 222-223], sind bei größeren Flächen hohe Laserleistungen erforderlich, die häufig weder verfügbar noch wirtschaftlich einsetzbar sind [BURG88, S. 32; SAND91, S. 288; SCHL94, S. 18]. Im Folgenden wird deshalb davon ausgegangen, dass der Laserstrahl sich mit konstanter Geschwindigkeit relativ zum Werkstück bewegt. Bei den Darstellungen von Temperaturfeldern in dieser Arbeit bewegt sich das Werkstück stets von rechts nach links durch die Abbildung. (vgl. Abbildung 5).

In der folgenden Arbeit wird auf die Art und Weise einer möglichen Relativbewegung zwischen Werkzeug und Optik nicht näher eingegangen. Mögliche Systeme sind Roboter [BLOE97, S. 77-80; MÜLL17] oder Werkzeugmaschinen [BLOE97, S. 77-80; BOUQ14; KÜPP96, S. 106; LANG97]. Zusätzlich oder alternativ wird der Strahl z.B. mit einem Remotescanner über das Werkstück geführt [MÜLL17]. Abgrenzend zu diesen Führungssystemen können mithilfe von Spiegeln auch Intensitätsverteilungen durch sehr schnelle Relativbewegungen erzeugt werden. Hierzu muss die Zeitkonstante der Bewegung wesentlich kleiner als die Zeitkonstante der Wärmeleitung sein. Diese Spiegelsysteme dienen dann der Strahlformung [MEYE90, S. 21]. Wenn im Folgenden Scanner genannt werden, wird demnach ein optisches System zur Strahlformung und nicht zur Strahlführung gemäß DIN EN 32532 bezeichnet [DIN 09].

Basierend auf der Prozessführung kann weiterhin zwischen einem geregelten und einem ungeregelten Prozess unterschieden werden. Die Oberflächenbeschaffenheit aufgrund von Oxidationsprozessen, Verunreinigungen oder Rauigkeit beeinflusst die Absorption. Die erforderliche Leistung schwankt dabei um bis zu 100% [DAUS95, S. 66; SKVA06, S. 2260; STEE10, S. 299]. Um dennoch ein reproduzierbares Prozessergebnis sicherzustellen, werden die Laserstrahlhärteprozesse in den meisten Fällen mithilfe einer Echtzeitregelung der maximalen Oberflächentemperatur versehen. Die maximale Temperatur lässt sich dabei mithilfe eines Quotienten-Pyrometers in-situ erfassen [BLOE97, S. 32-34; BONS12, S. 463; DREN97; LDER06, S. 103; ION13, S. 18; ION05, S. 230; KLOC07, S. 260; MART16, S. 49; SCHM86, S. 121; VOLL05, S. 5]. Wird im Folgenden nicht explizit anders vermerkt, ist grundsätzlich von einem auf eine maximale Oberflächentemperatur geregelten Prozess die Rede.

Diese Konvention hat den Vorteil, dass auf der Bearbeitungsfläche global vorliegende Absorptionseigenschaften, die z.B. auf die Oberflächenrauheit zurückzuführen sind, keinen Einfluss auf die relative Intensitätsverteilung haben. Auch die Wärmeverluste durch Konvektion müssen nicht in Betracht gezogen werden. Somit müssen nur die während des Prozesses durch die Änderungen der Absorptionseigenschaften lokal verursachten Intensitätsänderungen wie z.B. durch Oxidationsprozesse berücksichtigt werden [BONS09, S. 221; RUDL93, S. 91-103; SCHL94, S. 91-93; SCHM86, S. 84].

Die Prozessgrößen des Laserstrahlhärtens sind folglich die Vorschubgeschwindigkeit, die Gesamtleistung bzw. die maximale Oberflächentemperatur und die Intensitätsverteilung. [BOJI15, S. 75; MART17, S. 79; SCHM86, S. 58; WANG06, S. 12]

Auf Basis dieser Sachverhalte und Einschränkungen können die Wirkzusammenhänge gemäß Abbildung 2 in drei Schritte gegliedert werden. Nur auf den ersten Schritt dieser Kette kann prozesstechnisch Einfluss genommen werden.

Schritt 1: Der Laserstrahl trifft mit einer spezifischen Intensitätsverteilung auf die Oberfläche des Werkstücks. Die so eingetragene Energie wird durch Wärmeleitung in das Bauteil transportiert und definiert eine dreidimensionale mit dem Prozess mitbewegte Temperaturverteilung – das Temperaturfeld. Neben der Intensitätsverteilung ist das Temperaturfeld abhängig von den thermischen Werkstoffeigenschaften, der maximalen Oberflächentemperatur und der Prozessgeschwindigkeit.

Schritt 2: Die Relativbewegung zwischen Laser und Werkstück führt zu einem Materialfluss durch das Temperaturfeld. Aus Sicht eines Werkstoffelementes ergibt sich ein Zeit-Temperatur-Verlauf. Der Verlauf ist von der jeweiligen Position im Querschnitt abhängig und bedingt Werkstoffreaktionen (vgl. Abbildung 1). Die Werkstoffreaktionen hängen neben dem Temperaturfeld nur vom Ausgangszustand des Gefüges ab.

Schritt 3: Die Eigenschaften der Randschicht wie z.B. Oberflächenhärte oder Einhärtungstiefe resultieren aus den Werkstoffreaktionen. Diese Eigenschaften können abhängig vom Anwendungsfall unterschiedlich beurteilt werden. Aus der Bewertung ergibt sich die Qualität des hergestellten Werkstücks.

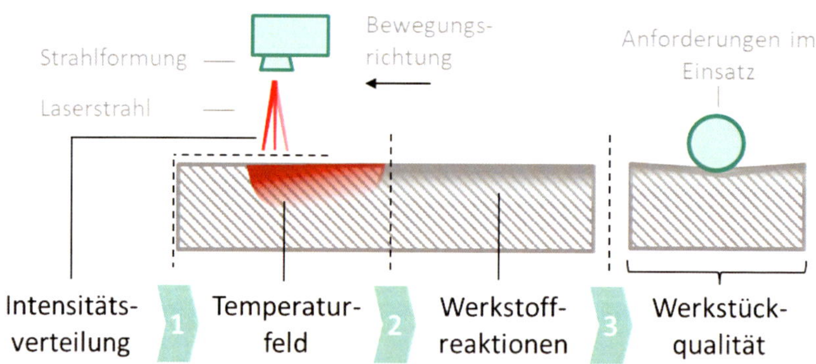

Abbildung 2: Wirkzusammenhänge des Laserstrahlhärtens

Um die im Stand der Technik verwendeten Temperaturfelder genauer bewerten zu können, werden im folgenden Kapitel zunächst die Randbedingungen für Zeit-Temperatur-Verläufe abgeleitet. Diese Kriterien sind die Grundlage, auf der Temperaturfelder hinsichtlich ihrer Prozesseignung diskutiert werden können. Anschließend werden die Abhängigkeiten des Temperaturfeldes von der Intensitätsverteilung beschrieben.

2.2 Wissenschaftlicher Erkenntnisstand zur Werkstoffumwandlung

State of Knowledge of Metallurgical Phenomena

Die grundlegenden während des Härtevorgangs im Werkstoff ablaufenden Vorgänge stehen seit langem im Fokus wissenschaftlicher Untersuchungen (s. z.B. [AVRA39; AVRA40; AVRA41; JOHN39]). Darauf basierend lässt sich der Prozess in drei Phasen gliedern Aufheizphase, Haltephase und Abkühlphase (vgl. Abbildung 1). Im Folgenden wird der Erkenntnisstand zu den bei Kurzzeitprozessen relevanten Phänomenen geschildert. Aus diesem Wissen werden die Grenzen für Zeit-Temperatur-Verläufe abgeleitet.

2.2.1 Einfluss des Ausgangsgefüges auf die Aufheizphase

Influence of the Original Microstructure on the Heat-Up Phase

Aus der Tatsache, dass Martensit aus einem durch interstitiellen Kohlenstoff verzerrtem Gitter besteht, lassen sich zwei grundsätzliche Randbedingungen für den zu härtenden Werkstoff ableiten:

Zum einem muss der Werkstoff bei Raumtemperatur in einer Phase mit geringer Kohlenstofflöslichkeit vorliegen – dem Ferrit. Diese Phase löst sich bei erhöhten Temperaturen zugunsten einer Phase mit höherer Kohlenstofflöslichkeit, dem Austenit, auf.

Zum anderen muss die Kohlenstoffkonzentration die Kohlenstoffsättigung des Ferrits deutlich überschreiten, um bei der Abkühlung das Gitter zu verzerren. Als technische Grenze gilt zwischen 0,2 - 0,3% Kohlenstoff [BERN08, S. 43; BURG88, S. 31]. Da der Kohlenstoff im ungehärteten Zustand nicht in der ferritischen Phase gelöst sein kann, bilden sich bei martensitisch härtbaren Werkstoffen im ungehärteten Zustand Gefüge aus mehreren Phasen aus [GOTT14, S. 434-439].

Die Zusammensetzung dieser Phasen und die Struktur des Gefüges sind dabei für die Kinetik der Umwandlung von hoher Bedeutung. Der Kohlenstoff kann wie z.B. bei Gusseisen als Reinform vorkommen. Bei Stahllegierungen wird er durch Eisen oder andere Legierungselemente zu Karbiden gebunden. Das in Eisenwerkstoffen am häufigsten vorkommende Karbid ist Fe_3C, Zementit [BERN08, S. 34-35; BLEC10, S. 76-80]. Legierungen mit einem hohen Anteil an karbidbildenden Elementen wie Chrom, Niob, Vanadium, Molybdän, Wolfram und Titan scheiden in der Regel inkohärente Karbide an den Korngrenzen aus. Aufgrund der erhöhten Stabilität, der Kugelform und der großen charakteristischen Diffusionslänge erfolgt die Homogenisierung der Karbide bei höheren Temperaturen und längeren Zeiten [AMEN85, S. 39; S. 60-61; BERN08, S. 103-108; LÄPP10, S. 142; MIOK07, S. 593; SCHM86, S. 89]. Der nicht als Zementit oder in Reinform vorliegende Kohlenstoff muss getrennt davon betrachtet werden.

Bei der Erwärmung des Werkstoffes oberhalb von Ac_1 wird das Ursprungsgefüge aufgelöst und es bilden sich neue Austenitkörner. In Langzeitprozessen wie der Ofenhärtung ist die Kinetik des Vorgangs vernachlässigbar. Die Langzeit-Austenit-Temperatur ist daher primär abhängig vom thermodynamischen Potential der Legierungszusammensetzung, die entweder austenit- oder ferritstabilisierend sein kann. In den wenigen

Sekunden der Kurzzeitaustenitisierung des Laserstrahlprozesses werden weitere Phänomene beobachtet, die unter anderem auf die lokale Inhomogenität des Kohlenstoffes in den Phasen des Gefüges zurückzuführen sind [BLEC10, S. 71-72; ION05, S. 229; LISC97, S. 604-605; SCHM86, S. 46-47; S. 89].

Basierend auf ihrer Größe bilden Legierungselemente innerhalb einer Phase entweder Substitutionsmischkristalle oder werden interstitiell im Kristall eingebunden. Aufgrund der erforderlichen langen Diffusionszeiten werden lokale Inhomogenitäten großer Substitutionsatome bei der Kurzzeiterwärmung kaum aufgelöst. Interstitielle Atome wie Kohlenstoff und Stickstoff diffundieren jedoch mit ausreichender Geschwindigkeit [AMEN85, S. 40; GOTT14, S. 171; MIOK07, S. 596; SCHL74]. Die lokale Kohlenstoffkonzentration während der Homogenisierung ist somit eine Funktion des Zeit-Temperatur-Verlaufs.

Die für den Konzentrationsausgleich nötige Zeit ist abhängig von den in der Diffusionskonstante zusammengefassten molekularen Prozessen. Diese beruhen auf molekularen Schwingungen und Platzwechselphänomenen, die makroskopisch als Temperatur wahrgenommen werden. Folglich ist die Diffusionskonstante nur im isothermen Fall konstant. Die starke Temperaturabhängigkeit erlaubt es, die um Größenordnungen kürzeren Prozesszeiten in der Kurzzeitaustenitisierung durch höhere Temperaturen zu kompensieren. [GOTT14, S. 171; ION13, S. 18; RUDL93, S. 46-49]

Die Diffusion basiert auf drei Mechanismen. Da die Kohlenstoffdiffusionskonstante im Ferrit größer und die Sättigung schnell erreicht ist, wird zunächst der Ferrit homogenisiert. Anschließend erfolgt ggf. die Korngrenzendiffusion und schließlich die Homogenisierung des Austenits. [LÄPP10, S. 142; LISC97, S. 604-605; JACO99, S. 1645]

Neben der Diffusionskonstante sind die charakteristische Diffusionslänge und die Gefüge-Morphologie für die zur Homogenisierung erforderlichen Zeit relevant.

Der Phasenübergang zwischen dem mit Kohlenstoff angereicherten Austenit und den Phasen Ferrit und Zementit ist eutektoidisch. Bei entsprechender Abkühlung bildet sich ein sehr feines lamellares Gefüge aus – Perlit. Andere Wärmebehandlungen führen z.B. zu einem globularen oder vergüteten Gefüge [BERN08, S. 29-31; BLEC10, S. 76-80]. Abhängig von der Wärmebehandlung und dem Kohlenstoffgehalt bilden sich Mischgefüge. Ein z.B. häufig auftretendes Mischgefüge aus Perlit und Zementit wird als Ledeburit bezeichnet [BERN08, S. 21-24; BLEC10, S. 76-80].

In perlitischen Gefügen ist der Lamellenabstand die charakteristische Größe. Aufgrund der kurzen Diffusionswege sind feine, rein perlitische Gefüge besonders für die Randschichthärtung geeignet [AMEN85, S. 39; LÄPP10, S. 142]. Ähnliches gilt für vergütete Gefüge, die sich durch eine inhomogene Struktur mit kurzen Diffusionslängen auszeichnen [AMEN85, S. 74; GRAF09, S. 280; PANT05b, S. 91; PANT05a, S. 265; WISS85, S. 33]. Wenn die kohlenstoffreiche Phase globular geglüht vorliegt, ist die Korngröße des Mischgefüges die charakteristische Länge. Die Homogenisierung erfolgt wesentlich langsamer als beim Perlit. In Mischgefügen mit Perlit und zusätzlich Ferrit oder Zementit wird daher zunächst der Perlit aufgelöst und erst anschließend der Zementit aufgrund der größeren charakteristischen Länge der Körner des Mischgefüges [AMEN85, S. 70; JACO97, S. 579; JACO99, S. 1645; LISC97, S. 611; MIOK07, S. 593].

Kohlenstoff selbst hat eine austenitstabilisierende Wirkung. Reines alpha-Ferrit wandelt sich bei einer Temperatur von 911°C in Austenit um. Mit einer steigenden Kohlenstoffkonzentration fällt diese Umwandlungstemperatur auf 723°C bei einem Kohlenstoffgehalt von 0,02%. Bei schnellen Aufheizraten erfolgt die Umwandlung entlang der Phasengrenze zwischen Austenit und Ferrit. Die Kohlenstoffdiffusion durch den Austenit ist dabei geschwindigkeitsbestimmend und es kommt zur Überhitzung der Ferrit-Austenit-Umwandlung [ORLI71, S. 33; ORLI74; PANT05b, S. 27; S. 28; SCHL74, S. 184-185; VOLL05, S. 4]. Bei sehr hohen Aufheizraten ist die Umwandlung nicht durch Diffusion, sondern Keimbildung limitiert [JACO98, S. 3961; MIOK05a, S. 16-18; S. 46-68; SCHL94, S. 71-73].

Unabhängig davon, ob die Austenitumwandlung an der kohlenstoffreicheren Phasengrenze beginnt [JACO99, S. 1645; MIOK07, S. 592] oder bei schneller Überschreitung einer Grenztemperatur an Fehlstellen im Gefüge [JACO98, S. 3959; S. 3961; PANT05b, S. 65], resultiert für die Umwandlung und die Homogenisierung eine Zeit-Temperatur-Abhängigkeit.

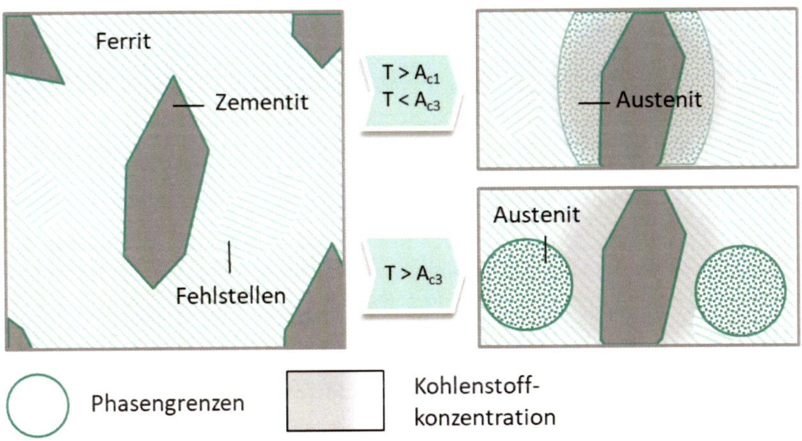

Abbildung 3: Mechanismen der Austenitumwandlung

Das Gefüge und die Mikrostruktur haben folglich einen entscheidenden Einfluss auf das Prozessergebnis [VOLL05, S. 4; ION13, S. 19; SCHM86, S. 26; SORG14, S. 9; VISS95, S. 646; GRUM01, S. 69]. Speziell die minimale Prozesstemperatur und erforderliche Haltezeit ist bei Kurzzeitaustenitisierung vom Gefüge abhängig [ORLI71, S. 8]. Anders als bei Langzeitprozessen ergibt sich für die minimale Prozesstemperatur keine konstante A_{c1}-Temperatur, sondern eine Abhängigkeit vom Zeit-Temperatur-Verlauf. Die minimale Haltezeit ist ebenfalls eine Funktion des Zeit-Temperatur-Verlaufs.

2.2.2 Thermisch induzierte Effekte während der Haltephase

Thermal-induced Effects during the Holding Phase

Die neugebildeten Austenitkörner lösen zunächst die anliegenden, thermisch weniger stabilen Phasen auf. Dabei schließen sich die Körner zusammen, sodass der Werkstoff vollständig austenitisiert wird. Wenn der Werkstoff weiterhin hohen Temperaturen ausgesetzt ist, wachsen die Körner zugunsten von kleineren Austenitkörnern weiter. Das Gefüge wird gröber [AMEN85, S. 39; JACO99, S. 1650; SCHL74, S. 186; SPUR15, S. 361]. An den Korngrenzen anliegende Karbide reduzieren dabei das Wachstum [SCHL94, S. 63-64; ION05, S. 233]. Da bei Raumtemperatur feine Gefüge den gröberen hinsichtlich Zähigkeit und Festigkeit überlegen sind, müssen im Prozess lange Wirkdauern bei hohen Temperaturen vermieden werden. Zudem spielt die Grobkornbildung bei der Umwandlung des Werkstoffs zu Martensit eine Rolle.

Darüber hinaus ist die Bildung von Martensit mit einer Volumenzunahme verbunden [ION05, S. 222]. Nach dem Oberflächenhärteprozess verbleiben dabei idealerweise Druckeigenspannungen in der Randschicht, die sich positiv auf das Verschleißverhalten des Werkstoffes auswirken. Höhere Temperaturen und längere Haltezeiten führen jedoch zum plastischen Fließen, so werden Spannungen abgebaut aber auch nach der Abkühlung Zugeigenspannungen hervorgerufen [MEYE90, S. 82-85; SOLI86, S. 275]. Zugspannungen in der Randschicht sind aufgrund der Sprödigkeit des Martensits zu vermeiden [VELI85; DIN 00a, S. 12; WIIA88, S. 778].

Neben dem Kornwachstum existiert eine weitere Prozessgrenze für die obere Prozesstemperatur. In den meisten Anwendungen wird ein Anschmelzen des Werkstoffes an der Oberfläche nicht toleriert. Während des Prozesses ist daher ein entsprechender Abstand zur Schmelztemperatur einzuhalten. [AMEN85, S. 92; BURG88, S. 76-78; PASH03, S. 588; PATW07, S. 320; SAND91, S. 287; SCHL94, S. 60-61; TOBA06, S. 6365]

Die Schmelztemperatur bei der Kurzzeiterwärmung entspricht dabei nicht zwangsläufig der Solidustemperatur der Legierung. Durch die schon beschriebene Inhomogenität vor allem des Kohlenstoffes kann eine Reduktion der Schmelztemperatur im gesättigten Austenit bis auf etwa 1050°C auftreten. Hinzu kommt der Einfluss weiterer Legierungselemente auf die Schmelztemperatur. Aufgrund des erhöhten Kohlenstoffgehaltes tritt dieser Effekt vor allem bei Gusseisen, karbidbildenden und ledeburitischen Stählen auf. [BUNG58, S. 194; ION13, S. 21; KULM75, S. 80; ROY00, S. 378-380; SCHL94, S. 60-61; SOLI86, S. 274; STEE10, S. 307]

Innerhalb der kurzen Interaktionszeiten ist die Homogenisierung des Gefüges häufig auch bei erhöhten Temperaturen nicht möglich. Aufgrund der folgenden zwei Phänomene ist dieser Umstand jedoch nicht zwangsläufig negativ:

Zum einen sind Karbide aufgrund ihrer hohen Härte und der Ausscheidungshärtung verschleißtechnisch vorteilhaft. Ebenso können Graphitphasen einen Selbstschmierungseffekt zur Folge haben und so die Verschleißeigenschaften verbessern. Allerdings findet, wie bereits erläutert, keine Homogenisierung der Substitutionsatome statt.

Die ehemaligen Karbidbereiche stellen demnach Mikro-Seigerungen dar, die zu negativen Effekten wie interkristalliner Korrosion führen können. [AMEN85, S. 41; BERN08, S. 103-108; DIN 00a, S. 7; FEDO99, S. 4261; ION05, S. 234; ION13, S. 19; LÄPP10, S. 142; MAHM10, S. 2559; SCHL94, S. 19; SELV99, S. 35; SVER97, S. 87]

Zum anderen kann es bei der Erhöhung des Kohlenstoffgehaltes zur Bildung von Restaustenit während der Abkühlung kommen. Restaustenit bedingt eine Reduktion der Makrohärte. Verbleibt ein Teil des Kohlenstoffs also in den harten Karbidphasen und der Werkstoff wird nicht vollständig homogenisiert, kann unter Umständen die Makrohärte gesteigert werden. [FEDO99, S. 4264; LÄPP10, S. 142; LO03, S. 98; MIOK07, S. 599; PANT05b, S. 30; PANT07, S. 439; SCHM86, S. 48; SVER97, S. 89; SLAT09, S. 805]

Für Kurzzeitprozesse gelten somit folgende Randbedingungen für den Zeit-Temperatur-Verlauf während der Haltephase: Um die gewünschte Homogenität des Kohlenstoffes im Austenit einzustellen, muss die Prozesstemperatur entsprechend lange oberhalb der Austenitisierungstemperatur liegen. Lange Haltezeiten sind zu vermeiden. Der Erhöhung der maximalen Temperatur zur Reduktion der Haltezeit sind jedoch aufgrund verschiedener Phänomene wie Anschmelzungen, Grobkorn- und Restaustenitbildung Grenzen gesetzt.

2.2.3 Bildung des gehärteten Gefüges bei der Abkühlung

Hardened Microstructure through Quenching

Im Gegensatz zu Gasreaktionen sind Festkörperreaktionen in den meisten Fällen durch die Diffusionsgeschwindigkeit limitiert. Die Umwandlung des mit Kohlenstoff angereicherten Austenits zu Martensit ist jedoch ein athermischer Prozess, bei dem das Kristallgitter mit Schallgeschwindigkeit umklappt und den Kohlenstoff zwangslöst. [BERN08, S. 43; BLEC10, S. 154-182; GOTT14, S. 434-439]

Die Reaktion setzte beim Erreichen der Martensit-Start-Temperatur (M_S) ein. Die Umsetzungsrate ist nicht von der Haltezeit abhängig, sondern von der Temperaturdifferenz. Die Martensit-Finish-Temperatur (M_F) bezeichnet eine nahezu vollständige Umwandlung. [GOTT14, S. 434-439; HÖMB96, S. 4378; FEDO99, S. 4260]

Die erforderliche Unterkühlungstemperatur hängt dabei von den austenit-, bzw. ferritstabilisierenden Legierungselementen ab. Eine besondere Funktion nimmt auch hier der Kohlenstoff ein. Mit zunehmendem Kohlenstoffgehalt werden mehr Atome interstitiell eingelagert. Das Gitter wird stärker verzerrt. Somit nimmt auch als makroskopische Größe die Härte und parallel zur Härte die Sprödigkeit zu. Der Härtezuwachs wird nicht allein durch das verzerrte Gitter, sondern auch durch die hohe Anzahl an Gitterfehlern, wie Zwillingsbildung und Versetzungen erklärt. [GOTT14, S. 434-439; SPUR15, S. 347; S. 357; BLEC10, S. 154-182]

Durch die Lösung von Kohlenstoff als austenitstabilisierendem Element kann M_F unterhalb der Raumtemperatur liegen. In diesem Fall ist eine vollständige Umwandlung des Werkstoffes durch Selbstabschreckung nicht realisierbar. Mittels kryogener Kühlmedien kann die Temperatur gesenkt und eine nahezu vollständige Umwandlung erreicht werden. Um jedoch ein solches Sonderverfahren zu vermeiden, darf vor allem bei Stählen mit hohem Kohlenstoffgehalt nur eine begrenzte Auflösung der Karbide erfolgen. [BERN74, S. 241-243; ION13, S. 18; OPPE11; PANT07, S. 438]

Restaustenit ist Austenit, der noch bei Raumtemperatur vorliegt. Abgesehen vom Kohlenstoffgehalt ist die Größe der ehemaligen Austenitkörner für die Bildung von Restaustenit verantwortlich. Negative Einflüsse des Restaustenits sind die Reduktion der makroskopischen Härte und die gesteigerte Sprödigkeit, die durch die Übergänge zwischen der weichen austenitischen Phase und dem harten Martensit begünstigt wird. Ein positiver Effekt kann durch die Umwandlung von Restaustenit in Martensit unter Zugbelastung erreicht werden. Hierdurch kann die Dauerfestigkeit gesteigert werden. Der technische Einsatz dieser Eigenschaft ist auf Sonderfälle begrenzt. [ELLE15, S. 271; FEDO99, S. 4261; BERN74, S. 241-243; LO03, S. 100-101; SPAN04, S. 17; SCHL94, S. 19; YAO10, S. 21]

Zur Unterdrückung einer Kohlenstoffdiffusion muss der Abschreckvorgang aus der austenitischen Phase entsprechend schnell erfolgen. Karbidbildende Legierungselemente hemmen die Kohlenstoffdiffusion und verringern so die kritische Geschwindigkeit. Mit abnehmender Temperatur wird die Kohlenstoffdiffusion verlangsamt, sodass mit zunehmender Annäherung an M_F auch die Abkühlgeschwindigkeit geringer sein kann. [SCHL94, S. 63-64]

Ist die Abkühlgeschwindigkeit nicht ausreichend hoch, um eine Kohlenstoffdiffusion zu vermeiden, scheidet sich ein Teil des Kohlenstoffes als Perlit aus. Das dabei entstehende Mischgefüge zwischen Perlit und Martensit wird als Bainit bezeichnet. Bei weiter sinkenden Abkühlgeschwindigkeiten bildet sich Perlit und anschließend Ferrit mit globularem Zementit. [SPUR15, S. 344; BLEC10, S. 183-199]

Aus diesen Erkenntnissen lassen sich folgende Randbedingungen für den Zeit-Temperatur-Verlauf in der Abkühlphase ableiten:

Wird eine vollständige Martensitumwandlung erreicht, ist der genaue Verlauf der Abkühlung von untergeordneter Bedeutung. Die für die möglichst vollständige Umwandlung erforderliche Temperatur ist jedoch von der lokalen Kohlenstoffkonzentration und damit vom Zeit-Temperatur-Verlauf während der Haltephase abhängig.

2.2.4 Fazit zum Zeit-Temperatur-Verlauf des Härtevorgangs

Conclusions Regarding the Time-Temperature-Sequence during Hardening

Über den zu Beginn dieses Kapitels dargestellten exemplarischen Zeit-Temperatur-Verlauf für ein beliebiges Volumenelement der zu härtenden Randzone lassen sich zusammenfassend folgende, in Abbildung 4 dargestellte, prozessrelevante Aussagen treffen: Die minimale Prozesstemperatur $T_{min}(t)$ und die erforderliche Haltezeit $t_{H_{min}}(T)$ werden durch die Umwandlungstemperatur des Austenits vorgegeben und sind daher abhängig vom Zeit-Temperatur-Verlauf, dem Werkstoff und dem Ausgangsgefüge. Die maximale Prozesstemperatur $T_{max}(t)$ wird durch die Schmelztemperatur limitiert. Die maximale Haltezeit $t_{H_{max}}(T)$ wird durch Grobkorn- und Restaustenitbildung festgelegt. Der maximalen Aufheizgeschwindigkeit $\partial T \,/\, \partial t^{+}_{max}$ sind durch mögliche thermische Spannungen und Risse Grenzen gesetzt. Die minimale Abkühlrate $\partial T \,/\, \partial t^{-}_{min}$ wird darüber hinaus durch die Unterdrückung des Diffusionsprozesses bestimmt. Generell lässt sich sagen, dass die Reduktion der eingebrachten Wärme mittels schneller Aufheizraten, schneller Abkühlraten, Senkung der Prozesstemperatur sowie kürzerer Haltezeit das Prozessergebnis verbessert.

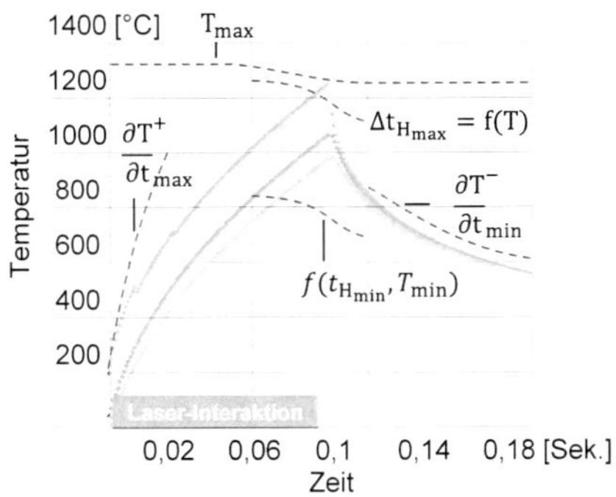

T_{max}	Maximale Prozesstemperatur
$\Delta t_{H_{max}}$	Maximale Haltezeit
$t_{H_{min}}$	Minimale Haltezeit
T_{min}	Minimale Prozesstemperatur
$\frac{\partial T^{-}}{\partial t_{min}}$	Minimale Abkühlrate
$\frac{\partial T^{+}}{\partial t_{max}}$	Maximale Aufheizrate

Abbildung 4: Metallurgische Randbedingungen für den exemplarischen Zeit-Temperatur-Verlauf

Die Abhängigkeit der metallurgischen Vorgänge des Laserstrahlhärtens vom Zeit-Temperatur-Verlauf und dem Ausgangszustand des Werkstoffes ist somit erklärt. Wie der jeweilige Zeit-Temperatur-Verlauf vom Temperaturfeld und damit vom eingesetzten Strahlformungssystem, der Oberflächentemperatur und der Vorschubgeschwindigkeit abhängt, wird im folgenden Kapitel erläutert.

2.3 Prozesstechnischer Einfluss der Strahlformungssysteme

Influence of Beam Shaping Devices on the Process

Anhand der in Forschung und Industrie eingesetzten Systeme soll in diesem Kapitel gezeigt werden, wie der für die metallurgischen Umwandlungen erforderliche Zeit-Temperatur-Verlauf von der Anlagentechnik und den eingesetzten Prozessparametern bestimmt wird. Einleitend wird die Abhängigkeit des Temperaturfeldes von der Intensitätsverteilung beschrieben und im Anschluss daran auf die Strahlformungssysteme detailliert eingegangen.

2.3.1 Abhängigkeit des Temperaturfeldes von Intensitätsverteilungen

Dependence of the Temperature Field on Intensity Distributions

Während für die Durchhärtung idealisiert für das ganze Werkstückvolumen ein Zeit-Temperatur-Verlauf angenommen werden kann, sind die räumlichen Temperaturgradienten beim Randschichthärten prozessimmanent. Da die Umwandlung, wie bereits erläutert, primär an den Zeit-Temperatur-Verlauf gebunden ist, müssen zur theoretischen Evaluation die Zeit-Temperatur-Verläufe für jedes infinitesimale Volumenelement in der Randschicht bekannt sein. Daher ist die Wärmeleitungsgleichung zu lösen.

Die Photonen des Laserstrahles werden innerhalb einer für den Prozess vernachlässigbaren Randzone absorbiert und in Wärme umgewandelt. Da in der Randschicht selbst keine Wärme generiert wird, muss gemäß dem Fourierschen Gesetz der Verlauf der Temperatur ins Bauteilinnere monoton fallend sein. Die Evaluation der von den Intensitätsverteilungen erzeugten Temperaturfelder wird so vereinfacht. Negative Effekte, die auf einer zu intensiven bzw. zu langen thermischen Belastung beruhen, treten immer nahe der Oberfläche auf [PANT05b, S. 34], während das Erreichen der Härte in der Einhärtungstiefe die erfolgreiche Prozessierung definiert [DIN 00b]. Der erzeugte Härteverlauf innerhalb der Randschicht ist durch ein Plateau gekennzeichnet und fällt dann kontinuierlich ab [ION13, S. 16; SCHL94, S. 76; DIN 00a, S. 11].

Der bisher im ortsfesten Koordinatensystem eines Volumenelements beschriebene Zeit-Temperatur-Verlauf lässt sich im stationären Fall in ein mit dem Prozess mitbewegtes Koordinatensystem überführen. Der Temperaturverlauf wird somit von einer Funktion der Zeit zu einer Funktion der Ortskoordinate in Bewegungsrichtung. Diese dreidimensionale mit dem Prozess mitbewegte Temperaturverteilung wird im Folgenden als Temperaturfeld bezeichnet.

Bei Vernachlässigung der latenten Wärme des Umwandlungsvorgangs und Annahme eines halbunendlichen Werkstückvolumens sowie eines stationären Prozesses lässt sich die Differentialgleichung in Formel 1 aufstellen. Das Temperaturfeld ist dann von der Vorschubgeschwindigkeit u, dem Werkstoffparameter κ, den Gradienten der Temperatur und als Randbedingung von der oberflächlichen Intensitätsverteilung abhängig.

Formel 1 $$\frac{\partial^2 T}{\partial^2 x} + \frac{\partial^2 T}{\partial^2 y} + \frac{\partial^2 T}{\partial^2 z} + \frac{u}{\kappa}\frac{\partial T}{\partial x} = \mathbf{0}$$

Die Berechnung mithilfe rein numerischer Verfahren bietet keinen umfassenden Einblick in die physikalischen Mechanismen. Alternativ empfiehlt sich das Verfahren der bewegten Punktquellen. Gemäß der Greenschen Funktion lassen sich Temperaturfelder superpositionieren. Somit können beliebige Intensitätsverläufe durch die räumliche und zeitliche Integration infinitesimaler Punktquellen gemäß Formel 2 angenähert werden. Lösungen für verschiedene theoretische Intensitätsverteilungen finden sich bei Carslaw, wobei die Integrale in der Regel nur numerisch lösbar sind. [CARS59; GRIG90, S. 115-121; ION13, S. 22; SCHL94, S. 29-38; YÁÑE02]

Formel 2 $$T(x,y,z,t) = \int_{-\infty}^{\infty}\int_{-\infty}^{\infty}\int_{0}^{t} \frac{q(x',y')dt}{8\,\rho\, c_p[\pi\kappa(t-t')]^{\frac{3}{2}}}\; e^{\frac{-\{x'-u(t-t')\}^2+(y-y')^2+z^2}{4\,\kappa(t-t')}}\, dt'\, dx' dy'$$

Für die Lasertechnik sind drei Lösungen von besonderer Bedeutung: Die Lösung einer konstanten rechteckigen Intensitätsverteilung [CARS59, S. 270], die Lösung einer Gaußverteilung [STEE10, S. 265-266; BEYE98, S. 64] und die Lösung einer unendlich intensiven Punktquelle, die als Rosenthal-Gleichung in der Schweißtechnik bekannt geworden ist [ROSE46].

Die Rosenthal-Gleichung in Formel 3 ist als einzige unter den genannten analytisch lösbar, führt jedoch aufgrund der unendlichen Intensität einer Punktquelle zu einem unendlichen Temperaturanstieg nahe der Quelle. Zur Bestimmung des Temperaturverlaufes an der Oberfläche ist sie daher ungeeignet, kann jedoch genutzt werden, um physikalische Zusammenhänge zu veranschaulichen. [GRIG90, S. 121]

Formel 3 $$T(x,y,z) - T_0 = \frac{P_L}{4\pi\lambda\hat{R}} e^{-\frac{u(\hat{R}-x)}{2\kappa}}, \quad \hat{R} = \sqrt{x^2+y^2+z^2}$$

Der Verlauf der Temperatur in Richtung des Vorschubs ist abhängig von der Vorschubgeschwindigkeit u, der Intensitätsverteilung des Laserstrahls, der Gesamtleistung P_L und den Werkstoffparametern κ, λ. Bei geregelten Prozessen wird die Gesamtleistung durch die Regelung variiert, sodass die maximale Oberflächentemperatur der Regelungstemperatur entspricht. Mathematisch ist dieses Vorgehen eine lineare Streckung des Temperaturfeldes. Im Gegensatz zum proportionalen Einfluss der Leistung bzw. der Regelungstemperatur ist der exponentielle Zusammenhang des Temperaturfeldes von der Geschwindigkeit weniger intuitiv.

Eine Veränderung der Intensitätsverteilung an der Oberfläche wirkt sich wiederum auf das komplette zu lösende Integral in Formel 2 aus. Hieraus wird mathematisch ersichtlich, warum sich die Prozessergebnisse unterschiedlicher Intensitätsverteilungen nur bedingt vergleichen lassen. Die Intensitätsverteilung als Prozesseinflussgröße erlaubt damit die größtmögliche Einflussnahme auf das sich räumlich ausbildende Temperaturfeld und damit auf die metallurgischen Vorgänge bzw. das Härteergebnis. [BOJI15, S. 75; SCHM86, S. 92]

Aus Formel 3 geht hervor, dass der Querschnitt in Bewegungsrichtung für die Rosenthal-Gleichung radialsymmetrisch ist. Für flächige Quellen, wie sie z.B. durch die Formel 4 beschrieben werden, zeichnet sich dieser Querschnitt in der Regel durch höhere Temperaturen im Zentrum aus.

Formel 4
$$T(x,y,z) - T_0 = \hat{F} \int_0^{\infty} e^{-\frac{\hat{Z}^2}{2t}} \left(erf\frac{\hat{Y}+\hat{L}}{\sqrt{2t}} - erf\frac{\hat{Y}-\hat{L}}{\sqrt{2t}} \right) \left(erf\frac{\hat{X}+\hat{B}+t}{\sqrt{2t}} - erf\frac{\hat{X}-\hat{B}+t}{\sqrt{2t}} \right) \frac{1}{t} dt$$

$$\hat{X} = \frac{ux}{2\kappa}, \hat{Y} = \frac{uy}{2\kappa}, \hat{Z} = \frac{uz}{2\kappa}, \hat{L} = \frac{ul}{2\kappa}, \hat{B} = \frac{ub}{2\kappa}, \ \hat{F} = \frac{P_L}{4\,Kv_{Vorschub}\sqrt{(2\,\pi)}}$$

Dieses Phänomen lässt sich auf die erhöhte Wärmeleitung am Rand der vom Laserstrahl prozessierten Zone zurückführen. Die erhöhten Temperaturen im Zentrum beschränken dabei laut der in Kapitel 2.2 beschriebenen negativen thermischen Effekte die verwendbare Laserleistung [ION05, S. 228-229; KENN04, S. 1859; SCHM86, S. 80-81; STEE10, S. 302]. Die höheren Oberflächentemperaturen im Zentrum bewirken zudem eine tiefere Einhärtung [PELL11, S. 2403; SORI11, S. 7104; SCHM86, S. 56]. Die gehärtete Zone ist linsenförmig und wird daher auch als Härtelinse bezeichnet. Zur Verdeutlichung zeigt Abbildung 5 das sich aus der Lösung des Integrals in Formel 3 ergebende Temperaturfeld in der Draufsicht und im Schnitt mit eingezeichneten Isothermen. Die Berechnung erfolgte für einen rechteckigen Spot (4x16 mm²) bei einer Oberflächentemperatur von 1225°C für die Vorschubgeschwindigkeit von 400 mm/min und die Werkstoffeigenschaften von 42CrMo4.

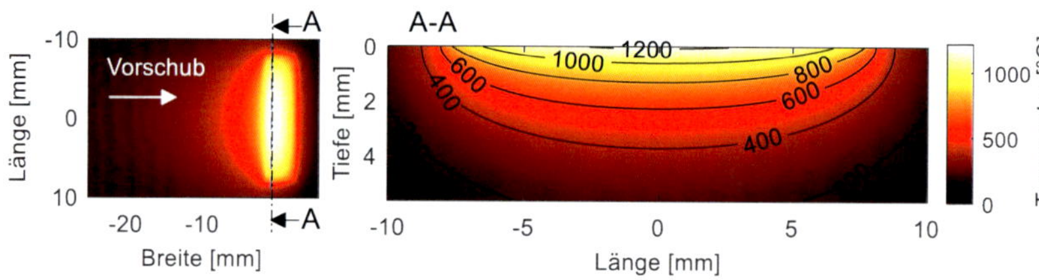

Abbildung 5: Temperaturfeld einer Top-Hat-Verteilung an der Oberfläche und im Querschnitt

Diesen Effekt verstärken Intensitätsverteilungen, deren Maxima sich in der Mitte der prozessierten Zone befindet [ION05, S. 228-229]. Im Umkehrschluss kann das Intensitätsprofil die Wärmeleitung auch teilweise kompensieren [BURG88, S. 145-152; SCHM86, S. 82].

Neben der Korrektur der Wärmeleitung lateral zum Vorschub kann das Temperaturfeld auch in Richtung des Vorschubs homogenisiert werden [ION05, S. 229; BURG88,

S. 145-152; PRIM05, S. 51]. Das zugrundeliegende mathematische Problem wird als inverses Temperaturproblem bezeichnet. Erste Ansätze, das Problem für das Laserstrahlhärten zu lösen, finden sich bei Burger, der die Annäherung mittels flächiger Quellen gemäß Formel 4 nutzte, um iterativ die für ein homogenes Temperaturfeld erforderliche Intensitätsverteilung zu berechnen [BURG88, S. 57-68]. Mittlerweile sind weitere, teilweise kommerzielle Systeme verfügbar [RÖME00; RÖME10; VÖLL18; VÖLL19; WELL08]. Wie jedoch im folgenden Kapitel ersichtlich wird, werden die in Forschung und Industrie eingesetzten Intensitätsprofile in der Regel nicht invers bestimmt, sondern ergeben sich als Konsequenz der zur Verfügung stehenden Strahlquelle und Strahlformung.

Hinsichtlich des Temperaturverlaufs in Richtung des Vorschubes lassen sich einige allgemeingültige Aussagen zur Abhängigkeit der Temperaturfelder von der Vorschubgeschwindigkeit bei Verwendung desselben Intensitätsprofiles treffen. Diese werden auch von den Arbeiten von Geissler zum temperaturgeregelten Prozess mit Top-Hat-Intensitätsverteilung bestätigt [GEIS93, S. 53-116]:

Gemäß den in Kapitel 2.2 diskutierten Zusammenhängen zum Zeit-Temperatur-Verlauf wirken sich hohe Temperaturgradienten und kurze Haltezeiten positiv aus, wobei eine Überhitzung vermieden werden muss. Je weniger Wärme ins Bauteil eingebracht wird, desto schneller wird die Umgebungstemperatur erreicht. Eine Erhöhung der Regelungstemperatur führt generell zu einer Erhöhung der thermischen Eindringtiefe. Eine Erhöhung der Interaktionszeit durch Nutzung eines größeren Laserspots oder Reduktion der Geschwindigkeit bei gleicher Maximaltemperatur führt ebenso zu einer Erhöhung der Eindringtiefe. Mit zunehmender Geschwindigkeit sinkt die Wechselwirkungszeit zwischen Laser und Werkstoff. Um dieselbe Oberflächentemperatur zu erzielen, sind höhere Intensitäten erforderlich. Da die maximale Oberflächentemperatur in einer kürzeren Zeit erreicht wird, steigen die positiven zeitlichen Gradienten des Temperatur-Verlaufes an der Oberfläche, während die absoluten Werte geringer sind. Im Zeitraum mit positiven Zeit-Temperatur-Gradienten (Aufheizphase) wird demnach weniger Wärme ins Bauteil geleitet. Der Temperaturgradient in Tiefenrichtung wird weniger abgebaut. In der Abkühlphase sind folglich die Temperaturgradienten ins Werkstück verglichen zu geringeren Geschwindigkeiten höher und die Temperatur fällt schneller ab. Die Werte des Temperaturverlaufes an der Oberfläche sind daher nicht nur in der Aufheizphase geringer, sondern auch in der Abkühlphase. Insgesamt wird daher weniger Energie ins Werkstück geleitet, obgleich mehr Leistung in der kürzeren Interaktionszeit erforderlich ist. Die Wärmeeindringtiefe sinkt.

Nach der phänomenologischen Beschreibung der Abhängigkeit des Temperaturfeldes von der Intensitätsverteilung (vgl. Abbildung 2, Schritt 1) werden im Folgenden die Strahlformer diskutiert, die in Forschung und Industrie eingesetzten werden. Aufgrund der nur begrenzten Vergleichbarkeit der Temperaturfelder verschiedener Intensitätsverteilungen [SCHM86, S. 77-81; BLOE97, S. 14-22] ist der folgende Text entsprechend der Strahlformungssysteme gegliedert. Innerhalb dieser Gliederung wird zunächst die Funktionsweise der Systeme erläutert. Anschließend wird aufgezeigt, inwieweit die Systeme zum Laserstrahlhärten eingesetzt werden.

2.3.2 Intensitätsverteilung an der Strahlungsquelle

Intensity Distribution at the Laser Source

Intensitätsverteilung an der Strahlungsquelle – Beschreibung

Das mithilfe einer Pumpquelle angeregte, aktive Medium baut innerhalb der Laserstrahlquelle durch das stimulierte Emittieren von Strahlung Energie ab. An den Grenzen des Resonators wird die Strahlung an Spiegeln reflektiert und stimuliert erneute Emissionen. Analog zu Schallwellen in einem Klangkörper bilden sich stehende Wellen, sogenannte Moden, aus. Moden entsprechen der optischen Eigenfrequenz des Resonators und definieren die Intensitätsverteilung an der Strahlquelle. Laser können im kontinuierlichen aber auch im pulsierenden oder gepulsten Modus betrieben werden. [SCHÜ00, S. 137-159; SHEA06, S. 338-339]

Die Strahlqualität M^2 ist ein Maß für die Fokussierbarkeit in Relation zum idealen Gaußstrahl [KENN04, S. 1858-1859].

Die ersten leistungsstarken Laser waren CO_2-Laser. Aufgrund der Wellenlänge von 10,6 µm und anderen hier nicht näher erörterten Nachteilen wurden diese zunehmend von Nd:Yag-Lasern und anschließend von Diodenlasern verdrängt [BACH03, S. 133; BACH04, S. 217-218; ION05, S. 228; LI00, S. 245; MEYE90, S. 75; SCHÜ00, S. 103]. Diodenlaser weisen aufgrund des Resonatoraufbaus unterschiedliche Qualitäten in Slow- und Fastaxis auf [HAAS06, S. 72-73]. Bei fasergeführten Diodenlasern erfolgt eine erste Strahlformung noch innerhalb der Strahlquelle zur Einkopplung in die Lichtleitfaser [SCHÜ00, S. 20-22]. Die Intensitätsverteilung vieler anderer produktionstechnisch eingesetzter Laserstrahlquellen ähnelt einen Gaußstrahl [WELL08, S. 430; BURG88, S. 18-27]. In Sonderfällen werden ringförmige Moden eingesetzt [SCHM86, S. 59; KATS99, S. 250].

Intensitätsverteilung an der Strahlungsquelle – Anwendung in Forschung und Industrie

Nur in Ausnahmefällen kann der Rohstrahl ohne weitere optische Elemente für die Prozessierung benutzt werden [BLOE97, S. 41]. Direktstrahlende Diodenlaser werden z.B. zum Laserstrahlhärten eingesetzt [BONS09; KENN04, S. 1855; PANT05a; SCHÜ00, S. 79-130]. Die Intensitätsverteilung an der Quelle hat jedoch durch den Einsatz fasergeführter Systeme an Bedeutung verloren [BLOE97, S. 17].

Gepulste Laser, z.B. im Nanosekunden-Bereich, erreichen sehr hohe Spitzenleistungen und sind zum Laserstrahlhärten ungeeignet [GANE02, S. 418-419; SCHM86, S. 7].

Ein pulsierender Betrieb z.B. im Millisekunden-Bereich kann das Prozessergebnis allerdings positiv beeinflussen, wie unter anderem von Mahmoudi et al. [MAHM10; MAHM11], Hosenfeldt et al. [HOSE01], Wu et al. [WU06] und Habedank et al. [HABE05] beschrieben wird. Weitere Autoren nutzen das pulsierende Härten, um die Anlasseffekte zwischen einzelnen Bahnen zu vermeiden [SORG14, S. 1]. Da Form des Pulses, Pulsdauer und Frequenz [WU06, S. 2693] die Ergebnisse beeinflussen, sind diese schwer vergleichbar.

Mioković et al. untersuchten die Effekte von pulsierenden Temperaturfeldern mithilfe eines geregelten Laserstrahlprozesses. Oberhalb einer kritischen Wiederholungsrate finden die Temperaturwechsel nur an der Oberfläche statt. Negative thermische Effekte an der Oberfläche werden reduziert und von höheren Einhärtungstiefen wird berichtet. Allerdings verlängern sich die Prozesszeiten entsprechend. Diese Ergebnisse decken sich mit den Aussagen von Nath et al. und Meyer-Kobbe [MEYE90, S. 102-112; MIOK05b; MIOK05a; NATH12].

Das pulsierende Härten ist demnach eine Sonderform, bei der die effektive Oberflächentemperatur reduziert wird. Im Gegensatz zu den folgenden Verfahren handelt es sich dabei um keine Strahlformung im eigentlichen Sinne.

Mehrstrahlsysteme – Beschreibung

Eine erkennbar naheliegende Technik zur Manipulation der Intensitätsverteilung in der Prozesszone ist die Verwendung mehrerer Laserstrahlen. Die Intensität kann dabei durch die Position der einzelnen Projektionen auf der Oberfläche sowie der Variation der Leistung zueinander erfolgen. Um die Kosten eines solchen Systems geringer zu halten, werden die Strahlen auch mithilfe von Strahlteilern vervielfacht. Durch die Überlagerung vieler Strahlen können komplexere Intensitätsverläufe erzeugt werden. [BLOE97, S. 57-63; BONS03, S. 89-93; DVS 08, S. 3-5; GARC17, S. 11; SCHÜ00, S. 79-130]

Eine weitere Variante ist die Verwendung von Faserbündeln. In diesen Systemen werden einzelne Laserstrahlquellen nicht wie üblich innerhalb der Strahlquelle zu einem Strahlengang vereint, sondern in einzelnen Fasern zur Optik geleitet. Die einzelnen Faserenden bilden dann eine Matrix aus Einzelstrahlen [DVS 08, S. 3-5]. Ein solches System von 19 Einzelfasern mit jeweils 30 W Leistung baute z.B. Schürmann auf. [SCHÜ00, S. 70-78]. Für andere Prozesse werden auf einem ähnlichen Grundprinzip basierende Systeme von den Firmen IPG (Trifocal) [REIM17] angeboten.

Direktstrahlende Diodenlaser erlauben es ebenfalls, einzelne Emitter-Gruppen gezielt anzusteuern und somit die Intensität zu variieren. Diese Systeme werden aufgrund der Weiterentwicklung einer anderen Emitter-Bauweise, sogenannten VCSEL (vertical-cavity surface-emitting laser), in Zukunft voraussichtlich an Bedeutung gewinnen. Derzeit ist die maximale Intensität allerdings noch beschränkt [MOEN16].

Mehrstrahlsysteme – Anwendung in Forschung und Industrie

Bereits durch die Verwendung von zwei Strahlen kann die Härtelinsenbildung reduziert werden. Komplexere Verteilungen lassen sich theoretisch realisieren. In der Regel wurden Mehrstrahlsysteme in der Forschung und Industrie jedoch nicht eingesetzt, um die Temperaturfelder im Prozess zu variieren, sondern um Hinterschneidungen, Kanten und Zahnräder gleichmäßig zu härten. [SCHÜ00, S. 67-78; S. 79-130]

2.3.3 Optische Elemente zur statischen Strahlformung

Optical Elements for Static Beam Shaping

Abbildende optische Elemente – Beschreibung

Der einfachste optische Aufbau besteht aus einer Linse, die das Intensitätsprofil der Strahlungsquelle oder der Lichtleitfaser auf dem Werkstück direkt abbildet. Die Abbildung dient dann der Strahlführung.[BLOE97, S. 39-46]

In der Fokuslage kann die Intensitätsverteilung durch eine ideale Abbildung nicht verändert werden. Eine Strahlformung erfolgt daher durch die Positionierung der Bearbeitungsebene innerhalb der Laserstrahlkaustik. Die einfachste Manipulation des Intensitätsprofiles ist die unscharfe Abbildung der Strahlverteilung durch Defokussierung. Der Kontrast des Intensitätsprofils wird reduziert. Alternativ kann die auf das Werkstück projizierte Intensitätsverteilung durch Anwinkeln der Bearbeitungsfläche zum Laserstrahl modifiziert werden. Die Berücksichtigung der Krümmung der Werkzeugoberfläche bei der Auslegung des optischen Systems ist eine weitere Möglichkeit. [BLOE97, S. 18; SAND91, S. 291; SCHÜ00, S. 48-59; S. 67-78; PÜTS16, S. 14; PELL11, S. 2403]

Abbildende optische Elemente – Anwendung in Forschung und Industrie

Die einfache Abbildung ist Bestandteil nahezu jeder technischen Laseranwendung. Da die Intensität an der Strahlquelle für den Härteprozess in der Regel zu hoch ist, wird die Intensität durch das Abbildungsverhältnis verringert und an die zu prozessierende Zone angepasst [BLOE97, S. 39-46]. Die Nutzung von CO_2-Laserwellenlängen macht die Verwendung transmissiver Optiken z.B. aus Zinkselenid erforderlich. Daher wurde hier häufig beim Härten auf den Einsatz komplexer Optiken zugunsten einer Defokussierung verzichtet. Das Weichzeichnen des Intensitätsprofils wurde dabei als negative Folge in Kauf genommen [BURG88, S. 112; DVS 08, S. 2; ION05, S. 228-229; MEYE90, S. 26; PASH03, S. 586; SAND91, S. 291; STEE10, S. 300].

Anders als bei anderen Laserstrahlverfahren ist beim Laserstrahlhärten nicht die absolute hohe Intensität, sondern der hohe Kontrast der Intensität die charakteristische positive Eigenschaft des Lasers. Ein kontinuierlich abfallendes Intensitätsprofil führt somit zwangsläufig zu beschränkten Prozessergebnissen und verstärkt den Effekt der Härtelinse, wie aus verschiedenen vergleichenden Untersuchungen bekannt und aus den Überlegungen aus Kapitel 2.3.1 zu ersehen ist. [BLOE97, S. 60; ION13, S. 17; MEYE90, S. 114-115; NODE00, S. 267; RUDL93, S. 136]

Die Verwendung des Gaußstrahles führt häufig zum Anschmelzen in der Mitte der prozessierten Zone. Zudem werden weite Bereiche bestrahlt, in denen die Umwandlungstemperaturen nicht erreicht werden. [ION05, S. 229; ION13, S. 16; MEYE90, S. 70-71; SCHM86, S. 88; SHUR82, S. 341]

Das Anstellen der Werkstückoberfläche zur Prozessoptimierung wurde ausgiebig von Rudlaff untersucht [RUDL93]. Obwohl positive Effekte festgestellt werden konnten, ist das Optimierungspotential beschränkt. Die Erhöhung der Absorptionsraten durch die

Verwendung von schrägeinfallender, polarisierter Strahlung ist eine Maßnahme zur Kompensation der mangelnden Absorptionsraten von CO_2-Laserstrahlung und technisch überholt. [PANT04, S. 7; RUDL93, S. 61-92; SCHL94, S. 39-43; S. 91; SCHM86, S. 82-84; SCHÜ00, S. 48-59; SCHÜ00, S. 67-78]

Über die Verwendung von abbildenden optischen Elementen zur Strahlformung lässt sich demnach zusammenfassend sagen, dass sie zur Einstellung des Vergrößerungsfaktors geeignet sind [AMEN85, S. 16]. Ein Einsatz zur gezielten Beeinflussung der Intensitätsverteilung zur Prozessoptimierung ist jedoch nicht sinnvoll.

Homogenisatoren und Integratoren – Beschreibung

Homogenisatoren sind optische Elemente mit deren Hilfe ein homogenes Intensitätsprofil erzeugt werden kann. Aufgrund seiner Form wird der Intensitätsverlauf als Top-Hat-Profil bezeichnet. Das mithilfe eines Homogenisators generierte Profil wird durch ein abbildendes System auf die Oberfläche des Werkstückes projiziert. [DADE06, S. 147; DICK06, S. 294-299; ION13, S. 17; MCBR14, S. 7; NODE00, S. 72-75]

In der Regel erfolgt die Generierung eines solchen Profils durch die Superposition von der ganzen oder von Teilen der Intensitätsverteilung. Derartige optische Elemente werden auch als Integrator bezeichnet. Eine alternative Kategorie sind die sogenannten Field Mapper, bei denen sich die erzeugte Intensität aus Teilen der Eingangsintensität zusammensetzt. [BLOE97, S. 19; BURG88, S. 41-42; DICK00, S. 3; DICK06, S. 300; GRAF09, S. 291-294; LASK14, S. 2-5; MCBR14, S. 3-5; MICH06, S. 21-27; PRIM05, S. 18; PÜTS16, S. 7-9]

Wie diese Elemente technisch realisiert werden, ist abhängig von der Wellenlänge des Lichts. Für die CO_2-Laserstrahlung lassen sich z.B. nur reflektierende, metallische Optiken wirtschaftlich fertigen. Daher wurden hierfür Facettenspiegel oder kostengünstigere Kaleidoskope eingesetzt. Kaleidoskope weisen als Strahlformer aufgrund der mannigfaltigen Reflexionen an der Metalloberfläche hohe Verluste auf. [AMEN85, S. 18; ION13, S. 17; PRIM05, S. 18; SAND91, S. 292; SHEA06, S. 317-319].

Zu einem mit der Homogenisierung am Kaleidoskop vergleichbaren Effekt kommt es Leitung von Licht durch Multimodefasern. Die Totalreflexion an der Faserwand führt nicht nur zur nahezu verlustfreien Leitung des Lichtes, auch die Intensitätsverteilung wird teilweise homogenisiert. Die Stufenindexfaser ist damit nicht nur ein Strahlführungs- sondern auch Strahlformungssystem. Aufgrund der runden Form der Faser werden so radialsymmetrische Profile erzeugt. Eine Ausnahme stellen die rechteckigen Faserenden der Firma Optoskand dar. [BLOE97, S. 18; BLOM07; MCBR14, S. 5-6; MEYE90, S. 19; RUDL93, S. 28-30]

Rechteckige Profile für Dioden und Faserlaser werden in der Regel mit aus zwei Linsenarrays bestehenden „Fly's eye"-Homogenisatoren erzeugt, wobei das erste Array eine Reihe kollimierter Abbilder der Strahlquelle erstellt, während das zweite Array diese Strahlverteilung abbildet. [DADE06, S. 147; DICK06, S. 294-299; PÜTS16, S. 10-14]

Homogenisatoren und Integratoren – Anwendung in Forschung und Industrie

Nach der Einführung von Nd:Yag-Laserstrahlquellen und fasergeführten Hochleistungsdiodenlasern ist das Top-Hat-Intensitätsprofil das am häufigsten eingesetzte Strahlprofil für thermische Bearbeitungsprozesse.

Als erste Näherung für die Form des Härtequerschnittes kann laut Bloehs die in Richtung des Vorschubs integrierte Intensitätsverteilung, also die Verteilung der eingebrachten Streckenenergie, genutzt werden. Aus der Betrachtung dieser Größe in Abbildung 6 ergibt sich deutlich, dass rechteckige Top-Hat-Profile im Vergleich zu radialen Top-Hat-Profilen oder Gaußprofilen positiv zu bewerten sind [BLOE97, S. 61-62; SCHM86, S. 82; PRIM05, S. 51]. Auch Komaduri et al. stellten fest, dass homogene Intensitätsverteilungen Gaußverteilungen überlegen sind [KOMA04, S. 1006-1007]. Laut Sunquist et al. wird allerdings das an der Oberfläche noch rechteckig vorliegende Temperaturfeld relativ schnell verrundet [SUND17, S. 50] (vgl. S. 16, Abbildung 5).

Als Folge der homogenen rechteckigen Intensitätsverteilung ist auch das erzeugte Temperaturfeld homogener und damit ebenso die erreichbare Mikrostruktur. Die Härtelinse wird deutlich flacher. Die erreichbaren Härtetiefen können aufgrund der kürzeren Aufheizphasen gesteigert werden. [GALA99, S. 157; GRAF09, S. 293; ION13, S. 17; MEYE90, S. 114-115]

Eine Anpassung des Prozesses an den Werkstoff bzw. an die Prozessanforderungen erfolgt durch die maximale Temperatur und die Interaktionszeit. Das durch eine homogene Intensität erzeugte Temperaturfeld wird durch das Integral in Formel 4 beschrieben. Geissler zeigt die Prozessabhängigkeiten, indem sie die Formel für eine Vielzahl von Kennzahlen numerisch löst. [GEIS93, S. 43-52; S. 53-116]

Das Laserstrahlhärten mit Top-Hat-Profil ist Stand der Technik in Forschung und Industrie. Sandven geht sogar soweit, es als das für den Prozess am besten geeignete Verfahren zu benennen [SAND91, S. 291]. Die Überhöhung der Temperatur in der Mitte der prozessierten Zone (Härtelinse) kann jedoch nicht vermieden werden.

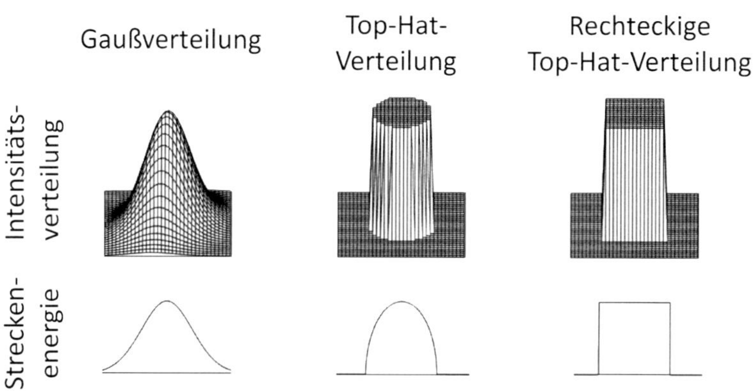

Abbildung 6: Eingebrachte Streckenenergien von Intensitätsverteilungen nach [Bloe97]

Freiformflächen und diffraktive optische Elemente – Beschreibung

Intensitätsprofile mit höheren Freiheitsgraden lassen sich mithilfe von Freiformflächen und diffraktiven optischen Elementen (DOE) mit einem hohen Wirkungsgrad erzeugen [BLOE97, S. 40-41; NODE00, S. 163; RAČI11, S. 39]. Während Freiformflächen die Eigenschaft des Lichts als Strahl nutzen, beruhen diffraktive optische Elemente auf der Wellennatur des Lichts. Dickey et al. zeigen mit einer Abschätzung, dass mit Berücksichtigung der Welleneffekte theoretisch achtfach kleinere Details dargestellt werden können [DICK00, S. 12]. Die generierbaren Intensitätsprofile werden neben der Wellenlänge durch die Qualität der Strahlquelle und der optischen Elemente eingeschränkt [NODE00, S. 8-79; RAČI11, S. 37].

Die Qualitätsanforderungen an die optischen Flächen sind wiederum abhängig von der Wellenlänge der Laserstrahlung. Während die Fertigung von DOE für CO_2-Laserstrahlung seit längerem möglich ist [BLOE97, S. 40-41; HUTF94, S. 149], erweist sich die Produktion von Optiken für Wellenlängen im Bereich von 800-1000 nm immer noch als anspruchsvoll. Für die Verwendung von DOE im Multi-Kilowatt-Bereich ist dabei die Absorption unter anderem an den Kanten des Gitters problematisch [HUTF94, S. 146; NODE00, S. 8-79; S. 212-214].

Die abbildende Erzeugung von Intensitätsprofilen mithilfe von Freiformflächen basiert auf der gezielten Umformung des einfallenden Intensitätsverlaufes und kann als Field Mapping mit infinitesimalen Flächen aufgefasst werden. Die Rechenkapazität moderner Computer erlaubt es in ausreichender Genauigkeit, die Raumwinkel einer optischen Freiformfläche zur Generierung eines beliebigen Intensitätsprofils zu berechnen. [BURG88, S. 149; FANG13, S. 827-830; LASK14, S. 2-5; SHEA06, S. 332-338]

Diffraktive optische Elemente nutzen Interferenzphänomene und können so ebenfalls fast beliebige Intensitätsverteilungen erzeugen [MCBR14, S. 7; NODE00]. Die erforderliche Phasenverschiebung wird dabei in der Regel durch ein Stufenprofil an der Oberfläche realisiert [DICK00, S. 25-26; DICK06, S. 299-300; LI08, S. 510; PRIM05, S. 19; WELL08, S. 431]. Der Abbildungswirkungsgrad wird maßgeblich von der Anzahl der Stufen bestimmt [NODE00, S. 170]. Mehrstufige Profile sind allerdings wesentlich aufwändiger herzustellen [NODE00, S. 55-66]. Mit dieser Technologie können nahezu beliebige Profile gebildet werden. Die Effizienz liegt hier bei 90% [GIBS08, S. 57; NODE00]. Um einen Strahl mit ringförmiger Verteilung zu erreichen, können DOE geringerer Komplexität eingesetzt werden [WELL08, S. 435; WELL14]. Auch sind Supergaußprofile durch einfache Beugungsgitter herstellbar. Eine weitere Alternative für eine ringförmigen Intensitätsverteilung ist ein sogenanntes Axicon [BAUM17, S. 5; GRAF09, S. 297-299; SCHL94, S. 31].

Mit Freiformflächen und DOE steht somit eine Technologie zur Verfügung, die erhebliche Freiheitsgrade zur Anpassung der Intensitätsverteilung ermöglicht. Aktuell konnte die Technologie sich jedoch noch nicht durchsetzen. Ursächlich sind die Kosten aufgrund der hohen fertigungstechnischen Herausforderungen.

Freiformflächen und diffraktive optische Elemente – Anwendung in Forschung und Industrie

Die Verwendung von Freiformflächen zum Laserstrahlhärten wurde in der Forschung vereinzelt untersucht. Freiformflächen wurden genutzt, um eine Anpassung der Intensitätsverteilung an die Werkstückgeometrie zu ermöglichen oder die Oberflächentemperatur während des Prozesses zu homogenisieren [LASK14, S. 2; SAND91, S. 292]. Fang bietet ein ausführliches Review über den Einsatz von Freiformflächen in technischen Anwendungen wie z.B. zur Homogenisierung, nennt aber keine Anwendungsbeispiele zum Laserstrahlhärten [FANG13, S. 824-827].

Der Einsatz von diffraktiven optischen Elementen wurde von mehreren Autoren thematisiert. Noden verwendet DOEs, um das Leistungsprofil auf die Geometrie eines Zahnrades anzupassen [NODE00, S. 270]. Die adaptierten Intensitäten sind jedoch in ihrer Komplexität sehr beschränkt [NODE00, S. 280-282]. Außerdem stellt Noden fest, dass zuvor kein DOE eingesetzt wurde, um ein Intensitätsprofil werkstoff- oder prozessspezifisch abzustimmen [NODE00, S. 76]. Als mögliche Ursache nennt sie die multidisziplinäre Anforderung zur Bestimmung und Generierung eines solchen Profils [NODE00, S. 81].

Vereinzelt wurden Ringstrahlen zum Laserstrahlhärten verwendet. Bei Abstimmung des Radius und des Vorschubs können Härtelinsen und Überhitzungen reduziert werden [KOMA04, S. 1006-1007; SUND17, S. 51; WELL08, S. 435; WELL14].

Die Kompensation der Wärmeleitung in Vorschubrichtung zur Generierung einer rechteckigen Top-Hat-Temperaturverteilung wurde von Leung et al., Primartomo und anderen analysiert [BLOE97, S. 40-41; LEUN07; PRIM05]. Die Kompensation der Wärmeleitung lateral zum Prozess wurde von Hagino et al. und Noden betrachtet [HAGI10; NODE00, S. 274]. Die von Li mit einem DOE gehärteten Flächen weisen ein wesentlich besseres Verschleißverhalten auf [LI08, S. 512].

Primartomo untersuchte darüber hinaus die Anpassung des Profils an werkstoffspezifische Charakteristiken. Hierzu schlägt er neben der homogenisierten Temperaturverteilung in und quer zur Bewegungsrichtung ein linear abfallendes Profil vor [PRIM05, S. 51; S. 127]. Zudem entwickelte er ein komplexeres Profil zum Schmelzhärten von Gusseisen [PRIM05, S. 51]. Mit den Profilen wurden feinere Gefüge und homogenere Querschnitte erreicht [PRIM05, S. 148]. Auch der Anlasseffekt wird durch das homogene Temperaturprofil lateral zum Vorschub verringert [PRIM05, S. 174]. Hinsichtlich der Genauigkeit der Untersuchungen muss angemerkt werden, dass die Anlage über keine Pyrometerregelung verfügte, sondern die Gesamtleistung experimentell auf Basis des Ergebnisses angepasst wurde [PRIM05, S. 60; S. 203].

Darüber hinaus ist die Nutzung von DOE für die Optimierung der Strahlprofile in anderen Laserprozessen bekannt [GIBS08; NODE00, S. 72; SUND17].

Vereinzelt wurde ein Potential zur Optimierung durch Strahlanpassung vor allem zur Homogenisierung der Temperatur gefunden. Sunquist et al. stellen fest, dass das Wissen zur gezielten Verwendung der Freiheitsgrade noch nicht vorliegt [SUND17, S. 48].

2.3.4 Optische Elemente zur dynamischen Strahlformung

Optical Elements Used for Dynamic Beam Shaping

Dynamische Strahlformung durch Relativbewegung – Beschreibung

Die Strahlformung durch Relativbewegung wird durch die Wiederholung von Trajektorien an der Oberfläche realisiert. Die maximale Geschwindigkeit des Strahles erreicht dabei Werte über 7000 m/s [MART12, S. 311]. Die Geschwindigkeit spielt jedoch gegenüber der Frequenz der Trajektorie eine untergeordnete Rolle [MEYE90, S. 153; SAND91, S. 292]. Wenn die Relativbewegung des Strahles vernachlässigt werden kann, ist eine Integration der Strahltrajektorie zu einem quasistationären Intensitätsprofil möglich. Die Frequenzen für den quasistationären Bereich, in dem der Temperaturabfall durch die Oszillation vernachlässigbar ist, lassen sich nicht allgemein bestimmen. Grundsätzlich besteht folgender Konflikt: Je höher die geforderte Auflösung, desto kleiner muss der Radius des Laserstrahles sein. Mit diesen Größen steigt jedoch auch die Intensität und somit die Anforderung an die Wiederholungsfrequenz, um eine lokale Überhitzung zu vermeiden. Unter Umständen weisen defokussierte Strahlen bei vorgegebener Scannerdynamik daher Vorteile auf [BURG88, S. 136].

GalvoScanner ist der umgangssprachliche Begriff für einen mittels Galvanometer bewegten Spiegel. Hochdynamische Systeme erlauben Frequenzen von mehr als 13 kHz. Optische Systeme für Hochleistungslaser brauchen allerdings größere Spiegelflächen und erreichen somit nur 2 kHz [BLOE97, S. 21; SCHM10, S. 199]. Bei einer zweidimensionalen Strahlformung werden mehrere Systeme kombiniert, sodass die Frequenzen entsprechend reduziert werden.

Um hohe Frequenzen zu erzielen, werden die Systeme in harmonischen Schwingungen nahe der Eigenfrequenz betrieben. Die mithilfe von zwei harmonisch schwingenden Scannern realisierbaren Intensitätsprofile sind als Lissajous-Kurven bekannt. Die mittels Scanner hochdynamisch erstellbaren Intensitätsverläufe sind somit beschränkt. Durch die Modulation der Laserleistung können weitere komplexere Intensitätsverteilungen generiert werden [AMEN85, S. 17].

Polygonscanner und Taumelspiegel schwingen nicht, sondern drehen sich kontinuierlich, sodass besonders hohe Frequenzen erreicht werden. Der Strahl wird hierbei auf ein schnell rotierendes optisches Element, in der Regel ein Polygon, gelenkt. Die Strahlformung ist meist auf das Erzeugen einer Linie begrenzt. [DVS 08, S. 5; RUDL93, S. 44; SCHL94, S. 31]

Eine weitere, nicht durch die Trägheit in den Umkehrpunkten limitierte Technologie sind MEMS-Scanner (micro-electro-mechanical system-scanner). In diesen Scannersystemen wird der Spiegel in einem Microchip elektromagnetisch gelagert. Da die Trägheit eines solchen Systems nur durch die Spiegelfläche selbst verursacht wird, sind hohe Dynamiken von über 15 kHz umsetzbar [HOFM16, S. 3; SCHM10, S. 200]. Derzeit sind keine Systeme bekannt, die die erforderlichen Leistungen dauerhaft verarbeiten können [HAUP15].

Dynamische Strahlformung durch Relativbewegung – Anwendung in Forschung und Industrie

Die dynamische Strahlformung erlaubt das Anpassen der Intensitätsverteilung auf die individuelle Anwendung [BONS12, S. 467; KLOC10; KLOC12]. Daher werden in der Regel Scanner eingesetzt, wenn der Laserstrahlhärteprozess nicht für die Serienproduktion, sondern für die Einzelteil- und Kleinserienfertigung genutzt wird. Darüber hinaus erlauben Scanner eine Strahlführung über komplexe Werkstückkonturen [HRUŠ13a; HRUŠ13b, S. 5; SAND91, S. 293-295].

Bei der Verwendung von einfachen harmonischen Schwingungen ohne Abstimmung der Frequenz kommt es zu einer Überhöhung des Strahlprofiles an den Umkehrpunkten. Geschwindigkeitsregulierte Bewegungen führen zu linearen Intensitätsverteilungen. [BONS03, S. 88; BURG88, S. 42-48; DVS 08, S. 5; SCHL94, S. 31]

Die auf erhöhten Schwingungsamplituden der Scannerbewegung beruhenden Einflüsse sind von Martínez et al. beschrieben [MART12]. Beim Härten mit Scannern lassen sich Regime erkennen, die wahrscheinlich auf die Dynamik des Scannersystems zurückzuführen sind [MART16, S. 51; MART17, S. 77; MEYE90, S. 118].

Burger berechnete bereits 1988, dass durch eine gezielte Anpassung der durch die Schwingungen verursachten Überhöhungen die Härtelinse teilweise kompensiert werden kann und somit ein Top-Hat-Temperaturverlauf möglich ist. Hierzu ist die Kombination einer harmonischen Schwingung mit einer linearen Bewegung erforderlich [BURG88, S. 140-144; S. 145-152]. Burger setzt hier voraus, dass der Laserstrahlprozess nur durch die Schmelztemperatur beschränkt ist. Er schloss, dass die Erhöhung der Temperatur in der ganzen Prozesszone beim thermisch homogenisierten Profil eine höhere Effizienz und eine Reduktion der Härtelinsen erzeugt.

Burger und Rudlaff berechneten mit einer FEM-Simulation, dass zur Vernachlässigung der instationären Effekte Frequenzen oberhalb von 1 kHz erforderlich sind [BURG88, S. 136; RUDL93, S. 134]. Obwohl ein solches System zum damaligen Zeitpunkt nicht existierte, konnten positive Effekte bei der Verwendung des Profils zum optimierten Härten bei geringeren Frequenzen nachgewiesen werden [BURG88, S. 120; S. 127]. Sancho et al. konnten zeigen, dass im untersuchten Fall schon Systeme mit 150 Hz ein akzeptables Rauschverhältnis haben [SANC19, S. 231].

Neben der numerischen Lösung zur Bestimmung des homogenisierten Temperaturprofils können auch dynamische Strahlformer mit zweidimensionalen thermischen Sensoren wie z.B. Wärmebildkameras geregelt werden. Ein kommerziell verfügbares System wird vom Fraunhofer IWS angeboten [BONS12, S. 467]. Die Verwendung von Thermokameras ist aufgrund der hohen Abhängigkeit vom Emissions-Koeffizienten limitiert. Das alternative Mitführen des Pyrometers über die Scannerspiegel bedingt Abbildungsfehler und erfordert sehr hohe Messgeschwindigkeiten [BOJI15, S. 75; BONS12, S. 463; BURG88, S. 150; FARS17].

Dynamische Strahlformung durch Relativbewegung werden folglich zwar zur Optimierung des Prozesses durch Strahlformung eingesetzt sind. Die erzeugbaren Profile sind jedoch limitiert, was zu einer besonderen Bedeutung der von Burger hergeleiteten Verteilung führt.

Weitere Dynamische Strahlformer – Beschreibung

Als dynamische Strahlformer können verformbare Spiegel, Spatial Light Modulators (SLM) und akusto-optische Modulatoren bezeichnet werden.

Verformbare Spiegel sind spiegelnde Membranen, deren Formen durch Aktoren auf der Rückseite angepasst werden können [CHER98, S. 99-100]. Durch eine entsprechende Beschichtung sind die Systeme hochleistungsfähig [KOPF17; PÜTS16, S. 21-22; S. 104]. Als Aktoren werden in der Regel Piezoaktoren aufgrund der Größe und Ansteuerbarkeit genutzt [KOEK17, S. 2]. Früher wurden auch hydraulische Aktoren verwendet [DVS 08, S. 3]. Obwohl einzelne Systeme in der Forschung eingesetzt wurden [CHER06; SCHL94, S. 31], haben Membranspiegel in der Strahlformung für Bearbeitungsprozesse eine untergeordnete Bedeutung. Ursächlich sind unter anderem die hohen Kosten, die linear mit der Anzahl der Aktoren steigen. [BLOE97, S. 20-21; KOEK17, S. 2]. Durch die Verfügbarkeit kommerzieller Systeme werden diese Strahlformer voraussichtlich an Bedeutung gewinnen [PÜTS16, S. 32]. Trotz der hohen Anzahl an Freiheitsgraden werden nicht die Ergebnisse von DOEs oder Freiformspiegeln erreicht [PÜTS16, S. 11; S. 111]. Speziell nicht radialsymmetrische Verteilungen sind dabei eine Herausforderung [HOFM18, S. 605].

Spatial Light Modulators bestehen aus schaltbaren mikromechanischen Spiegeln oder Flüssigkristallen und können als pixelweise ansteuerbare diffraktive optische Elemente interpretiert werden. Hiermit können komplexe, dynamisch veränderbare Brechungsgitter erzeugt werden. Diese Systeme werden erfolgreich für die Strahlformung von Pulslasern eingesetzt, sind allerdings für die Nutzung im Multikilowatt-Hochleistungsdauerbetrieb derzeit nicht geeignet. Aktuelle Systeme sind auf 100 W beschränkt [HAMA17]. Eine deutliche Steigerung der Leistungsfähigkeit in den kommenden Jahren ist zu erwarten, jedoch existieren noch keine für das Laserstrahlhärten anwendbaren Systeme [HAAS06, S. 97-98; NODE00, S. 70; PÜTS16, S. 15-17].

Akusto-optische Modulatoren (AOM) nutzen Dichteunterschiede aufgrund von stehenden Schallwellen zur Herstellung von Interferenzgittern. Die Systeme erlauben eine hohe Anpassungsgeschwindigkeit und eine Hochleistungsnutzung. Die Freiheitsgrade sind jedoch begrenzt. [MCLE08]

Weitere Dynamische Strahlformer – Anwendung in Forschung und Industrie

Derzeit ist keine Nutzung dynamischer Strahlformer-Systeme in Forschung oder Industrie für den Laserstrahlhärteprozess bekannt. Zurückzuführen ist dies auf die derzeit noch begrenzte Leistungsfähigkeit der Systeme. Es bestehen allerdings intensive Forschungsbestrebungen, diese Systeme auch zur Prozessierung hoher Leistungen zu befähigen.

2.3.5 Fazit zu den technisch eingesetzten Intensitätsverläufen

Conclusions on Intensity Distributions in Technical Applications

Die Analyse der beim heutigen Stand der Technik in Forschung und Industrie verwendeten Strahlformer zeigt, dass zunehmend komplexere Intensitätsprofile technisch realisierbar werden. Hinsichtlich des Optimierungspotentials lassen sich dabei unabhängig vom Strahlformer vier Kategorien ausmachen. Um die Auswirkungen auf den Prozess zu verdeutlichen, sind die Temperaturfelder typischer Intensitätsprofile im Folgenden dargestellt. Die verwendete Berechnungsmethode wird in Kapitel 5.2 erläutert. Die gestrichelte Linie zeigt Ac_1 bzw. Ac_3. Regelungstemperatur ist 1225°C.

Zur ersten Kategorie zählen die von der Strahlquelle vorgegebenen Profile. Für das Laserstrahlhärten werden der Gaußstrahl, die verzerrte Verteilung des direktstrahlenden Diodenlasers oder der Ringstrahl genutzt. Eine Prozessoptimierung durch Strahlformung erfolgt nicht. Stattdessen werden die Prozessparameter Vorschubgeschwindigkeit und Regelungstemperatur bzw. Leistung angepasst. Anstelle der Strahlformung tritt die Manipulation der Oberflächenintensität durch das Verändern des Abbildungsverhältnisses, Anwinkelung und Defokussierung.

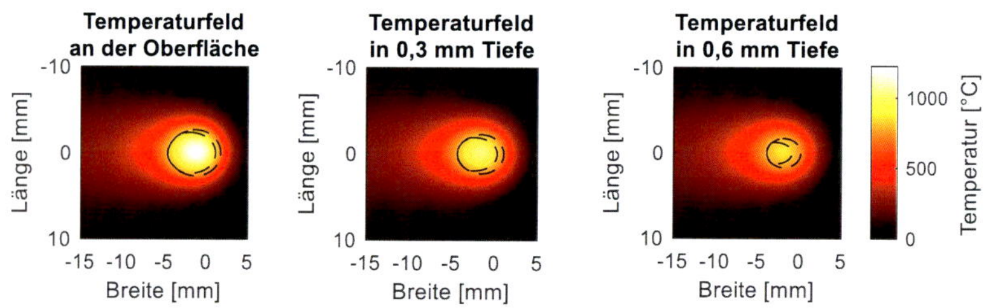

Abbildung 7: Temperaturfeld eines Gaußstrahles in diversen Tiefen

Zur zweiten Kategorie gehören die homogenisierten Intensitätsprofile, die einen homogeneren Temperaturverlauf erzeugen und so zu besseren Ergebnissen führen. Folglich ist auch eine rechteckige Intensitätsverteilung zu bevorzugen, wie der Vergleich der Abbildung 7 und Abbildung 8 verdeutlicht. Obwohl der bestrahlte Flächeninhalt gleich ist, wird die Härtelinse beim rechteckigen Profil reduziert. Die Härtespur wird deutlich breiter.

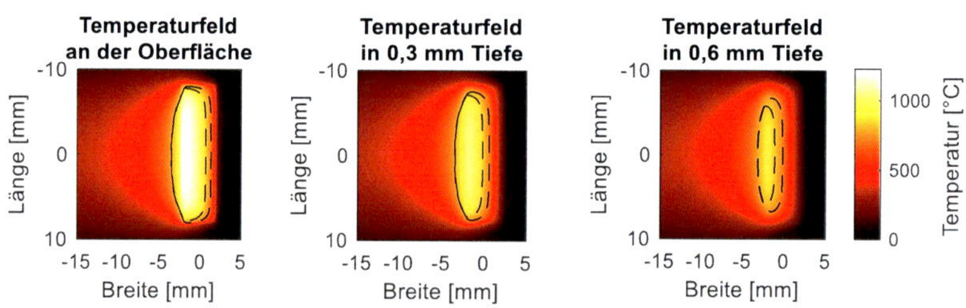

Abbildung 8: Temperaturfeld eines homogenisierten Strahles in diversen Tiefen

Als dritte Kategorie lassen sich die Intensitätsverläufe ausmachen, bei denen nicht die Intensitätsverteilung, sondern das Temperaturfeld durch eine Strahlformung homogenisiert wird. Um das erforderliche Intensitätsprofil zu erzeugen, werden in der Regel komplexe Strahlformer benötigt, wobei eine geschickte Ausnutzung der Scannerdynamik oder eines Ringstrahles eine Annäherung ermöglicht. Aus der Literatur ist bekannt, dass damit effizienteres Härten und eine Steigerung der Prozessqualität realisierbar sind. Der Vergleich zwischen Abbildung 8 und Abbildung 9 verdeutlicht, wie die Verrundung reduziert und die Einhärtungstiefen erhöht werden. Als negative Konsequenz ergibt sich eine höhere thermische Beanspruchung der Oberfläche.

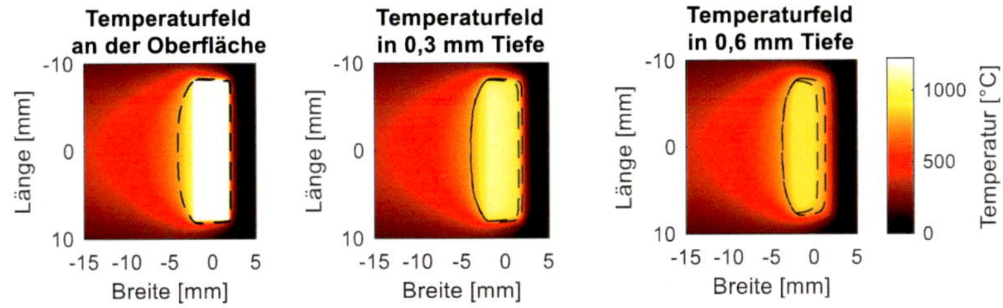

Abbildung 9: Temperaturfeld mit homogenisierter Oberflächentemperatur in diversen Tiefen

Die Lösung des inversen Temperaturproblems zur Einstellung beliebiger Temperaturfelder ist dabei nicht auf die Homogenisierung beschränkt. Theoretisch sind auch wesentlich komplexere, an den Prozess angepasste Temperaturfelder denkbar. Diese einer vierten Kategorie zuzurechnenden Temperaturfelder höherer Freiheitsgrade werden nach gegenwärtigem Stand der Technik in Forschung und Industrie kaum verwendet. Zurückzuführen ist dies auf die Verfügbarkeit der Anlagentechnik und auf fehlendes Prozesswissen. Wie jedoch im vorherigen Kapitel dargestellt wurde, werden die technischen Entwicklungen innerhalb der optischen Fertigungs- und Halbleitertechnik in den kommenden Jahren immer komplexere Intensitätsverteilungen auch im Hochleistungsbereich ermöglichen. Zum aktuellen Zeitpunkt haben Scanner, Freiformspiegel und diffraktive optische Elemente die höchste technische Relevanz zur Realisierung komplexer Profile. Abbildung 10 zeigt beispielhaft für theoretisch mögliche Temperaturfelder eine Matrix mit 5x5 Elementen zufällig verteilter konstanter Temperaturen. Auf die Einzeichnung von $Ac_{1,2}$ wurde verzichtet.

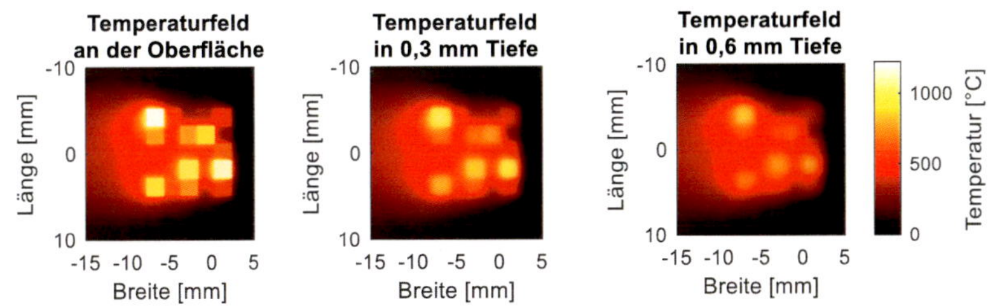

Abbildung 10: Temperaturfeld mit 5x5 Feldern mit homogenisierter Oberflächentemperatur bei unterschiedlichen Temperaturen in diversen Tiefen

3 Zielsetzung, Aufgabenstellung und Vorgehensweise

Objectives, Tasks and Modus Operandi

Die Analyse der Temperaturfelder nach dem Stand der Technik gemäß Kapitel 2.3 zeigt auf, dass die beim Laserstrahlhärten auftretenden Temperaturfelder in vier Kategorien eingeteilt werden können.

Zur Optimierung des Temperaturfeldes wird auf das Wissen über die Wirkzusammenhänge aus Kapitel 2.1 zurückgegriffen. Wie das existierende Wissen in den jeweiligen Kategorien zur Optimierung beiträgt, ist in Abbildung 11 verdeutlicht.

In Kategorie 1 findet keine solche Optimierung statt, während Kategorie 2 zur Optimierung des Temperaturfeldes die Intensitätsverteilung homogenisiert. Kategorie 3 führt diesen Ansatz weiter und homogenisiert das Temperaturfeld selbst mittels einer angepassten Intensitätsverteilung. Eine gezielte Einstellung der Intensitätsverteilung bzw. des Temperaturfeldes auf die in Kapitel 2.2 diskutierten Werkstoffreaktionen findet aktuell nicht statt. Technisch sind solche Temperaturfelder der Kategorie 4 jedoch bereits realisierbar.

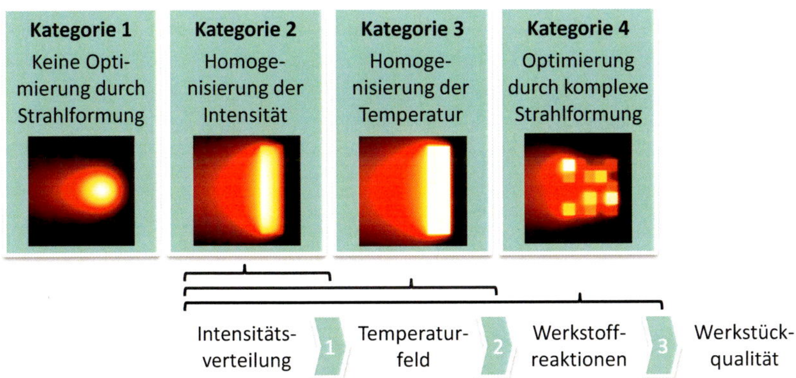

Abbildung 11: Kategorisierung der Strahlformungssysteme in Bezug auf die Wirkmechanismen

Aus diesem Zusammenhang ergibt sich ein mögliches Potential zur Optimierung des Prozesses durch die Anpassung des Temperaturfelds entsprechend der wissenschaftlichen Erkenntnisse über die Werkstoffreaktionen. Daraus wird die nachstehende Hypothese gefolgert:

Durch die Anpassung des Temperaturfeldes auf die werkstoff- und anwendungsspezifischen Charakteristiken lässt sich der Laserstrahlhärteprozess optimieren.

Ziel dieser Arbeit ist es, das festgestellte Wissensdefizit zu schließen und das produktionstechnische Potential von den auf den Prozess abgestimmten Temperaturfeldern zu erörtern. Hierzu wird wie folgt vorgegangen:

Zur Überprüfung der aufgestellten Hypothese müssen zunächst die Zielgrößen für die Optimierung genauer bestimmt werden. Dazu werden im Kapitel 4 Bewertungsgrößen für die Werkstoffreaktionen bezüglich der Werkstückqualität und produktionstechnischer Rahmenbedingungen eingeführt.

Anschließend werden aus der Literatur bekannte Modelle zur quantitativen Beschreibung der metallurgischen Vorgänge aus Kapitel 2.2 in Abhängigkeit der Temperaturfelder diskutiert. Aus den Teilmodellen wird ein Modell zur Beschreibung der Bewertungsgrößen in Abhängigkeit der Intensitätsverteilung bzw. des zu erzeugenden Temperaturfeldes sowie der Parameter Regelungstemperatur und Vorschubgeschwindigkeit in Kapitel 5 hergeleitet.

In Kapitel 6 wird das Modell auf einen Referenzprozess ohne Optimierung angewendet. Anhand der konventionellen Laserstrahlhärtung mit einer Top-Hat-Intensitätsverteilung wird das Modell verifiziert. Die Ergebnisse dienen zudem als Referenzgröße für die Bewertung der optimierten Temperaturfelder.

Theoretisch sind unendlich viele Temperaturverläufe denkbar. Um diese Varianzen zu reduzieren, werden anhand des Modells im folgenden Kapitel 7 Temperaturverteilungen deduktiv abgeleitet, die die Optimierung einzelner Qualitätsmerkmale priorisieren. Die Bewertung der Auswirkungen der optimierten Temperaturverteilungen auf die übrigen Merkmale erfolgt anhand der zuvor beschriebenen Modellzusammenhänge. Aus der Bewertung der Merkmale ergeben sich theoretisch optimierte Temperaturfelder, die im nächsten Schritt experimentell zu validieren sind.

Die Validierung der Temperaturfelder wird in Kapitel 8 anhand von Freiformspiegeln vorgenommen, die die erforderliche Intensitätsverteilung generieren. Die Versuche dienen dazu, die These induktiv anhand von Einzeluntersuchungen zu bestätigen.

Als Werkstoff für die Betrachtung wird 42CrMo4 (1.7225, AISI 4140) verwendet. Hierfür können wissenschaftliche und wirtschaftliche Randbedingungen angeführt werden:

Aus wissenschaftlicher Perspektive hat der Werkstoff 42CrMo4 den Vorteil, dass die metallurgischen Reaktionen bereits von diversen Autoren untersucht wurden und so eine breite Basis an validierten Teilmodellen und Parametern existiert.

Wirtschaftlich gesehen ist 42CrMo4 einer der am häufigsten eingesetzten Wellenwerkstoffe; wird aber auch für Zahnräder und weitere Anwendungen genutzt. Der Vergütungsstahl hat sehr gute Zähigkeitseigenschaften. Die Kontaktflächen müssen jedoch bei abrasiver oder schwellender Beanspruchung randschichtgehärtet werden. Da es sich um Massenprodukte handelt, ergibt sich aufgrund der hohen Stückzahlen eine erhöhte wirtschaftliche Relevanz für einen optimierten Prozess gegenüber der Einzelstückfertigung [BRNI14].

4 Bewertungsgrößen des Laserstrahlhärtens

Evaluation Criteria of the Laser Hardening Process

Um im wirtschaftlichen Wettbewerb bestehen zu können, sind produzierende Unternehmen darauf angewiesen, steigende Produktionsqualität bei sinkenden Fertigungskosten zu erzielen. Hieraus folgt eine nicht triviale Optimierungsaufgabe [BREC11, S. 19]. Qualitätsmerkmale und Fertigungskosten resultieren hieraus als die zu optimierenden Bewertungsgrößen laserstrahlgehärteter Werkstücke.

4.1 Qualitätsmerkmale laserstrahlgehärteter Werkstücke

Quality Features of Laser Hardened Workpieces

Laserstrahlhärten wird eingesetzt, um die Verschleißeigenschaften von Randschichten zu verbessern. Die Werkstückqualität wird somit durch den Verschleißwiderstand der Randschicht bestimmt. Die Eigenschaftsveränderungen, die zu einer Erhöhung des Verschleißwiderstandes dienen, sind auf Werkstoffreaktionen zurückzuführen und können zu Qualitätsmerkmalen zusammengefasst werden. Um eine Gewichtung der Qualitätsmerkmale aus Kundensicht zu ermöglichen, bietet sich eine Klassifikation nach dem in Abbildung 12 dargestellten Kano-Modell an.

Das Modell unterscheidet zwischen Basis-, Leistungs- und Begeisterungsmerkmalen [SCHU13, S. 35-36]. Zusätzlich gibt es unerhebliche Merkmale sowie Rückweisungsmerkmale.

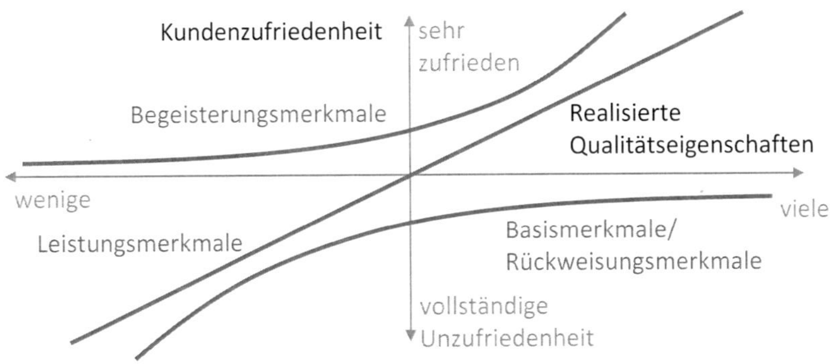

Abbildung 12: Allgemeine Darstellung des Kano-Modell

Bezogen auf den Laserstrahlhärteprozess stellen die Funktionalität des Bauteils innerhalb der ausgelegten Lebensdauer sicher. Rückweisungsmerkmale sind Effekte, die die durch die Basismerkmale festgesetzte Lebensdauer gefährden, während die Leistungsmerkmale eine verlängerte Laufruhe und Lebensdauer erlauben sowie prozesstechnologisch positive Effekte aufweisen. Begeisterungsmerkmale wiederum sind Effekte, die sich mit konkurrierenden Prozessen nicht realisieren lassen.

Basismerkmale

Als Basismerkmale sind die minimale und maximale Oberflächenhärte sowie die geforderte Einhärtungstiefe zu bezeichnen [DIN 05, S. 4]. Beide Werte sind auf den Lastfall ausgelegt. Die Merkmale werden daher als erforderliche Größe für die Prozessqualifikation angesehen und müssen in einem Prüfbericht dokumentiert werden [DIN 05, S. 6]. Sie müssen auf der gesamten geforderten Fläche erfüllt werden und sind in einer Wärmebehandlungsanweisung gelistet gemäß DIN 17023 [DIN 00b]. Die Ermittlung erfolgt laut DIN EN 10328 [DIN 05].

Die minimale Oberflächenhärte ist einzuhalten, um ein plastisches Fließen innerhalb der Randzone zu vermeiden. Die maximale Oberflächenhärte wiederum wird häufig beschränkt, um eine mit der Härte einhergehende Versprödung der Oberfläche zu verhindern. Beim Randschichthärten kommt es unweigerlich zu einem Abfall der Härte im Inneren des Werkstücks. Um den Verlauf qualifizieren zu können, existiert die Einhärtungstiefe als Kenngröße. Als Einhärtungstiefe wird die Tiefe bezeichnet, bei der noch 80% der minimalen Oberflächenhärte erreicht wird. Die erforderliche Einhärtungstiefe wird durch den Lastfall vorgegeben. Eine Unterschreitung hat eine Zerrüttung der Oberfläche bei schwingender Belastung zur Folge. Außerdem erzeugen sehr dünne Randschichten einen Eierschaleneffekt aufgrund der geringen Stützwirkung durch den ungehärteten Grundwerkstoff. [DIN 00a, S. 11; DIN 05, S. 4; KUNC07, S. 1919; SAGA99, S. 579; SCHM86, S. 64-65; SLAT09, S. 802]

Die Basismerkmale werden demnach durch eine prozesssichere Einhaltung der vorgegebenen Härtewerte innerhalb des Randschichtvolumens erfüllt.

Rückweisungsmerkmale

Rückweisungsmerkmale sind Schäden am Werkstück oder der gehärteten Zone, die eine Nichteinhaltung der Qualitätsanforderungen darstellen und auf den Prozess zurückzuführen sind. Diese Merkmale werden auch als Härtefehler bezeichnet [DIN 00a, S. 15-16]. Die statistische Auswertung beschreibt die Reproduzierbarkeit des Prozesses. Der Laserstrahl ist hier aufgrund seiner guten Regelbarkeit anderen Verfahren wie dem Flammhärten inhärent überlegen. [ION05, S. 225]

Ein Rückweisungsmerkmal sind Risse in der prozessierten Zone. Da die gehärtete Randzone ein sprödes Verhalten aufweist, können Zugspannungen nicht durch plastisches Fließen abgebaut werden und es bilden sich Risse. Diese wachsen bei weiterer Belastung, schwächen die Randzone und führen zum Bauteilversagen. [RAUE16; SLAT09, S. 801]

Definitionsbedingt ist ein Anschmelzen der Oberfläche beim martensitischen Randschichthärten im Gegensatz zum Schmelzhärten nicht vorgesehen. Kommt es aufgrund von Leistungsspitzen, Regelungsfehlern oder anderen Effekten doch zur Bildung einer flüssigen Phase, ist dies als Rückweisungsmerkmal zu verstehen. Die dabei gebildeten Dendriten haben eine Kerbwirkung und reduzieren die Lebensdauer. Zudem führt die hohe lokale Härte zu erhöhtem Verschleiß am Gegenkörper. In kohlenstoffreichen Stählen hat die Auflösung von Karbiden in der Schmelze in der Regel die Bildung von Restaustenit zur Folge. [HOSE01, S. 612; KÜPP96, S. 17; ORLI71, S. 47; SCHM86, S. 88; VISS95, S. 646; SHUR82, S. 344]

Bei der Härtung größerer Bereiche müssen gegebenenfalls mehrere Bahnen zu einer kontinuierlich gehärteten Fläche verbunden werden [AMEN85, S. 101-103]. Innerhalb der Spurüberlappung können hierdurch Anlasseffekte auftreten. Die Konsequenz ist in der Regel eine ungleichmäßig gehärtete Fläche und steht damit im Konflikt mit den Basismerkmalen, die die Einhaltung der Mindesthärte fordern [KIM09, S. 945; MEYE90, S. 153; YAO10, S. 26].

Durch die thermischen Ausdehnungseffekte und die Volumenzunahme der metallurgischen Umwandlung kann es zum plastischen Fließen innerhalb der Härtespur kommen [SCHM86, S. 107]. Diese Formänderung (Verzug) kann die zulässige Grenze überschreiten und ist dann ein Härtefehler bzw. ein Rückweisungsmerkmal. [DIN 00a, S. 12; SCHM86, S. 66]

Leistungsmerkmale

Leistungsmerkmale des Laserstrahlhärtens sind neben einem „sauberen" Prozess, der geringe Verzug sowie die positive Verschleißeigenschaften der Oberfläche und die präzise Begrenzung der zu härtenden Bereiche.

Unter einem „sauberen" Prozess wird umgangssprachlich die Härtung ohne Kühlmedien oder das Werkstück verunreinigende Prozessrückstände - wie Rußpartikel beim Flammhärten - bezeichnet. Eine weitere Eigenschaft, die den Prozess als „sauber" qualifiziert, ist die kurze Interaktionszeit. Hierdurch wird ein Eindiffundieren von Stickstoff ebenso wie eine Randschichtentkohlung unterbunden. [RAWL81, S. 174] Bei angepasster Prozessführung kann außerdem eine Verzunderung an der Oberfläche durch Schutzgas vermieden werden [SCHM86, S. 64]. Zusätzlich wird durch die kontrollierte Einbringung von Wärme der Verzug minimiert. Somit kann bei geeigneter Prozessführung auf Nachbearbeitungsprozesse verzichtet werden.

Die positiven Verschleißeigenschaften sind auf einen günstigen Eigenspannungszustand, die geringe Menge an Restaustenit und ein feines martensitisches Gefüge mit feindispergierten Karbiden zurückzuführen. Diese Merkmale basieren auf der hohen Intensität des Lasers, die besonders hohe Temperaturgradienten ermöglicht. [SCHM86, S. 34]. Diese günstigen Eigenschaften bedingen die von diversen Autoren im Zusammenhang mit Laserstrahlhärtung berichtete höhere Dauerfestigkeit, höhere Härte und bessere Korrosionseigenschaft [ČERN14; KOVA90, S. 61-64; LA C98, S. 397-398; MEYE90, S. 127; MAHM10; MAHM11; SAGA99, S. 578; S. 579; SELV99, S. 33; S. 34; YANG06]. Vereinfachend lässt sich sagen, dass als Ursache für die meisten Versagensmechanismen der Randschicht das Induzieren bzw. Propagieren von Mikrorissen ausgemacht werden kann. Effekte, die eine Erhöhung der Duktilität ohne Senkung der Festigkeit erreichen, sind daher positiv zu bewerten. Restaustenit kann zwar positiven Einfluss haben, wird aber in aller Regel als Kerbfaktor interpretiert. Andere Kerbwirkungen gehen von metallurgischen Einschlüssen und Poren aus. Druckeigenspannungen überlagern Zugspannungen und reduzieren daher die treibende Kraft der Risspropagation. Deswegen sollten Zugeigenspannungen nicht im spröden Martensit auftreten. [BAYR06; CHAO12; DADE06, S. 147; ELLE15; HOSE01, S. 612; IINO87, S. 1193; FAJD07; GÖNC10; KOCA01; KUNC03; KUNC07; LANG16; LA C98, S. 398; MAHM11, S. 2627; RAUE16, S. 3604-3605; SOLI84, S. 204; SPAN04, S. 17; VAZD09, S. 1038; YANG90b, S. 170]

Im Gegensatz zu den Basismerkmalen lassen sich die Leistungsmerkmale nur bedingt durch ein effizientes Prüfverfahren ermitteln. Sie müssen qualitativ durch Schliffbilder bestimmt werden [DIN 00a, S. 15-16]. Die positiven Auswirkungen auf die tribomechanischen Eigenschaften und Dauerfestigkeit sind zwar weitreichend bekannt, werden aber aufgrund der erschwerten Validierung nur bedingt genutzt. Die DIN-Norm zur Bestimmung der Schwingfestigkeit DIN 743-2 sieht z.B. einen Faktor zur Erhöhung der kalkulierten Standzeit durch eine Randschicht vor. Der Qualitätsunterschied zwischen Induktions- und Flammhärten wird hier berücksichtigt, die besonderen Qualitäten der Laserstrahlhärtung allerdings nur, wenn sie experimentell oder aus Erfahrungswerten bestimmt sind [DIN 12, S. 30]. Diese Leistungsmerkmale werden daher häufig vom Kunden nicht wahrgenommen [BONS09, S. 223] und sind dann der Kategorie der unerheblichen Merkmale zuzuordnen.

Begeisterungsmerkmale

Eine weitere Kategorie des Kano-Modells sind Begeisterungsmerkmale. Beim Laserstrahlhärten lassen sich die mit spezieller Prozessführung erreichbaren Eigenschaften sehr exakt einstellen. Zum Beispiel ist es möglich, an verschiedenen Bereichen der prozessierten Zone verschiedene Härtetiefen zu erzielen oder Muster mit gehärteten Bereichen zu erzeugen. [BONS12, S. 467; DIN 00a, S. 7; LANG97, S. 48-51; SAND91, S. 287]

Obwohl es sich, wie schon dargelegt, bei Anlasseffekten zwischen Einzelbahnen eigentlich um ein Rückweisungsmerkmal handelt und die Bereiche rissgefährdet sind [BAYR06, S. 1601; DIN 00a, S. 7; LA C98, S. 398; SHIU04, S. 104; YANG90b, S. 172], konnte von diversen Autoren nachgewiesen werden, dass der Anlasseffekt unter Umständen zu einer Erhöhung des Verschleißwiderstandes und sogar der Festigkeit führt. Dieser Effekt wird zum einen mit einer Steigerung der Zähigkeit in der Randschicht und dem Abbau von Spannungsspitzen durch plastisches Fließen innerhalb der angelassenen Bereiche in Zusammenhang gebracht. Zum anderen fungieren die angelassenen Bereiche in einer tribochemischen Verschleißsituation als Auffangbecken für Hartpartikel [CHAO12, S. 683; MEYE90, S. 153; ION05, S. 229; PELL11, S. 2411; IINO87, S. 1194; SAFO98, S. 400; SCHL94, S. 18; STEE10, S. 307-308]. Der Nachweis der positiven Eigenschaften dieses Effektes muss unter Berücksichtigung des tribomechanischen bzw. des tribochemischen Lastfalles erfolgen [SAFO98, S. 401; VISS95, S. 646].

Die technische Möglichkeit, Härtetiefen in der prozessierten Zone zu variieren, ist auf den konstruktiven Einzelfall beschränkt [ION13, S. 18; VOLL05, S. 7]. Daher handelt es sich um ein potenzielles Begeisterungsmerkmal, das im Sonderfall angepasst werden kann. Als Optimierungsgrößen für die vorliegende Arbeit werden solche Möglichkeiten nicht weiterverfolgt.

Major und Minor - Merkmale

Für die Bewertung des Prozesses kann zusätzlich zur Klassifikation nach Kano die folgende Gewichtung der Optimierungsgrößen in die Einteilung Major und Minor vorgenommen werden. Diese Einteilung ist an die Ansätze der Qualitätssicherung angelehnt. Major-Merkmale sind dabei in jedem Fall einzuhalten und müssen dementsprechend überprüft werden, wohingegen Minor-Merkmale dokumentiert werden müssen, aber nicht zwangsläufig eine Aussonderung des Bauteils erfordern.

Die Härte der Randschicht sowie die Einhärtungstiefe sind konstruktiv vorgegeben und definieren eine erfolgreiche Prozessierung. Sie müssen in jedem Fall eingehalten werden und erhalten daher die Einstufung als Major. Rückweisungsmerkmale dürfen unter keinen Umständen auftreten und gehören somit ebenfalls in die Rubrik Major. Die unter dem Begriff Leistungsmerkmale zusammengefassten Eigenschaften definieren das bei Einhaltung der Basismerkmale mögliche Optimierungspotential der Werkstückqualität. Sie sind als Minor klassifiziert. Eine Bewertung der Begeisterungsmerkmale muss für jeden Einzelfall erfolgen und kann daher in einer generellen Prozessoptimierung nicht berücksichtigt werden. Eine Klassifikation in Major und Minor findet daher nicht statt.

Fazit zu den Qualitätsmerkmalen

Tabelle 1 gibt einen Überblick über die Optimierungsgrößen und die Klassifikation. Zur Bestimmung, vor allem der Basismerkmale, bieten sich auch für den experimentellen Teil der Arbeit die in der Norm angeführten Prüfverfahren an. [DIN 00a, S. 16] Bei der Bewertung der Qualitätsmerkmale sollte beachtet werden, dass das Optimierungspotential des Laserstrahlhärteprozesses durch die Qualität des Ausgangswerkstoffes beschränkt wird. Seigerungen im Werkstoff bedingen z.B. eine ungleichmäßige Härtung [SCHL94, S. 78]. Ebenso führen Inhomogenitäten zu speziell nadelförmigen Karbiden oder flächige Ausscheidungen zu sehr hohen Kerbwirkungen, die durch ein feines Gefüge zwar reduziert, aber nicht kompensiert werden können. [DIN 00a, S. 12]

Tabelle 1: Optimierungsgrößen der Qualitätsmerkmale des Laserstrahlhärteprozesses

Qualitätsmerkmal	*Typ*	*M/m*	*Optimierungstendenz*
Einhärtungstiefe	Bm	M	Mindesttiefe ist einzuhalten.
Maximale Härte	Bm	M	Härte muss unterhalb des Wertes liegen.
Minimale Härte	Bm	M	Oberflächenhärte muss oberhalb des Wertes liegen.
Auftreten von Rissen	Rm	M	Risse dürfen nicht auftreten.
Reproduzierbarkeit	Rm	M	Reproduzierbarkeit muss gewährleistet sein.
Anlasseffekte	Rm	M	Anlasseffekte mehrerer Bahnen müssen vermieden werden.
Anschmelzen	Rm	M	Anschmelzen an der Oberfläche muss vermieden werden.
Verzug	Rm	M	Verzug muss innerhalb der vorgegebenen Grenzen sein.
Chemische Zusammensetzung	Lm	m	Änderungen der chemischen Zusammensetzung sollten vermieden werden.
Verzunderung	Lm	m	Verzunderungen sollten vermieden werden.
Verzugbedingte Nachbearbeitung	Lm	m	Verzug sollte minimiert werden.
Hohe Druckeigenspannungen	Lm	m	Druckeigenspannungen sollten maximiert werden; Zugeigenspannungen sollten vermieden werden; Werkstoffkennwert sollte nicht überschritten werden (siehe Verzug).
Homogenes Gefüge	Lm	m	Innerhalb der Randzone sollte das Gefüge so homogen wie möglich sein. Restaustenit sollte vermieden werden.
Feinkörniges Gefüge	Lm	m	Grobkornbildung sollte vermieden werden.
Kontrollierte Karbidauflösung	Lm	m	Karbide müssen anwendungsspezifisch bewertet werden.
Angepasste Härteverläufe	Bg		Härteverläufe können an die Geometrie und den Lastfall angepasst werden.
Musterhärtung	Bg		Anlasseffekte können positiv genutzt werden.

Bm *Basismerkmal*
Rm *Rückweisungsmerkmal* *M* Major
Lm *Leistungsmerkmal* *m* Minor
Bg *Begeisterungsmerkmal*

4.2 Fertigungskosten steigernde Prozessmerkmale

Process Characteristics Causing Production Costs

Neben der Werkstückqualität sind die Fertigungskosten für die prozesstechnische Bewertung relevant. Gerade die Leistungsmerkmale sind gegen die entstehenden Kosten abzuwägen. Die Senkung der Fertigungskosten kann über eine Reduktion der Investitionskosten sowie der Prozesskosten erfolgen. [SCHL94, S. 9-14; SCHM86, S. 18-19]

Investitionskosten

Das Laserstrahlhärten steht im Wettbewerb zu anderen Randschichthärteverfahren. Im Besonderen ist dabei das „Induktionshärten" zu nennen, das theoretisch in der Lage ist, die als Basismerkmale klassifizierten Eigenschaften einzuhalten, wohingegen die Leistungsmerkmale sich unterscheiden [DIN 00a; SCHM86, S. 21-23; S. 118]. Andere Verfahren sind das Elektronenstrahlhärten oder das Flammhärten. Weitere Autoren haben auch das Nitrieren oder Borieren als Alternativprozess in Konkurrenz zum Laserstrahlhärten gesetzt [GORL84, S. 338].

Als Nachteile des Laserstrahlhärtens gelten die hohen Kosten in der Anschaffung und Wartung sowie die geringe Effizienz und die Komplexität des Systems [AMEN85, S. 129-131]. Dabei ist anzumerken, dass die Annahmen über Kosten und Effizienz von Laserstrahlquellen häufig auf veralteten Daten beruhen und nur eingeschränkt für moderne Dioden-Lasersysteme gelten. [LI00, S. 231]. Die Kosten für Laserstrahlquellen sind von ihrer Strahlqualität abhängig. Hinzu kommen Kosten für die Strahlführung und Strahlformung, die je nach Komplexität erheblich sein können. Für das Laserstrahlhärten impliziert die Forderung nach geringen Investitionskosten eine Reduktion der Komplexität optischer Komponenten und den Einsatz von Laserstrahlquellen mit geringerer Strahlqualität. Zudem ist bei vorgegebener Systemtechnologie die maximale Laserleistung eine feste Prozessgrenze.

Die auf das Bauteil umgelegten Stückkosten können durch die Taktzeit beeinflusst werden. Die Durchlaufzeiten werden durch eine Erhöhung der Prozessgeschwindigkeit reduziert. Zudem ist die Senkung der Rüstzeiten durch eine Integration der Lasertechnologien in andere Produktionsabläufe möglich. Um die durch Abkühlzeiten entstehenden Totzeiten zu vermindern, sollte die eingebrachte Wärme minimiert werden. [CONR04, S. 152; ION05, S. 223; LANG97, S. 14; SCHL94, S. 2]

Prozesskosten

Eine weitere wichtige Rolle spielt das Einsparen von Ressourcen und dadurch anfallenden Kosten [ION05, S. 223].

Der Einsatz von Werkstoffen mit weniger Legierungselementen reduziert die Werkstoffkosten [ION05, S. 223]. Der Prozess sollte daher die jeweils größtmögliche Qualität erreichen [MEYE90, S. 23], um ggf. eine Substitution durch kostengünstigere Werkstoffe zu ermöglichen. Feinere Ausgangsgefüge erlauben schnellere Prozessierung und homogenere Ergebnisse [ION05, S. 234; SCHM86, S. 18].

Wenn eine Oberflächenoxidation verhindert werden soll, müssen entsprechende Schutzgaskonzepte existieren. Der Verbrauch von Schutzgas erhöht dabei die Prozesskosten. Da Metalloxide effektive Absorptionsschichten darstellen, wird zudem der Prozesswirkungsgrad aufgrund der geringeren Absorption verringert. [BONS12, S. 468; KOVA90, S. 61; TOBA06, S. 6366]

Zur Kostensenkung sind Nachbearbeitungsschritte zu vermeiden. Gründe für eine zusätzliche Nachbearbeitung können Verzug, Beschichtungen und Oberflächenveränderungen sein [DIN 00a, S. 4]. Diese Schritte ergeben laut Ion bis zu 30% der Kosten [ION05, S. 223]. Ebenso sollten zur Kostensenkung und zur Steigerung der Prozesskettenfähigkeit Vorbereitungsprozesse wie das Beschichten unterlassen werden. Mögliche Beschichtungsprozesse sind Berußen, Oxidieren oder Sandstrahlen [DIN 00a, S. 4; KATS99, S. 253-254; KÜPP96, S. 74-84].

Diskussion über die Abwägung zwischen verschiedenen Fertigungskosten

Wie schon erwähnt, werden die Fertigungskosten auch durch zusätzliche Prozessschritte wie Vorbereitungsprozesse und Nachbearbeitung beeinflusst. Daher werden im Folgenden diese Abhängigkeiten diskutiert.

Die zusätzlichen Kosten für die Nachbearbeitung sind gegenüber der Effizienzsteigerung durch Oxidation abzuwägen. Diese Abwägung kann dabei nicht losgelöst vom Einzelfall vorgenommen werden, jedoch lassen sich basierend auf dem von Lang [LANG97] untersuchten Werkstückspektrum beim rotationssymmetrischen Härten mittels Laserstrahlung zwei Bereiche ableiten:

Zum einen erfordern mehr als 50% der Bauteile Genauigkeitsanforderungen, die höher sind als IT6. Die Hälfte der Bauteile ist außerdem kürzer als 200 mm und hat weniger als 100 mm im Durchmesser. Um auf eine Nachbearbeitung verzichten zu können, ist für die Schnittmenge der Anforderungen der Verzug bzw. die Aufwölbung somit auf unter 20 µm zu beschränken [LANG97, S. 20-23]. Die Verwendung von Schutzgas kann für dieses Bauteilspektrum empfohlen werden, um die Kosten für eine Nachbearbeitung einzusparen. Die Untersuchungen von Sortinov et al. und Heidkamp et al. zeigen dabei, dass diese Anforderungen realistisch sind und dass sogar eine Härtung von CVD-beschichteten Werkzeugstählen möglich ist, ohne die Hartschicht zu zerstören [HEID05, S. 75; SOTI06, S. 164].

Aus den Erhebungen von Lang geht zudem hervor, dass ein signifikanter Anteil der Werkstücke Rauheitsklassen besser als N8 (R_a=3,2 µm) zuzuordnen ist [LANG97, S. 23]. Die daher in der Regel notwendige Schleifbearbeitung ist aufgrund der geringeren Zähigkeit nach dem Härten effizienter [LANG97, S. 56]. In diesen Fällen ist eine Nachbearbeitung unvermeidbar. Der Verzug ist von untergeordneter Bedeutung und eine Oxidschicht kann zur Absorptionssteigerung genutzt werden.

Durch höhere Geschwindigkeiten werden nicht nur die Taktzeiten reduziert, sondern auch die zum Abkühlen erforderlichen Totzeiten und die pro Werkstück aufgewendete

Energie gesenkt. Gegenüber dem Induktionsprozess lassen sich mit präzisem Laserstrahlhärten somit mögliche Kostenvorteile und Steigerungen der Energieeffizienz realisieren. [BONS09, S. 224; BONS12, S. 468]

Durch eine Anhebung der Oberflächentemperatur, die durch die Schmelztemperatur beschränkt ist, können die Geschwindigkeiten erhöht werden. Theoretisch könnte ein oberflächliches Anschmelzen in Kauf genommen werden, wenn eine entsprechende Nachbearbeitung vorgesehen wird. Allerdings zeigen die Untersuchungen von Lang, dass die angeschmolzenen Bereiche nur mit großem Aufwand zu entfernen sind, folglich selbst mit Nachbearbeitung vermieden werden sollten [LANG97, S. 56].

Eine Senkung der eingesetzten Energie und somit der Kosten kann durch die Verbesserung des Gesamtwirkungsgrades erzielt werden. Der Gesamtwirkungsgrad ergibt sich aus dem Gerätewirkungsgrad, dem Wirkungsgrad der Strahlführung und -formung gemäß DIN 32532 und dem Prozesswirkungsgrad [DIN 09, S. 10; S. 12; S. 20]. Der Prozesswirkungsgrad wurde von verschiedenen Autoren verwendet, jedoch nicht einheitlich definiert [BLOE97, S. 31-32; MEYE90, S. 73; RUDL93, S. 69; WISS85, S. 113]. Allen Definitionen liegt jedoch die Annahme zugrunde, die für die Umwandlung erforderliche thermische Energie auf die Laserleistung zu beziehen. Hieraus ergibt sich die Umwandlungs-Energieeffizienz in Formel 5.

Formel 5 $$\eta_{Prozess} = \frac{\rho \, c_P (T_a - T_0) \, u \, A_{Querschnitt}}{P_L}$$

Fazit zu den Fertigungskosten und möglichen Referenzprozessen

Die Optimierung der Fertigungskosten erfolgt aus den Faktoren Reduktion der Investitionskosten, Verkürzung der Taktzeit und Senkung indirekter Kosten sowie Prozesskosten. Eine exakte Abwägung aller relevanten Kosten zueinander muss für jeden Einzelfall erfolgen [ION05, S. 224]. In Tabelle 2 wird die Kostenstruktur zusammengefasst und mit den beim Induktionshärten anfallenden Kosten basierend auf Angaben anderer Autoren verglichen. [ION13, S. 24-26; LÄPP10, S. 193; LANG97, S. 35; MEYE90, S. 147-149; SCHL94, S. 7-8; SCHM86, S. 21-23; STEE10, S. 298]

Für die hier zu identifizierenden Optimierungsmerkmale des Prozesses sollen die Systemkosten und der daraus folgende elektrisch-optische Wirkungsgrad nicht berücksichtigt werden. Allerdings lässt sich die allgemeine Forderung ableiten, dass bei Temperaturfeldern mit vergleichbaren Effekten stets das generell einfacher zu erzeugende zu bevorzugen ist.

Von dem Einsatz von Abschreckmitteln wird abgesehen, um die Prozesskettenintegration zu verbessern. Die Vorbearbeitung durch Beschichtungsprozesse wird ebenfalls zugunsten der Oxidation während des Prozesses nicht betrachtet.

Tabelle 2: Übersicht über die Kostenstruktur und die Optimierungstendenzen beim Laserstrahlhärten

Kostenart/Kostentreiber	*Optimierungstendenz*	*Abgeleitete Forderung*	*Vergleich zur Induktion*
Investitionskosten			
• *Strahlquelle, Strahlführung, Strahlformung*	Reduktion	Vermeidung von Komplexität	hoch
• *Handhabungssystem*	Reduktion	Vermeidung von Komplexität	vergleichbar
Taktzeit			
• *Prozessdurchlaufzeit*	Reduktion	Reduktion der Interaktionszeit	vergleichbar
• *Totzeiten*	Vermeidung	Energetische Optimierung	geringer
Indirekte Kosten			
• *Opportunitätskosten durch Werkstoffsubstitution*	Maximierung der Werkstückqualität	Optimierung Leistungsmerkmale	geringer
• *Kosten für Vorbehandlung*	Vermeidung	Vermeidung	
• *Kosten für Nachbearbeitung*	Vermeidung	Zielkonflikt mit Schutzgas	
Prozesskosten			
• *Schutzgas*	Vermeidung von Schutzgas	Zielkonflikt mit Nachbearbeitung	geringer
• *Abschreckmittel*	Vermeidung von Abschreckmitteln	Keine externen Wärmesenken	geringer
• *Energie*			
Maschinenoptimierung: Elektrisch-Optischer Wirkungsgrad	Erhöhung des Wirkungsgrades	Wird in der Arbeit nicht betrachtet	vergleichbar
Prozessoptimierung: thermischer Umwandlungswirkungsgrad	Optimierung des Umwandlungsprozesses	Energetische Optimierung	besser

Für den Prozess lassen sich daher folgende Bewertungsgrößen aus der generalisierten Kostenbetrachtung ableiten:

- Aus der Reduktion der Taktzeiten ergibt sich die Forderung zur Maximierung der Vorschubgeschwindigkeit.
- Die Reduktion der Totzeiten ebenso wie die Steigerung des Prozesswirkungsgrades werden durch die Minimierung der während des Prozesses einbrachten Wärme bewirkt.
- Die Reduktion der Opportunitätskosten durch Substitution des Werkstoffes deckt sich mit der Forderung zur Verbesserung der Leistungsmerkmale zum werkstoffspezifischen Optimum.
- Zwischen der Nachbearbeitung und dem Verzicht auf Schutzgas sowie der Absorptionserhöhung durch Oxidation besteht vermeintlich ein Zielkonflikt. Dieser löst sich jedoch weitestgehend auf, wenn die werkstückspezifischen Anforderungen in die Betrachtung eingehen.

Um die Optimierung der Temperaturfelder diskutieren zu können, ist eine Referenz erforderlich. Das Induktionshärten ist als Referenzprozess für die vorliegende Arbeit nur bedingt geeignet, da sich aus den Prozessformen mit unterschiedlichen Prozessausprägungen eine hochkomplexe multidimensionale Optimierungsaufgabe ergibt. Um einen direkteren Vergleich optimierter Temperaturprofile zu erlauben, soll stattdessen das Härten mit Top-Hat-Intensitätsprofil als Referenzprozess herangezogen werden. Für den Vergleich mit anderen Verfahren sei auf die entsprechende Literatur verwiesen (s. z.B. [SCHM86]).

Der Top-Hat-Prozess als Referenzprozess kann alternativ auch als die Bewertungsgröße für die generalisierte Forderung nach einem möglichst einfachen Temperaturfeld interpretiert werden (vgl. Kapitel 4.2). Demnach muss das vorgeschlagene optimierte Temperaturfeld einen nennenswerten Mehrwert gegenüber dem nach heutigem Stand der Technik genutzten Top-Hat-Profil erreichen, um die Verwendung einer komplexeren Optik ökonomisch zu rechtfertigen.

4.3 Fazit zu den Bewertungsgrößen

Conclusions Regarding the Evaluation Criteria

Die Eignung eines Laserstrahlhärteprozesses zur Randschichthärtung eines spezifischen Werkstückes lässt sich wie folgt bewerten:

Zur Sicherstellung der technischen Machbarkeit muss der Prozess die Basismerkmale ohne Rückweisungsmerkmale erfüllen. Diese hinreichende Bedingung geht einher mit einer produktionstechnischen Abwägung zwischen Leistungsmerkmalen und verursachenden Kosten in welcher der Prozess einem Referenzprozess überlegen sein muss. Die Leistungsmerkmale wiederum können, basierend auf den Wirkmechanismen, durch Strahlformung optimiert werden.

Als Grenzen für die Optimierung resultieren somit die folgenden Größen:

- Verfügbare Laserleistung
- Einhaltung der Basismerkmale
- Vermeidung der Rückweisungsmerkmale

Aus dem Vergleich zwischen den Leistungsmerkmalen und den Fertigungskosten ergeben sich folgende Aspekte als Zielgrößen der Optimierung, die sich bezogen auf die verursachenden Mechanismen in vier Gruppen gliedern lassen:

- Merkmale im Zusammenhang mit Oberflächenreaktionen
  - Absorptionssteigerung durch Verzunderung der Oberfläche
  - Verzunderung der Oberfläche und entsprechende Nachbearbeitung
- Thermisch induzierte Gefügeveränderungen
  - Homogenes Gefüge
  - Feinkörniges Gefüge
- Eigenspannungsbedingte Merkmale
  - Hohe Druckeigenspannungen
  - Niedrige Zugeigenspannungen
- Ressourcenbedingte Merkmale
  - Verbrauch von Energie
  - Prozesszeit (Maschinenzeit und zeitbedingter Schutzgasverbrauch)

Die einzelnen Optimierungsgrößen sind dabei voneinander abhängig. Somit existieren sowohl Synergien als auch Zielkonflikte bei der Optimierung. Durch die hohen Freiheitsgrade der auswählbaren Temperaturverläufe können darüber hinaus primäre und sekundäre Ziele bei der Optimierung existieren.

5 Modell zur quantitativen Beschreibung der Bewertungsgrößen

Model for a Quantitative Description of the Evaluation Criteria

Für die zielgerichtete theoretische Optimierung des Temperaturfeldes ist eine Modellbildung zur Beschreibung der Bewertungsgrößen in Abhängigkeit von den Prozessparametern erforderlich. Nach der Vorstellung des Modellierungskonzeptes wird entsprechend der in Abbildung 2 bzw. Abbildung 13 gezeigten Wirkmechanismen zunächst die Methode zur Bestimmung des Temperaturfelds in der Randzone erläutert (Schritt 1). Auf Basis des Temperaturfeldes und somit des Zeit-Temperatur-Verlaufs ergibt sich die metallurgische Reaktion (Schritt 2). Diese führen schließlich zu den Qualitätsmerkmalen (Schritt 3), deren Beurteilung auf Basis der Bewertungsgrößen diskutiert werden kann.

5.1 Aufbau des Modells

Structure of the Model

In Kapitel 3 wurde ein Potential zur Optimierung des Prozesses durch die Rückführung des Wissens über Qualitätsmerkmale entlang der Wirkzusammenhänge aus Abbildung 2 identifiziert. Zur Veranschaulichung sind die Zusammenhänge hier nochmals in Abbildung 13 um die Rückführung ergänzt abgedruckt.

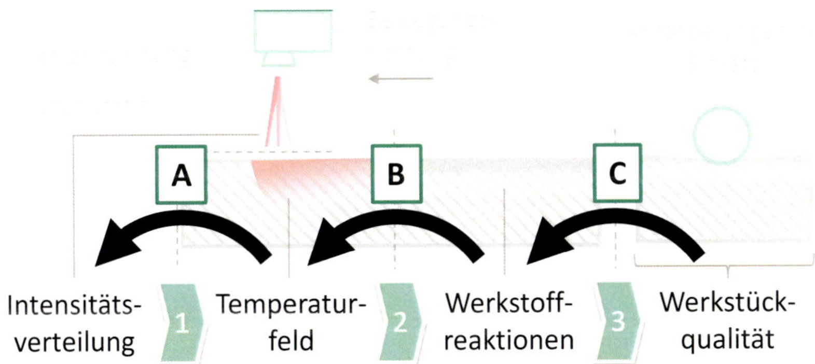

Abbildung 13: Wirkzusammenhänge des Laserstrahlhärtens und Rückschluss

Ein direkter Rückschluss der gewünschten Merkmale der Werkstückqualität (Bewertungsgrößen) auf die Intensitätsverteilung ist nicht möglich, da das inverse Wärmeleitungsproblem im mathematischen Sinne „schlecht gestellt“ ist (Rückschluss A). Doch bereits die Korrelation zwischen Temperaturfeldern und Qualitätsmerkmalen (Rückschluss B bzw. C) ist so komplex, dass nur einzelne auf Basis der Bewertungsgrößen hergeleitete potenzielle Zeit-Temperatur-Verläufe betrachtet werden können (s. Kapitel 7). Für diese ausgewählten Temperaturfelder kann die Intensitätsverteilung numerisch angenähert werden (Rückschluss A).

Mit der Intensitätsverteilung lässt sich die Wirkzusammenhangskette schließen, d.h.
(Schritt 1) das physikalisch mögliche Temperaturfeld berechnen,
(Schritt 2) die resultierende Werkstoffreaktion bestimmen und
(Schritt 3) schließlich die Werkstückqualität ableiten.

Wie im vorherigen Kapitel bereits erläutert, existieren anwendungsspezifisch verschiedene Optimierungsgrößen, die teilweise im Zielkonflikt zueinanderstehen. Zur Diskussion dieser komplexen Abhängigkeiten sollen Prozessdiagramme eingeführt werden.

Prozessdiagramme spannen anhand von in der Regel zwei Parametern einen Parameterraum auf. Aus den Abgrenzungen aus Kapitel 2.1 und den physikalischen Gegebenheiten aus den Kapiteln 2.2 und 2.3.1 wird ersichtlich, dass der Prozess für einen gegebenen Werkstoff- und Gefügezustand nur von folgenden Parametern abhängt: Vorschubgeschwindigkeit, maximale Oberflächentemperatur sowie Intensitätsverteilung an der Oberfläche.

Dabei wurde schon in Kapitel 2.3.1 gezeigt, dass die Intensitätsverteilung die Größe mit den meisten Freiheitsgraden darstellt. Daher bietet es sich an, die Prozessdiagramme mit den Dimensionen Vorschubgeschwindigkeit und maximale Temperatur auszuführen und diese für vorgeschlagene Profile miteinander zu vergleichen.

Das Prozessfenster innerhalb dieses Parameterraums wird durch die Basis- und Rückweisungsmerkmale festgelegt. Innerhalb dieses Prozessfensters können dann die Leistungsmerkmale bezüglich eines Anwendungsfalls optimiert und diskutiert werden, wie in Abbildung 14 skizziert.

Für diese Prozessdiagramme ist eine Vielzahl von Temperaturfeldern zu bestimmen. Zur Reduktion der Rechenzeiten werden daher schnelle Berechnungsmethoden und analytische Modelle bevorzugt. Außerdem wird, soweit möglich, auf physikalisch begründete Modelle anderer Autoren zurückgegriffen, die im Einzelnen bereits verifiziert wurden.

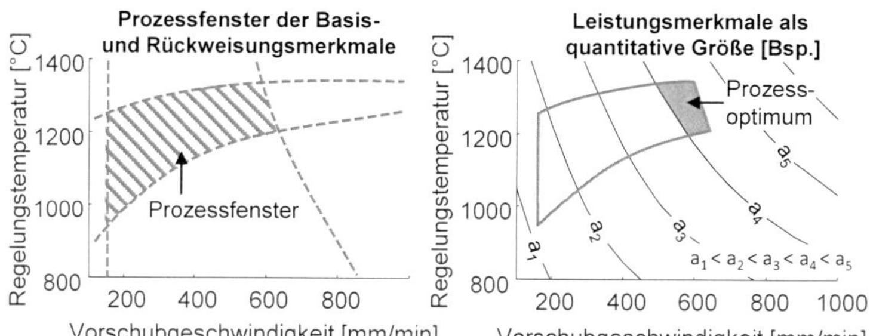

Abbildung 14: Schematische Zeichnung des Prozessfensters eines Intensitätsprofiles (links) und Auswertung zur Findung eines Prozessoptimums hinsichtlich einer Bewertungsgröße (rechts)

5.2 Modellierung des Temperaturfeldes

Modeling of the Temperature Field

Die thermische Simulation zur Bestimmung der Temperaturfelder basiert in der Regel entweder auf Punktwärmequellen [DAVI86; KOMA01; KOMA04; KÜPP96, S. 12; SUND17; TOBA06; YÁÑE02] oder FEM-Simulationen [BOJI15; BOUQ14; LDER06; LEUN01; OH17, S. 952-953; PATW07; TOBA06; YÁÑE02], wobei die FEM-Modelle genauere Voraussagen ermöglichen, da sie u.a. auch latente Wärme berücksichtigen können [BAIL09; BOJI15; TANI10; LUSQ07]. Allein die Vernachlässigung der Umwandlungsenthalpien führt nach Leung et al. zu einer Abweichung von 4 % [LEUN01, S. 3439]. Der durch Vernachlässigung von Strahlung, Konvektion und Umwandlungsenthalpie sowie Mittelung der Materialkennwerte verursachte Fehler bei der semianalytischen Lösung mithilfe von Punktquellen wird von Schlebeck auf 6,5% bestimmt. Allerdings scheint die Abweichung durch die Linearisierung der Kennwerte mit 3% unterschätzt, wenn die Materialkennwerte von Richter herangezogen werden [RICH73; RICH83; SCHL94, S. 49-50]. Die von Richter angegebenen Werte betreffen jedoch nur Temperaturen bis 650°C. Die für 42CrMo4 ermittelten Materialkennwerte von Schwenk bis 1200°C zeigen, dass die Werkstoffkennwerte bei erhöhten Temperaturen sich wieder denen bei Raumtemperatur annähern [SCHW12, S. 72; S. 131], der Fehler also teilweise kompensiert wird. Wissensbach konnte zeigen, dass eine geeignete Mittelung die Fehler reduziert [WISS85, S. 100].

Trotz der numerischen Ungenauigkeit wird in der Arbeit für die Berechnung der Temperaturfelder dennoch der Ansatz der Superposition von Punktquellen zugrunde gelegt. In der Genauigkeit ist dieser zwar der FEM-Berechnung unterlegen, bedarf aber wesentlich kürzerer Rechenzeiten [YÁÑE02, S. 615].

Zusätzlich kann der Rechenaufwand erheblich vermindert werden, wenn nicht das gesamte dreidimensionale Temperaturfeld bestimmt werden muss. Für die Bewertung der Qualitätsmerkmale ist, wie bereits erläutert, weitestgehend der Temperaturverlauf an der Oberfläche und in der Einhärtungstiefe von Interesse. Somit verringert sich der numerische Aufwand auf das Berechnen weniger Flächen im Temperaturfeld. Für die Auflösung der Berechnung in diesen Flächen wird 200 µm gewählt.

Zur weiteren Reduktion der Rechenzeit wird der Umstand genutzt, dass es sich bei der Veränderung der Regelungstemperaturen gemäß den Zusammenhängen aus Kapitel 2.3.1 um eine Streckung handelt. Die Regelungstemperatur zur Bestimmung der Prozessdiagramme sei dabei eine Fläche von 1 mm² oberhalb der Regelungstemperatur. Bei der experimentellen Verifikation wird dieselbe Fläche im Messpunkt verwendet.

Die Intensitätsverteilung lässt sich als abgebildete Anordnung von Punktquellen betrachten [HECH09, S. 891-892]. Das Integral über diese Punktquellen gemäß Formel 2 ergibt das Temperaturfeld. Um nicht bei jedem Iterationsschritt erneut infinitesimale Punktquellen zeitlich und örtlich integrieren zu müssen, werden die stationären Temperaturfelder einzelner Quellen superpositioniert. Somit können beliebige Intensitätsverläufe in einzelne stationäre Quellen diskretisiert werden. Als stationäre Quellen bieten sich die in Kapitel 2.3.1 angeführten Lösungen häufig verwendeter Quellen an:

Die Rosenthal-Gleichung ist dabei aufgrund der unendlichen Intensität der Punktquelle ungeeignet [HOFF94, S. 30], da sie keine Beschreibung der Oberflächentemperatur ermöglicht. Das Rechteckprofil erlaubt dagegen ein zweidimensionales flächiges Diskretisieren. Darüber hinaus lassen sich die Integrale über die flächige Verteilung effizient als Fehlerfunktion berechnen. Als Problem muss jedoch festgestellt werden, dass die erzeugbare Intensität abhängig von der Auflösung der Simulation wird. Für unterschiedliche Auflösungen ergeben sich demnach unterschiedliche erreichbare Temperaturspitzen. Besonders bei den Temperatursprüngen an den Grenzen des Laserstrahles z.B. bei einem Prozess mit konstanter Oberflächentemperatur führt dieser Umstand zu Problemen.

In der Realität tritt dieses Problem nicht auf, da den möglichen Temperaturfeldern aufgrund der erreichbaren Intensitäten Grenzen gesetzt sind [HECH09, S. 763; VÖLL19, S. 282]. Der Gaußstrahl beschreibt näherungsweise das Profil mit der maximalen Intensität bei einer gegebenen Strahlqualität [HECH09, S. 860-861]. Das Temperaturfeld der maximalen Intensität eines Strahles wird somit durch Formel 6 beschrieben.

Formel 6

$$T(x,y,z) - T_0 = \frac{4\,P_L\,\kappa}{\lambda\,\pi\,\sqrt{4\,\kappa\,\pi}} \int \frac{t^{-0.5}}{\sigma^2 + 8\,\kappa\,t}\; e^{-\frac{2((x-u\,t)^2+y^2)}{\sigma^2+8\,\kappa\,t} - \frac{z^2}{4\,\kappa t}}\,dt$$

Wenn wir nun davon ausgehen, dass abbildende Optiken zur Strahlformung die einkommende Strahlenbündel in der Fokusebene superpositionieren (vgl. Kapitel 2.3, Integratoren) [HECH09, S. 891-892] ergibt sich für das Temperaturfeld die Formel 7. Die Formel nähert die Temperaturverteilung einer beliebigen Intensitätsverteilung durch Gaußquellen an, wobei die maximale Intensität des Gaußstrahles als beschränkende Größe erhalten bleibt.

Formel 7

$$T(x,y,z) - T_0 = \sum_{j=1}^{n_j} \sum_{i=1}^{n_i} \frac{4\,P_{L_{i,j}}\,\kappa}{\lambda\,\pi\,\sqrt{4\,\kappa\,\pi}} \int \frac{t^{-0.5}}{\sigma^2 + 8\,\kappa\,t}\; e^{-\frac{2(\,(x+\Delta x_{i,j}\;-u\,t)^2+(y+\Delta y_{i,j})^2)}{\sigma^2+8\,\kappa\,t} - \frac{z^2}{4\,\kappa t}}\,dt$$

Physikalisch lässt sich das Prinzip auch wie folgt durch einen idealen unendlich schnellen Scanner illustrieren. Die Frequenz der Scanner-Bewegung sei gegenüber der Wärmeleitung vernachlässigbar. Zu jedem Zeitpunkt innerhalb eines Durchlaufes ist dabei die Intensitätsverteilung an der Oberfläche durch den abgebildeten Gaußstrahl gegeben. Wenn das sich ausbildende Temperaturfeld stationär ist, resultiert daraus, dass das Temperaturfeld jedes einzelnen Gaußstrahles stationär ist. Das Verhältnis der Intensitäten lässt sich dann aus der Aufenthaltsdauer und der Laserleistung zu dem Zeitpunkt berechnen.

Für die Berechnung muss bei einer gegebenen Geschwindigkeit somit nur einmalig das Integral aus Formel 6 gelöst werden. Die Bestimmung des gesamten Temperaturfeldes erfolgt daraufhin durch das Diskretisieren des Intensitätsprofiles, linearer Multiplikation der lokalen Leistung und Superpositionierung der Temperaturfelder einzelner Gaußquellen. Das Vorgehen ist in Abbildung 15 dargestellt. Durch den Vergleich des Temperaturfeldes mit einer Sollgröße ist es auch möglich, das inverse Temperaturproblem durch Iterationen zu nähern.

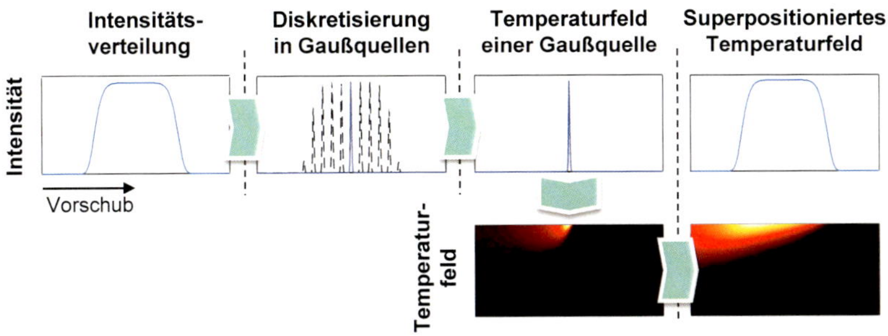

Abbildung 15: Berechnungssystematik zur Bestimmung der Temperaturfelder

Da es sich nur um eine Annäherung handelt, muss ein Abbruchkriterium für die Iteration definiert werden. Als Bewertungsgröße bietet sich vermeintlich die Summe der Temperaturdifferenz bezogen auf die Fläche an. Als Abbruchkriterium ist diese Bewertungsgröße allerdings ungeeignet, da die Güte der Approximation nicht nur durch das numerische Verfahren, sondern auch durch physikalische Grenzen, wie z.B. Strahlqualität, beschränkt wird [VÖLL19, S. 279-280]. Hinzu kommt eine Abhängigkeit dieser Grenzen von der Prozessgeschwindigkeit und der Regelungstemperatur. Daher soll die Iteration nicht beim Erreichen einer festen Bewertungsgröße für die Genauigkeit der Approximation abgebrochen werden, sondern nach einer fixen Anzahl an Iterationsschritten. Nach Versuchen mit unterschiedlichen Anzahlen werden 15 Iterationen als ausreichend festgestellt. Ein Beispiel hierzu findet sich im Anhang A.

Um die latente Wärme des Umwandlungsvorgangs mit berücksichtigen zu können, wird das Temperaturfeld anschließend basierend auf der im nächsten Kapitel vorgestellten numerischen Umwandlungsberechnung korrigiert. Die latente Wärme wird dabei durch Quellterme realisiert. Die Intensitäten der Quellterme werden auf Basis der Austenitbildung berechnet.

5.3 Beschreibung der metallurgischen Vorgänge

Description of the Metallurgical Processes

Nachdem das Temperaturfeld bekannt ist, können die metallurgischen Vorgänge simuliert werden. Wie bereits in Kapitel 2.2 erläutert, lassen sich diese in die notwendigen Kriterien Austenitbildung und Homogenisierung und das anschließende hinreichende Kriterium der Bildung des gehärteten Gefüges bei der Abkühlung einteilen.

5.3.1 Austenitbildung und Homogenisierung

Austenization and Homogenization

Um die metallurgischen Vorgänge beim Austenitisierungsprozess zu erfassen, werden Zeit-Temperatur-Austenitisierungs-Diagramme (ZTA-Diagramme) beruhend auf Dilatometer-Untersuchungen genutzt [ORLI73; ORLI74]. Bedingt durch den technischen Aufwand sind ZTA-Diagramme seltener verfügbar als z.B. ZTU-Diagramme. Nahezu alle diese Diagramme beinhaltenden Literaturquellen (z.B. [DIN 00a, S. 11; GRAF09; LISC97, S. 607; SCHL74; SPUR15, S. 342]) verweisen auf den Atlas der Wärmebehandlung der Stähle (Band 3 & 4) [ORLI73]. Schlicht hat bereits festgestellt, dass die typischen Aufheizraten beim Laserstrahlhärten nicht in den Diagrammen wiedergegeben werden [SCHL74, S. 186-187]. Zudem seien die Aussagen bei sehr hohen Geschwindigkeiten anzuzweifeln [SCHL94, S. 72]. Genauere Untersuchungen zur Erweiterung des Diagramms bei sehr hohen Aufheizraten für 42CrMo4 wurden von Mioković durchgeführt [MIOK05a, S. 49].

Basierend auf den Werkstoffdaten und empirisch ermittelten Werten wurden quantitative Korrelationen und Modelle entwickelt:

Die einfachsten Modelle zur quantitativen Prozessbeschreibung basieren auf der Abschätzung der gehärteten Spur durch die Überschreitung der Langzeit-Austenit-Temperatur in einer thermischen Simulation (s. z.B. [BOUQ14; DUBR86; LDER06; KOMA04; YÁÑE02]). Dieser Ansatz beschreibt die Vorgänge während des Prozesses allerdings ungenügend [BOJI15, S. 75; DUBR86, S. 663].

Daraufhin wurden Modelle entwickelt, die die gehärtete Zone auf Basis der Kohlenstoffdiffusion abschätzen. Je nach Gefüge lassen sich die Phasen geometrisch als Platte [ASHB84, S. 1941; BLOE97, S. 107-108], Zylinder [ROY00] oder Kugel [BLOE97, S. 108; LI86, S. 1535-1538] interpretieren.

Da der Temperaturverlauf abhängig von der Strahlquelle und der Position im betrachteten Werkstückvolumen ist, ergibt sich bei der Berücksichtigung eine nicht analytisch lösbare Differentialgleichung [CARS59, S. 12-13]. Grund ist die mit dem Arrhenius-Ansatz gemäß Formel 8 beschreibbare Abhängigkeit der Diffusionskonstante von der Temperatur [JACO97, S. 580]. Der zudem existierende lokale Einfluss der Kohlenstoffkonzentration auf die Diffusionskonstante wird nicht betrachtet.

Formel 8: $$D_c(t) = D_{0_c}\, e^{-\frac{E_{A_C}}{R\,T(t)}}$$

Einer der bekanntesten Modellansätze zur Lösung dieses Problems wurde von Ashby et al. entwickelt. Zur Beschreibung der Umsetzungsrate thermischer Prozesse wird in den Modellen die kinetische Stärke (engl. kinetic strength) eingeführt. Basierend auf der Maximaltemperatur wird der Temperaturverlauf geschickt genähert, sodass die Integration der Diffusionskonstanten über die Prozesszeit zu einer geschlossenen Lösung führt. Hierdurch können mit überschaubarem numerischen Aufwand Prozessdiagramme erzeugt werden. Zunächst wurde das Modell für perlitische Stähle aufgestellt [ASHB84]. Eine Weiterentwicklung für hypereutektoide Stähle erfolgte zwei Jahre später [LI86]. Die grundlegenden Modellannahmen werden von vielen Autoren aufgegriffen (s. z.B. [BASU07; KOKO89; ORAZ10; PANT05b, S. 26-27; ROY00; SELV99; SKVA06; TANI10]). Allein die Literaturdatenbank Scopus verzeichnet aktuell 313 Verweise auf die Veröffentlichungen von 1984 [SCOP18].

Der Ansatz erlaubt jedoch keine Berücksichtigung des prozessspezifischen Temperaturverlaufs. Tobar stellt fest, dass eine derartige Näherung über die Spitzentemperatur die Vorgänge unzureichend widerspiegelt [TOBA06, S. 6365]. Dieser Umstand gilt insbesondere dann, wenn wie in der vorliegenden Arbeit unterschiedliche Temperaturverläufe verglichen werden sollen. Dies veranschaulichen die Abbildung 7 bis Abbildung 9, die, beruhend auf dem Modell, alle dieselbe kinetische Stärke aufweisen.

In der vorliegenden Arbeit wird daher ein anderer Ansatz gewählt. Aus der Berechnung des stationären Temperaturfeldes im Werkzeugkoordinatensystem folgt der Zeit-Temperatur-Verlauf jedes Werkstoffvolumens im Werkstückkoordinatensystem mit der räumlichen Auflösung des Temperaturfeldes. Die zeitliche Auflösung ergibt sich aus dem Quotienten aus der räumlichen Auflösung und der Geschwindigkeit. Für jedes dieser Volumenelemente wird die Diffusionsgleichung während des Zeit-Temperatur-Verlaufes numerisch gelöst. Zusätzlich werden zeitliche Zwischenschritte für das entsprechende Element der Temperaturfeldmatrix vorgesehen, um das Stabilitätskriterium der FEM zu erfüllen. Unabhängig vom Kriterium werden mindestens zehn Zwischenschritte eingeführt. Dabei wird eine eindimensionale numerische FEM mit 100 räumlichen Stützpunkten vergleichbar mit den Untersuchungen von Jacot et al. durchgeführt [JACO97, S. 580-581]. Als Grundlage dient das Plattenmodell (s. Kapitel 2.2.1). Der Lamellenabstand sei 2,86 µm.

Die Bestimmung komplexerer Gefügestrukturen durch das numerische Lösen von aus Schliffbildern abgeleiteten Matrizen oder Monte-Carlo-Simulationen [BLOE97, S. 86-97; JACO99] kann aufgrund des numerischen Aufwandes nicht verfolgt werden

Während die diffusionsgehemmte Bildungskinetik durch die FEM beschrieben wird, ist die keimbildungsbeschränkte Austenitumwandlung noch unberücksichtigt. Diese stellt eine obere Grenze für die Umwandlung dar. Der Keimbildungsvorgang lässt sich mithilfe des Avrami-Ansatzes, auch als Johnson-Mehl-Avrami-Kolmogorow-Gleichung (JMAK-Gleichung) bezeichnet, gemäß Formel 9 darstellen [HAID01; MIOK05a, S. 51; MIOK06, S. 548; SCHL94, S. 71-73; TOBA06, S. 6363]. Obgleich der Formalismus auch für nicht isotherme Umwandlungen gilt [AVRA39, S. 1111], bezieht sich die allgemein verwendete Formel auf isotherme Umwandlungen [AVRA39; AVRA40;

AVRA41]. Die Untersuchungen von Haidemenopoulos [HAID01] legen dabei nahe, dass nur der Faktor k_{JMAK} eine thermische Abhängigkeit aufweist. Die Abhängigkeit lässt sich auf die erhöhte Nukleationsrate aufgrund der für die Keimbildung bereitstehenden Energie erklären. Die Berechnung für nicht isotherme Prozesse kann laut Mioković durch ein Diskretisieren in isotherme Zeitschritte und Einführung einer fiktiven Zeit erfolgen [MIOK05a, S. 50-52]. Mioković hat zudem eine Approximation der Temperaturabhängigkeit der Faktoren k_{JMAK} und n_{JMAK} bestimmt [MIOK05a, S. 126-129]. Da ein phänomenologischer Ansatz gewählt wurde, beschreiben die Werte auch einen Teil der diffusionsdominierten Temperaturerhöhung mit guter Genauigkeit. [MIOK05a, S. 51] Die Einhaltung der durch die Bildungskinetik beschränkten maximalen Austenitgrenze wird im Modell sichergestellt, indem die FEM-Berechnung dieses Intervalls abgebrochen wird, sobald der maximale Austenitgrad erreicht ist.

Formel 9 $$f_{Aust.}(t) = 1 - e^{-\frac{\pi}{3} N_{JMAK}\, v_{JMAK}^3\, t^4} = 1 - e^{-k_{JMAK}\, t^{\,n_{JMAK}}}$$

Für die Beschreibung der Austenitbildung ergeben sich drei Bereiche innerhalb eines Querschnittes. Im ersten Bereich, dem Grundgefüge, wird die Ac_1-Temperatur nicht überschritten; eine Umwandlung findet nicht statt. Im zweiten Bereich am Rande der Prozesszone ist die Umwandlung durch die Kohlenstoffdiffusion bei den verhältnismäßig niedrigen Temperaturen limitiert. Im dritten Bereich bei sehr schneller Überschreitung der Ac_3-Temperatur z.B. an der Oberfläche gilt die Avrami-Gleichung zur Bestimmung des maximalen Austenitisierungsgrades.

Abbildung 16 (links) stellt die Temperaturverteilung eines Top-Hat-Profils (16x4 mm²) bei 400 mm/min und einer Regelungstemperatur von 1225°C in einer Tiefe von 0,6 mm dar. Das Diagramm in der Mitte zeigt den Austenitanteil und den Temperaturverlauf entlang der links eingezeichneten Linie. Die blaue Linie illustriert den Austenitanteil basierend auf dem im nächsten Kapitel beschriebenen Umwandlungsmodell. Mithilfe der FEM lässt sich die Kohlenstoffdiffusion berechnen. In Abbildung 16 (rechts) ist die mikroskopische Kohlenstoffverteilung entlang der links eingezeichneten Linie dargestellt. Der Kohlenstoff wird nur bedingt homogenisiert.

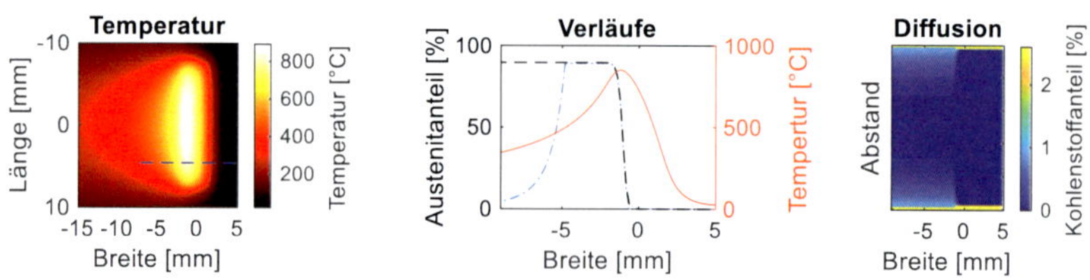

Abbildung 16: Temperaturfeld eines Rechteckprozesses in 0,6 mm Tiefe (links), Temperaturverlauf und Austenitanteil (Mitte) und Kohlenstoffverteilung (rechts) entlang der Linie (links)

Mithilfe des Modells lassen sich die Anteile der Gefüge berechnen. Abbildung 17 zeigt die Ergebnisse der Phasenanteile Austenit, Ferrit und Zementit.

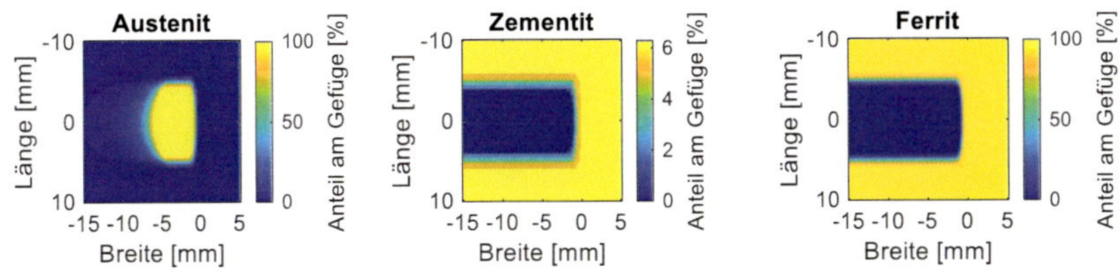

Abbildung 17: Austenit-, Zementit- und Ferrit-Anteile am Gefüge

Mithilfe der numerischen Lösung der Diffusionsgleichung ist der Kohlenstoffgehalt sowie der Austenitisierungsgrad jedes Volumenelementes bekannt. Die numerische Berechnung hat darüber hinaus den Vorteil, dass das Modell durch eine Transformation der Koordinaten und Randbedingungen auch auf radiale Koordinatensysteme übertragen werden kann [CARS59, S. 230]. So kann das Modell zukünftig für die Verwendung für hypereutektoide Stähle weiterentwickelt werden, wobei die JMAK-Gleichung noch zu bestimmen wäre.

5.3.2 Bildung des gehärteten Gefüges bei der Abkühlung

Formation of the Hardened Microstructure During Quenching

Nach Sicherstellung der notwendigen Bedingungen Austenitbildung und Kohlenstoffhomogenisierung ist die Martensitumwandlung die hinreichende Bedingung für eine erfolgreiche Härtung der Randschicht.

Die Umsatzrate von Austenit zu Martensit kann mit der Koistinen-Marburger-Gleichung berechnet werden [MIOK06, S. 548]. Eine Weiterentwicklung des Ansatzes zur Berücksichtigung latenter Wärme findet sich bei Hömberg [HÖMB96]. Der nicht umgewandelte Gefügebestandteil verbleibt als Restaustenit im Werkstoff oder wandelt sich zu Perlit um. Bei dem in Formel 10 beschriebenen Ansatz wird eine existierende Abhängigkeit der Umwandlung von der Größe der Austenitkorngrenze und der Spannung [BESS93, S. 17; S. 18; S. 203] vernachlässigt. Aus dem Ansatz geht zudem hervor, dass eine vollständige Umwandlung zu Martensit nicht erreicht werden kann. M_F ist somit nur eine theoretische Größe, bei der etwa 99% des Gefüges in Martensit umgewandelt wurde. Da es sich bei der Martensitbildung um eine diffusionslose Umwandlung handelt, wird die Kohlenstoffverteilung am Ende des Prozesses eingefroren [PANT05b, S. 37].

Formel 10 $$f_{Mart.}(t) = 1 - e^{-a_{Mart.}(M_s - T(t))}$$

Zur Beschreibung der Abhängigkeit der M_s von der Legierungszusammensetzung [BESS93, S. 17] wurden experimentelle Näherungsformeln erstellt. Für die weiteren

Berechnungen wird dabei die in Formel 11 dargestellte Funktion nach Mioković [MIOK06, S. 548-549] verwendet. Alternativ kann M_s über thermodynamische Erwägungen ermittelt werden [PANT05b, S. 34-35]. Zudem existiert eine Abhängigkeit von der Korngröße [ORLI71, S. 55], die jedoch nicht in Betracht gezogen wird. Aufgrund der Legierungszusammensetzung ergibt sich für 42CrMo4 bei vollständiger Zementit-Auflösung eine Temperatur zwischen 373,5-329,5°C. Kostov registriert bei In-situ-Untersuchungen der Umwandlungskinetik beim Laserstrahlhärten die erste Martensitphase bei 270°C [KOST14, S. 117]. Die Formel 11 ergibt vergleichbare Werte für den eutektoiden Kohlenstoffgehalt von 0,8 %. Die Vermutung liegt also nahe, dass die lokale Kohlenstoffkonzentration berücksichtigt werden muss. Hierzu werden die Phasenumwandlungen auf Basis der mit der FEM bestimmten lokalen Konzentration berechnet. Für jedes Volumenelement erfolgt dann die Konzentration aus der Mittelung.

Formel 11

$$\boldsymbol{M_s = 550 - 350\, C_{\%C} - 40\, C_{\%Mn} - 35\, C_{\%V} - 20\, C_{\%Cr}}$$
$$\boldsymbol{-17\, C_{\%Ni} - 10\, C_{\%Cu} - 10\, C_{\%Mo} - 8\, C_{\%W} + 15\, C_{\%Co} + 30\, C_{\%Al}}$$

Wenn die Absenkung der Temperatur nicht schnell genug erfolgt, um die Diffusion von Kohlenstoff zu unterdrücken, scheidet sich der Kohlenstoff als Zementit aus. Das sich bildende Gefüge entspricht Perlit bzw. Bainit. Die Bildung der beiden Phasen ist durch die Keimbildung beschränkt und lässt sich laut Hömberg ebenfalls mit der Avrami-Gleichung beschreiben. Die Koeffizienten lassen sich dabei aus einem ZTU-Diagramm ableiten. [HÖMB96, S. 4376-4377].

Für den zuvor schon für die Aufheizrate beschriebenen Top-Hat-Prozess ergibt sich die Gefüge-Zusammensetzung für die Abkühlphase in Abbildung 18. Bei der Abkühlung der zuvor berechneten Prozesse tritt nahezu kein Perlit oder Bainit auf; daher wurde auf die Darstellung verzichtet. Die geringe Menge der beiden Gefüge-Anteile lässt sich auf die gute Härtbarkeit des Werkstoffes zurückführen. Die Darstellung links illustriert den Martensitanteil. Das Diagramm auf der rechten Seite zeigt den Verlauf der Anteile am Gefüge über die Zeit entlang der gestrichelten Linie (links), wobei der Zeitpunkt 0 den Eintritt eines Volumenelementes in den Laserbrennfleck auf der Oberfläche darstellt.

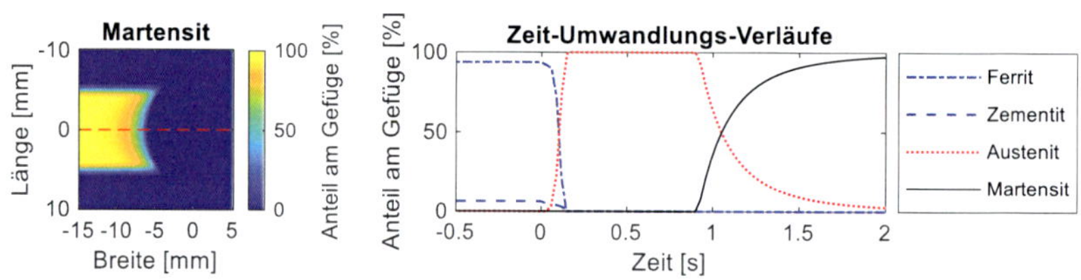

Abbildung 18: Martensit-Anteil am Gefüge (links) und Zeit-Umwandlungs-Verlauf entlang der links eingezeichneten Linie (rechts)

5.4 Bestimmung der Qualitätsmerkmale des gebildeten Gefüges

Modeling of Quality Features of the Formed Microstructure

Gemäß Kapitel 4.1 lässt sich die Qualität des bei dem Prozess erzeugten Gefüges in Basis-, Rückweisungs- und Leistungsmerkmale einteilen. Hinzu kommen weitere Prozessmerkmale, die sich z.B. aus produktionstechnischen Erwägungen ergeben. Eine Übersicht bietet Tabelle 1 (s. S. 38). Zur besseren Lesbarkeit sind die Merkmale im Folgenden fett gedruckt.

5.4.1 Modellbeschreibung der Basismerkmale

Modeling of the Must-be Quality Features

Wenn die lokale Kohlenstoffkonzentration c bekannt ist, kann die Härte des Martensits bestimmt werden. Die durch die Martensitumwandlung erreichte Härte wird häufig mit der empirischen Korrelation in Formel 12 beschrieben. [BOJI15, S. 64]

Formel 12 $$H_{Martensit} = 1667\,c - 926\,c^2 + 150$$

Beim Laserstrahlhärten werden dabei teilweise höhere Härten gemessen als die Werkstoffzusammensetzung vermuten lassen würde [AMEN85, S. 68]. Dieser Effekt wird von verschiedenen Autoren auf diverse härtesteigernde Phänomene zurückgeführt. Während Pantsar davon ausgeht, dass die Härtesteigerung durch das feinkörnige Gefüge entsteht [PANT05b, S. 43], begründet Mioković die Härtesteigerung durch feine Zementitausscheidungen im Martensit [MIOK05a, S. 129-133]. Amende gibt zu bedenken, dass geringe Prüfkräfte aufgrund der Inhomogenität des Gefüges, also lokal höherer Kohlenstoffgehalte, Messfehler bedingen [AMEN85, S. 68]. Mit der von Mioković verwendeten Formel [MIOK05a, S. 129-133] für die Härtewerte mit $HV_{0,1}$ werden die Härtewerte bei HV_1 überschätzt. Referenzmessungen zeigen, dass es sich um 50 HV_1 handelt. Der Wert für den Einfluss der Mischkarbide ($H_{Fer.(Verguetet)}$) wird daher um 50 nach unten korrigiert.

Formel 13 $$H = f_{Mart.} H_{Mart.} + f_{Fer.} H_{Fer.(Verguetet)} + f_{Zem.} H_{Zem.} + f_{Aust.} H_{Aust.}$$

Durch die Bestimmung der Härte für jedes Volumenelement lässt sich die Breite der gehärteten Fläche in der geforderten Einhärtungstiefe als Basismerkmal bestimmen.

5.4.2 Modellbeschreibung der Rückweisungsmerkmale

Modeling of the Reverse Quality Features

Rückweisungsmerkmale gemäß Kapitel 4 sind das Auftreten von Rissen, die mangelnde Reproduzierbarkeit der Basismerkmale, Anlasseffekte, Anschmelzen und Verzug.

Die Berechnung der während des Prozesses induzierten **Risse** ist äußerst komplex. Risse gehen häufig von im Werkstoff bereits existierenden Kerbfaktoren aus. Für eine Bestimmung der Rissneigung müssen daher die Mikrostruktur des Werkstoffes und insbesondere die Form von Ausscheidungen bekannt sein. Außerdem sind aufgrund der hohen Temperatur nicht nur die elastische, sondern auch die plastische Verformung sowie die Ausheilung der Fehlstellen zu beachten. Aus der Literatur sind durch die Härtung mit Laser verursachte Risse bei 42CrMo4 nicht bekannt. Von einer modellbasierten Bestimmung wird daher Abstand genommen.

Die **Reproduzierbarkeit** der Basismerkmale ist auf unbekannte Störungen zurückzuführen und kann daher definitionsbedingt nicht explizit theoretisch bestimmt werden. Darüber hinaus besteht eine Abhängigkeit von der eingesetzten Anlagentechnik wie z.B. der Messgenauigkeit des Pyrometers und der Regelungsgeschwindigkeit der Laserquelle. Allerdings kann für einen gegebenen Fall die Anfälligkeit des Prozesses gegenüber Parameterschwankungen bestimmt werden. Zur Überprüfung der Sensitivität kommen die Parameter Geschwindigkeit, Temperatur sowie die Grenzzusammensetzung und die Mikrostruktur des Werkstoffes in Frage. Während die beiden erstgenannten Parameter aus den Prozessdiagrammen ersichtlich sind, werden die letzteren nur in die experimentellen Betrachtungen mit eingehen.

Generell besteht die Möglichkeit auch **Anlasseffekte** zu berücksichtigen. Da das verwendete Intensitätsprofil laut den grundsätzlichen Annahmen nach der Strahlformung die gesamte zu härtende Spurbreite prozessiert, kommt es zu keinen Anlasseffekten durch die Spurüberlappung.

Anschmelzungen beim Laserstrahlhärten sind auf drei Effekte zurückzuführen:

Erstens auf die im Abschnitt Reproduzierbarkeit der Basismerkmale bereits thematisierten Schwankungen der Prozessparameter. Um hierdurch generierte Anschmelzungen zu vermeiden, wird generell angenommen, dass ein ausreichender Abstand zur thermodynamischen Schmelztemperatur einzuhalten ist.

Zweitens können, wie in Kapitel 2.2.2 erläutert, lokale hohe Kohlenstoffkonzentrationen die Schmelztemperatur absenken. Eine Reduktion der Schmelztemperatur in vergüteten und perlitischen Gefügen ist allerdings nicht bekannt.

Der dritte Effekt ist mit der Bildung der Oxidschicht in Zusammenhang zu bringen. Die obere Prozessgrenze ist daher durch das Anschmelzen der Oxidschicht gegeben. Die Modellierung wird in Kapitel 5.4.3 detaillierter behandelt.

Der **Verzug bzw. die Aufwölbung** sind ebenso wie das Auftreten von Rissen eine Konsequenz der Spannungen. Die Spannungen während des Prozesses werden im nachfolgenden Kapitel erläutert. Die verwendete Berechnungsmethode erlaubt jedoch keine Bewertung des Rückweisungsmerkmals Verzug. Somit muss ebenfalls eine empirische Überprüfung erfolgen.

5.4.3 Modellbeschreibung der Leistungsmerkmale

Modeling of the One-Dimensional Quality Features

Leistungsmerkmale gemäß Kapitel 4 sind die geringe Verzunderung, die Reduktion der durch Verzug bedingten Nachbearbeitung sowie hohe Druckeigenspannungen, ein homogenes, feinkörniges Gefüge und die kontrollierte Karbidauflösung.

Veränderung der chemischen Zusammensetzung, Verzunderung

Eine Ursache für die **Veränderung der chemischen Zusammensetzung** (s. S. 35) ist die Entkohlung der Randschicht sowie die Aufnahme von Stickstoff. Zur Beurteilung der Entkohlung soll eine kurze Berechnung erfolgen. Die Lösung für eine aufgeprägte Oberflächenkonzentration ohne Relativbewegung gemäß Carslaw [CARS59, S. 52-62] mit auf 1250°C extrapolierten isothermen Diffusionskonstanten nach Gegner [GEGN05] ist in Tabelle 3 zu sehen. Die Haltezeiten wurden dabei für verschiedene Geschwindigkeiten bei einem 4 mm langen Profil berechnet. Auf Basis dieser Abschätzung lässt sich sagen, dass die Entkohlung nur bei Prozessen mit wirtschaftlich irrelevanten Haltezeiten und konstanten hohen Oberflächentemperaturen eine Rolle spielt. Für die weitere Betrachtung wird der Effekt daher vernachlässigt.

Tabelle 3: Berechnungsergebnis für Kohlenstoffkonzentration in verschiedenen Tiefen und Haltezeiten bei 1250°C korrespondierend zu Geschwindigkeiten bei einem 4 mm Spot

Geschwindigkeit	200 $\frac{mm}{min}$	400 $\frac{mm}{min}$	600 $\frac{mm}{min}$	800 $\frac{mm}{min}$	1000 $\frac{mm}{min}$
Haltezeiten	1,2 s	0,6 s	0,4 s	0,3 s	0,24 s
Position	Kohlenstoffkonzentration				
0,02 mm	0,2576%	0,3273%	0,3639%	0,3850%	0,3978%
0,04 mm	0,3850%	0,4140%	0,4189%	0,4198%	0,4200%
0,06 mm	0,4161%	0,4199%	0,4200%	0,4200%	0,4200%

Die **Verzunderung**, also Bildung einer Oxidschicht, tritt bei einer Reaktion des Werkstoffs mit dem Luftsauerstoff bei erhöhten Temperaturen ein. Abgesehen von den Eisenoxiden unterschiedlicher Stöchiometrie mit abnehmendem Sauerstoffanteil (Wüstit FeO , Hämatit Fe_2O_3 und Magnetit Fe_3O_4) [BEYE98, S. 59] bilden sich, je nach lokaler Legierungszusammensetzung, auch andere Metalloxide der Legierungselemente mit hoher Sauerstoffaffinität wie Al, Ti, Si oder Cr [PANT06, S. 2633]. Neben der Legierungszusammensetzung ist der Aufbau der Oxidschicht vom Temperaturverlauf und weiteren Faktoren wie dem Sauerstoffpartialdruck abhängig [BÜRG11, S. 261-267; MUAN60]. Diese Zusammenhänge werden hier vernachlässigt und es wird angenommen, dass die Oxidschicht zu über 90% aus Wüstit besteht [BUCH02, S. 82; CHAN89, S. 14].

Eine Bestimmung der Dicke der Oxidschicht δ_{Oxid} erlaubt die Wagnersche Zundertheorie. Die Diffusion der Ionen durch die Oxidschicht ist dabei geschwindigkeitsbestimmend [BÜRG11, S. 274]. Mit zunehmender Oxidschichtdicke wird die Reaktion durch die Bereitstellung von Sauerstoff und Metallionen mittels Diffusion limitiert [PANT06, S. 2628; S. 2632]. Formel 14 zeigt den mathematischen Zusammenhang. Die Temperaturabhängigkeit ist durch den Arrhenius-Ansatz gegeben [BÜRG11, S. 285-293].

Formel 14 $$\frac{d\delta_{Oxid}}{dt} = \frac{D}{\delta_{Oxid}} \qquad D \sim D_{0_{Oxid}} e^{-\frac{E_{A_{Oxid}}}{RT}}$$

Für einen isothermen Prozess kann das Wachstum durch das parabolische Wachstumsgesetz in Formel 15 genähert werden [CHAN89, S. 15; HOFF94, S. 26-27]. Eine allgemeine Berechnung erfolgt durch isotherme Schritte mit fiktiver Zeit analog zum Vorgehen für die Austenitisierung (vgl. Seite 52). Die verwendeten Stoffwerte finden sich bei Buchmayer [BUCH02, S. 82]. Kennwert ist die Oxidschichtdicke in der Mitte der Härtespur.

Formel 15 $$\delta_{Oxid} = \sqrt{2D_0 \; exp\left(-\frac{E_{A_{diff}}}{RT}\right)} * \sqrt{t}$$

Verzugsbedingte Nachbearbeitung, hohe Druckeigenspannungen

Die während des Prozesses auftretenden Spannungen können zum **Verzug** führen und somit eine Nachbearbeitung erforderlich machen.

Zugeigenspannungen resultieren aus den plastischen Deformationen bei hohen Temperaturen und der anschließenden Kontraktion des Werkstoffes. Ursächlich für die Zugeigenspannungen sind demnach plastische Fließprozesse [BESS93, S. 4; KOST14, S. 102; S. 153]. Der Martensit weist hohe Fließspannung auf, während die Werte im Austenit gering sind [KOST14, S. 109]. Zudem kommt es aufgrund der erhöhten Temperaturen zu einer Absenkung der Festigkeit [BESS93, S. 72]. Hierbei besteht unter Vernachlässigung der Umwandlungsvorgänge ein exponentieller Zusammenhang mit negativen Exponenten [DOEG86, S. 46], sodass bei 600°C die Fließspannung für 42CrMo4 bereits auf fast 50% reduziert wird. Bei höheren Temperaturen im Bereich von 1000°C bzw. 1200°C beträgt die zum Fließen führende Spannung lediglich ein Viertel bzw. ein Zehntel des Ausgangswertes [DOEG86, S. 148-152]. Fließprozesse und dadurch bedingte Zugeigenspannungen sind daher oberflächennah im Austenit zu erwarten. Innerhalb dieses Temperaturbereiches lässt sich die Temperaturabhängigkeit durch eine Gerade gut nähern [DOEG86, S. 48].

Die **Druckeigenspannungen** werden durch die Volumenzunahme der Martensitbildung verursacht. Sie werden durch die zuvor beschriebenen Zugeigenspannungen reduziert [SHIU04, S. 101-102]. Die Umwandlung des Werkstoffes findet unterhalb von M_s bei geringeren Temperaturen statt [KOST14, S. 99]. Theoretisch könnte also geschlossen werden, dass in erster Näherung keine Rückkopplung der Martensitumwandlung auf die thermischen Fließprozesse existiert. Die Effekte müssten demnach unabhängig voneinander betrachtet werden können. Die thermischen und die umwandlungsbedingten Spannungen werden jedoch durch die Umwandlungsplastizität miteinander gekoppelt. Umwandlungsplastizität ist ein Phänomen, das zu einer erhöhten Plastizität bei Phasenumwandlungen und somit zum Abbau von Spannungen führt [BESS93]. Zur Bestimmung des Eigenspannungszustandes nach dem Prozess ist es demnach erforderlich, den Spannungszustand bei der Umwandlung zu kennen. Als Konsequenz ergibt sich, dass die Beiträge der Eigenspannung nicht einzeln ausgerechnet und anschließend superpositioniert werden können. Stattdessen ist es notwendig, für die Berechnung jeden einzelnen Beitrag zu den vorliegenden Spannungen an jedem Punkt des Temperaturfeldes zu bestimmen.

Zudem ist eine Berechnung der Spannungen nur unter Berücksichtigung der dreidimensionalen Randbedingungen sinnvoll. Vereinfachende Modelle wie z.B. von Solina et al. oder Yang et al. können nur zur phänomenologischen Erklärung genutzt werden [YANG06, S. 2214; SOLI84, S. 199]. Zur Bestimmung kommen nur zeitaufwändige, dreidimensionale, numerische Rechnungen in Frage, wie z.B. von Bailey [BAIL09] durchgeführt. Von der numerischen Bestimmung der Werte für die Deformation und inneren Spannungen wird daher Abstand genommen.

Das Ziel der Modellbildung ist es, Aussagen zur Optimierung von Temperaturfeldern beim Laserstrahlhärten machen zu können. Anstatt der Ermittlung der numerischen Werte für die Spannungen und den Verzug können auch die ursächlichen Phänomene durch Kennzahlen beschrieben werden.

Die Druckeigenspannungen lassen sich auf die Volumenzunahme zurückführen. Um eine Kennzahl abzuleiten, wird phasenspezifisch die Volumenzunahme in Bezug zum Kompressionsmodul gesetzt und dann entlang einer Linie aufsummiert. Die so berechnete Kennzahl in Formel 16 hat die Dimension Kraft pro Weg. Die physikalische Interpretation entspricht der Kraft, die durch die Umwandlung in einer Zeile des Werkstoffes erzeugt wird, wenn jedes Element elastisch dem isostatischen Druck der Volumenumwandlung ausgesetzt ist, ohne verformt zu werden.

Formel 16 $$K_{Druck.} = \sum_{i=1}^{n_x} \Delta x \left(\Delta V_{Fer.\rightarrow Aust.} K_{Aust.} f_{Aust.,i} + \Delta V_{Fer.\rightarrow Mart.} K_{Mart.} f_{Mart.,i} \right)$$

Die Druckeigenspannungen werden durch thermisch bedingte Zugeigenspannungen vermindert [KOST14, S. 153]. Um diesen Effekt quantifizieren zu können, wird die flächige thermische Ausdehnung in Beziehung zum Kompressionsmodul und der Fließspannung gesetzt. Aufgrund der geringeren Festigkeit und den höheren Temperaturen wird die Kennzahl nur im Austenit bestimmt. Hieraus ergibt sich der Kennwert in Formel 17. Die Fließspannung ist eine Funktion der Temperatur. Die Kennzahl hat die Dimension einer Fläche und bestimmt, um welchen Faktor die Fließspannung auf der Fläche überschritten wird.

Formel 17 $$K_{Zug.} = \sum_{j=1}^{n_j} \sum_{i=1}^{n_x} \frac{\Delta x \, \Delta y \, (1 - \alpha_{therm} T_{ij})^3 \, K_{ij,Aust.} f_{Aust.,i,j}}{\sigma_{ij,fließ,Austenit}}$$

$$mit \; \sigma_{ij,fließ,Austenit} = f(T)$$

Abbildung 19 zeigt den Verlauf der Kennwerte an der Oberfläche für das zuvor bereits verwendete Temperaturfeld sowie die Oxidschichtdicke.

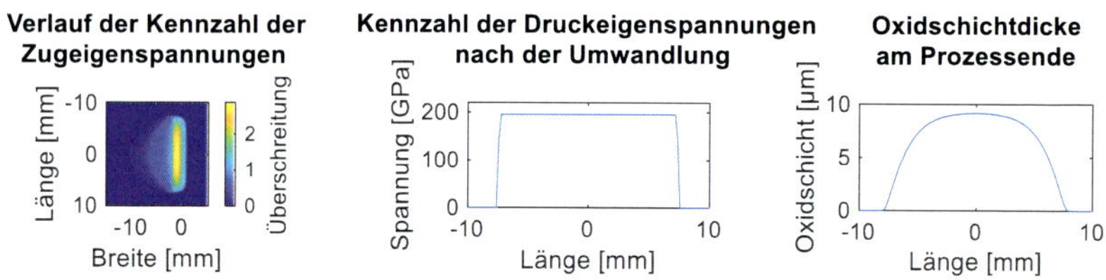

Abbildung 19: Kennwerte der Zugeigenspannungen (links) und Druckeigenspannungen (Mitte) sowie Oxidschichtdicke (rechts)

Homogenes, feinkörniges Gefüge

Verschiedene Einflüsse wirken sich auf ein **homogenes Gefüge** aus. Makroskopische Inhomogenitäten, wie Seigerungen, Einschlüsse oder andere Fremdkörper könnnen während des Laserstrahlhärtens nicht aufgelöst werden. Durch den Laserstrahlhärteprozess wird die Homogenität somit nur durch zwei Effekte beeinflusst: Zum einen können lokal hohe Temperaturunterschiede zu unterschiedlichen Umwandlungen im Werkstoff führen. Ein Beispiel hierfür wären Anlasseffekte, die je nach Situation als Begeisterungs- oder Rückweisungsmerkmal identifiziert werden. Neben diesen makroskopischen Schwankungen existiert zum anderen eine mikroskopische Inhomogenität in der lokalen Zusammensetzung. Diese mikroskopische Inhomogenität wird durch das nur partielle Auflösen der kohlenstoffreichen Phase erzeugt [PANT05b, S. 41]. Während zur Härtesteigerung des Martensits eine Auflösung erforderlich ist, führt das Vorhandensein feindispergierter Zementitteilchen zu einer Mischkristallverfestigung, wie bereits angedeutet (s. S. 17). Eine vollständig homogene Verteilung des Kohlenstoffs ist demnach unter Umständen nicht erwünscht. Dieser Effekt wird bei der Berechnung der Härte vernachlässigt. Aufgrund der FEM-Berechnung ist die Kohlenstoffverteilung jedoch bekannt und kann als Bewertungsfaktor mit einfließen. Die Heterogenität wird dabei als Standardabweichung der Kohlenstoffverteilung berechnet. Für die Prozessdiagramme wird die Abweichung von der Heterogenität im Ausgangsgefüge multipliziert mit der Länge des Profiles genutzt.

Formel 18 $$K_{Het.} = \sum_{i=1}^{n_x} \Delta x \; (\sigma_{Std,C,Grundgefüge} - \sigma_{Std,C,i})$$

Neben der hohen Härte ist das **feinkörnige martensitische Gefüge** aufgrund des beschränkten Kornwachstums in der Haltephase einer der am häufigsten genannten Vorteile des Laserstrahlhärtens. Pantsar stellt bei seinen Untersuchungen von CrMo-Stählen fest, dass hier der größte Einfluss der Parametervariation zu finden ist [PANT05a, S. 267]. Das treibende Potential hinter dem Kornwachstum ist der Abbau von Grenzflächenenergie gemäß Formel 19. Da das Kornwachstum auf der Eigendiffusion des Werkstoffes basiert, lässt sich die Temperaturabhängigkeit mit einem Boltzmann-Faktor beschreiben [GOTT14, S. 345; S. 362; PANT05b, S. 31].

Formel 19 $$\frac{d\delta_{Korn}}{dt} \sim \frac{D_{Eigen}}{\delta_{Korn}} \quad \boldsymbol{mit} \quad \boldsymbol{D_{Eigen} = D_{0_{Eigen}}\, e^{-\frac{E_{A_{Eigen}}}{RT}}}$$

Die Integration der Formel 19 lässt sich dabei durch isotherme Zeitschritte annähern. Hieraus ergibt sich das Wachstumsgesetz in Formel 20. Theoretisch nimmt der Wert des Polynomfaktors c den Wert 2 an. Durch den Einfluss Korngrenzenwachstum einschränkender Legierungselemente unterscheiden sich die Werte für c jedoch erheblich [SCHU14], da Karbide und andere Einschlüsse das Wachstum effektiv verhindern [ORLI71, S. 37]. Die Untersuchungen von Orlich zeigen, dass bei der Kurzzeitaustenitisierung häufig Mischgefüge mit bis zu 4 Größenklassen vorliegen [ORLI71, S. 18-21] Das Modell verwendet die Parameter nach Schulze et al. [SCHU14].

Formel 20 $$\int \boldsymbol{\delta_{Korn} d\delta_{Korn}} = \int \boldsymbol{\hat{A}\; e^{-\frac{\hat{B}}{T}}\, dt}$$

$$\Rightarrow \boldsymbol{\delta_{Korn}^{c_{Korn}} - \delta_{Korn,0}^{c_{Korn}} = D_{0_{Eigen}} \sum_i \Delta t_i\, e^{-\frac{E_{A_{Eigen}}}{RT}}}$$

Kontrollierte Karbidauflösung

Mit steigendem Anteil an karbidbildenden Legierungselementen werden neben Zementit diverse Karbide beobachtet [LO03, S. 98; KATS99, S. 251]. Bereits das Dreiphasensystem Chrom-Eisen-Kohlenstoff weist mehr als vier verschiedene Karbidformen auf [BUNG58, S. 194]. Die Karbidauflösung ist nur partiell möglich und abhängig von der thermodynamischen Stabilität der Karbide sowie der Diffusion des Kohlenstoffes bzw. der karbidbildenden Legierungselemente [PANT05b; PANT07, S. 438-439]. Weitere Phänomene schränken die Aussagefähigkeit der mathematischen Beschreibung gerade bei hohen Temperaturen ein [PANT05b, S. 104; S. 121-123]. Das Auflösen der Karbide verändert lokal die Aktivitäten aufgrund der hohen Affinität der karbidbildenden Elemente zum Kohlenstoff und muss berücksichtigt werden [BUNG64, S. 1003; PANT05b, S. 121; PANT07, S. 439; ORLI71, S. 42]. Erschwerend kommt hinzu, dass die stöchiometrische Zusammensetzung der Karbide abweichen kann. Der Chromgehalt von $(Cr,Fe)_7C_3$-Karbiden kann z.B. zwischen 37,6-63,8% schwanken

[BUNG64, S. 1005]. Die Form und Verteilung wiederum ist begründet in der thermomechanischen Historie des Werkstoffes [KULM75, S. 82]. Zudem muss zwischen primären und sekundären Karbiden unterschieden werden, die ihrerseits in Form, Größe und Zusammensetzung variieren [BUNG58, S. 202].

Aufgrund des geringen Anteils karbidbildender Elemente und Kohlenstoffs spielt der Einfluss der Karbide beim Laserstrahlprozess für den Werkstoff 42CrMo4 eine untergeordnete Rolle. Auf die modellbasierte Beschreibung der Karbidauflösung wird daher verzichtet.

5.4.4 Modellbeschreibung weiterer Berechnungsgrößen

Modeling of Additional Calculation Features

Produktionstechnische Merkmale

Neben den Qualitätsmerkmalen existieren weitere Bewertungsgrößen für den Prozess, die sich aus der produktionstechnischen Abwägung ergeben. Entsprechend dem Fazit aus Kapitel 4.3 sind vor allem die ressourcenbedingten Merkmale von Bedeutung. Das Prozesseffizienzmerkmal **Prozesszeit** resultiert aus einer Referenzlänge geteilt durch die Vorschubgeschwindigkeit. Diese Referenzlänge sei hier die Breite der Intensitätsverteilung an der Oberfläche.

Eine Bewertungsmöglichkeit für den **Energieeinsatz** während des Prozesses ist die Verwendung des Prozesseffizienzfaktors aus Formel 5. Da das gesamte umgewandelte Volumen jedoch nicht durch das Modell ermittelt wird, kann diese Größe nicht bestimmt werden. Von eigentlichem Interesse ist allerdings der erforderliche Energieeinsatz zur Härtung einer entsprechenden Spurbreite in der Einhärtungstiefe. Diese lässt sich aus dem Quotienten von Leistung und Prozesszeit errechnen.

Die Oberflächenoxidation hat maßgeblichen Einfluss auf die Energieeffizienz. Hiermit sind drei Mechanismen verbunden:

Die lokal veränderte Absorption, die die effektive Intensitätsverteilung beeinflusst, die Reduktion der Temperatur an der Metalloberfläche durch die isolierende Wirkung der Oxidschicht und das Auftreten von Anschmelzungen an der Oxidoberfläche.

Absorptionssteigerung durch die Oxidschicht

Die Bildung einer Zunderschicht bzw. Oxidschicht ist ein weiterer negativer Effekt, der durch die hohen Temperaturen forciert wird. Bei Laserprozessen ist diese Schicht in der Regel nicht sehr ausgeprägt, kann aber aufgrund der Veränderung der Oberflächeneigenschaften einen erheblichen Einfluss auf den Prozess haben. [BONS09, S. 221; LDER06, S. 103; MEYE90, S. 86-101; PATW07, S. 316; SCHM86, S. 64; TOBA06, S. 6366]

Cordovilla et al. gehen davon aus, dass die Oxidschichtabsorption durch Fresnelreflexion zu erklären ist [CORD16]. Die zunehmende Absorption dickerer Oxidschichten [HRUŠ17, S. 5] lässt sich nur durch die Annahme einer Teiltransparenz der Oxidschicht erklären [PANT05b, S. 105]. Die Absorption der Laserstrahlung innerhalb eines teiltransparenten Mediums kann mit dem Lambert-Beerschen-Gesetz beschrieben werden, wobei der Absorptionskoeffizient und die gesamte Absorption unbekannt sind. Ein Teil der Strahlung wird an der Oberfläche reflektiert und durchläuft die Oxidschicht erneut [PANT05b, S. 105]. Es ergibt sich die in Formel 21 gezeigte Funktion, für die die Parameter $a_{Abs,i}$ zu bestimmen sind. Bei numerischer Berechnung der lokalen Absorption kann auch die abgestrahlte Leistung als thermische Schwarzkörperstrahlung unkompliziert berücksichtigt werden.

Formel 21 $$A_{Absorption} = a_{Abs,0}\left(\left(1 - e^{-a_{Abs,2}\delta_{Oxid,i,j}}\right) + a_{Abs,1}e^{-a_{Abs,2}\delta_{Oxid,i,j}} + \left(1 - a_{Abs,1}\right)e^{-a_{Abs,2}\delta_{Oxid,i,j}}\left(1 - e^{-a_{Abs,2}\delta_{Oxid,i,j}}\right)\right)$$

Da keine Daten zur Abhängigkeit der Absorption von der Oxidschichtdicke vorliegen, soll auf die Untersuchungen von Pantsar et al. zurückgegriffen werden [PANT02; PANT04, S. 8; PANT05b; PANT06]. Pantsar et al. analysierten die Einflüsse von Oxidschichten auf den Laserstrahlhärteprozess unter Berücksichtigung der Temperatur und der Vorschubgeschwindigkeit. Die Oxidschichtdicken sind nicht angegeben, sodass keine direkte Beziehung zwischen Absorption und Schichtdicke bekannt ist. Die Aussagen gelten somit nur für das verwendete Strahlprofil eines direktstrahlenden Diodenlasers mit einer Slow- and Fast-Axis.

Als Maximalwert für die Absorption ($a_{Abs,0}$) wird der von Pantsar et al. nach mehrmaligem Überfahren ermittelte Wert von 85% angenommen [PANT05b, S. 63]. Um eine Korrelation zwischen Oxidschichtwachstum und der von Pantsar et al. gemessenen Absorption zu erhalten, wurde die Temperaturverteilung auf Basis der angegebenen Werte simuliert und anschließend die Oxidschichtdicke mit dem Modell berechnet. Das Strahlprofil wurde dabei mithilfe von Super-Gaußfunktionen angenähert. Detaillierte Angaben hierzu befinden sich im Anhang B. Die Faktoren werden zu $a_{Abs,1} = 62{,}92\%$ und $a_{Abs,2} = 0{,}1775$ 1/µm festgelegt.

Abbildung 20 (links) zeigt die Absorptionswerte nach Pantsar et al. in Abhängigkeit der, auf die Intensität bezogenen, berechneten Oxidschichtdicke. Die gefittete Formel 21 ist ebenfalls in der Abbildung eingetragen. Sowohl die von Pantsar et al. durchgeführte Versuchsreihe zur Oberflächentemperatur (+) als auch die zur Geschwindigkeit (x) wird gut abgebildet. In Abbildung 20 (rechts) sind die berechneten absorbierten Leistungen gegen die angegebenen absorbierten Leistungswerte aufgetragen. Die Standardabweichung liegt bei 37,7 W. Qualitativ entspricht die Abhängigkeit auch den von Fortunato et al. bestimmten Verläufen [FORT12, S. 3184].

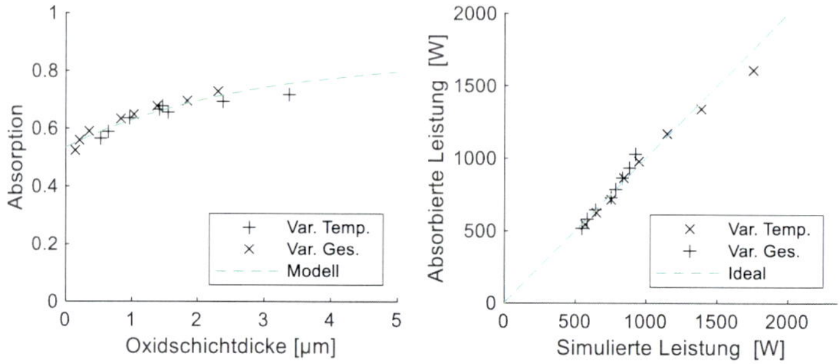

Abbildung 20: Korrelation zwischen kalkulierter Oxidschichtdicke und gemessener Absorption (links) und Vergleich zwischen berechneter und gemessener Leistung (rechts) basierend auf den Angaben von Pantsar et al. [PANT05b]

Pantsar et al. führten zudem Untersuchungen an polierten Proben in Inertgasatmosphäre durch. Die ermittelten Absorptionsraten von 35,5%-40,1% entsprechen anderen Literaturwerten [DAUS95, S. 74; PANT05b, S. 23; S. 60] und stimmen auch mit vom Autor mittels Absorptionsmessgerät (Ulbrichtkugel) gefundenen Werten für geschliffene Oberflächen von 36,3% überein. Das Modell prognostiziert jedoch für den Oxidschichtwert 0 eine Absorption von 53,48%. Allerdings wurde von Wissensbach festgestellt, dass bereits die dünnen Oxidschichten der Anlauffarben eine Anhebung der Absorption auf fast 60% erreichen [BEYE98, S. 60]. Vom Autor durchgeführte Messungen an im Ofen oxidierten Proben und Ergebnisse von Bergström bestätigen qualitativ diese Tendenz [BERG07b].

Zusätzlich bedingt die erhöhte Rauheit einer gedrehten Oberfläche im Vergleich zu einer geschliffenen Oberfläche aufgrund von Mehrfachreflexionen [BERG07a] höhere Werte. Bei Raumtemperatur wurde mittels Absorptionsmessgerät (Ulbrichtkugel) auf gedrehten Oberflächen der Wert von 43,8% festgestellt. Der Faktor $a_{Abs,0}$ wird daher für die Simulation auf gedrehten Oberflächen um 15,69% erhöht.

Abbildung 21 zeigt die Auswirkungen der Oxidation auf die Absorption und folglich auf das Temperaturfeld. Für die Berechnung wurde der oben bereits genutzte Top-Hat-Prozess verwendet.

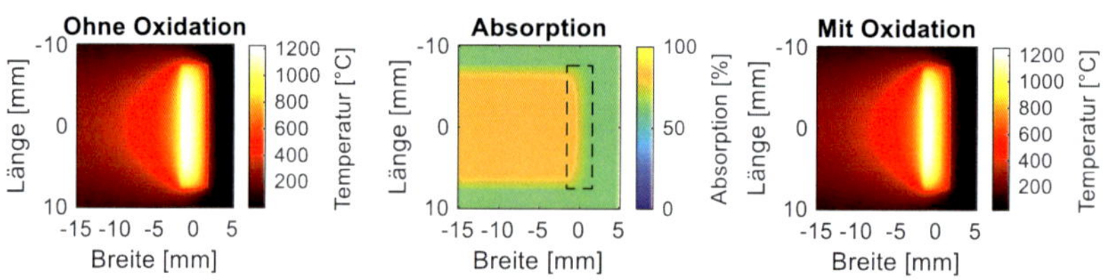

Abbildung 21: Temperaturfeld ohne (links) und mit (rechts) Oxidation und lokale Absorption (Mitte)

Temperaturverlauf innerhalb der Oxidschicht

Für die korrekte Modellierung ist die Bestimmung der richtigen Temperatur auf der Metalloberfläche entscheidend.

Die optischen Eigenschaften der Oberfläche werden durch die Oxidschicht verändert und führen so zu Fehlern bei der optischen Temperaturmessung [HRUŠ17]. Die deshalb eingesetzten Quotienten-Pyrometer messen die Temperatur basierend auf dem Quotienten der erfassten Strahlung bei zwei Wellenlängen [VDI 95, S. 65-67]. Der Einfluss des Emissionskoeffizienten ist somit vernachlässigbar.

Die insgesamt emittierte Strahlung eines schwarzen Strahlers steigt mit der vierten Potenz der Temperatur. Die abgestrahlte Leistung einer Oberfläche nahe der Schmelztemperatur von Wüstit bei 1369°C liegt etwa eineinhalbmal so hoch wie bei 1200°C. Daher wird in der Regel die Strahlung mit der höchsten Temperatur im Messfleck ermittelt. Im Modell wird angenommen, dass die Temperatur innerhalb des Messfleckes auf einer Fläche von min. 1 mm² überschritten werden muss.

Basierend auf den von Endo et al. angeführten Daten kann für die Oxidschicht näherungsweise eine Wärmeleitfähigkeit von 3,8 W/mK angenommen werden [ENDO14]. Eine wachsende Oxidschicht bedingt aufgrund der geringeren Wärmeleitfähigkeit einen Isolierungseffekt, wodurch es zu einem Temperaturgefälle innerhalb der Oxidschicht kommt. Für den Verlauf der Temperatur sind zwei Fälle denkbar. Im ersten Fall wird die Temperatur der Oxidschichtoberfläche durch das Messsystem erfasst. Eine zunehmende Oxidschichtdicke wirkt sich als Isolierschicht aus und die Temperatur auf der Metalloberfläche sinkt, wie z.B. von Drenker beschrieben [DREN97]. Im zweiten Fall würde die Temperatur nicht erfasst werden, was eine Überhitzung der Oxidschicht mit etwaiger Anschmelzung zur Folge hätte. Für diese These sprechen die von Xing et al. beobachteten Interferenzphänomene, die sich nur durch eine anfangs vorliegende Teiltransparenz der Oxidschicht auch bei der Messwellenlänge erklären lassen [XING18, S. 28; S. 31].

Für die Berechnung der thermischen Strahlung bedeutet das, dass ein Volumenstrahler angenommen werden muss. Der bereits erhöhten Temperatur an der Oberfläche steht dann eine sehr dünne Schichtdicke von wenigen µm mit dieser Temperatur gegenüber. Eine exakte Zuordnung der Temperatur innerhalb der wenigen µm dicken Schicht ist somit nicht möglich. Hinzu kommt der Strahlungswärmeaustausch, der zu einem Abbau des Gefälles führen würde. Im Folgenden wird angenommen, dass die Temperatur an der Oberfläche und der Oxidschicht vom Pyrometer erfasst wird.

Die Modellierung der Oxidschicht erfolgt als Volumenabsorber. Verglichen mit den Abmessungen der Prozesszone ist die Schichtdicke mit unter 20 µm [CORD16, S. 7] minimal. Die Wärmeleitung durch die Oxidschicht stellt so näherungsweise ein eindimensionales Problem dar. Da die Konvektion nicht berücksichtigt wird, sei die Oberfläche der Oxidschicht adiabat. Hierdurch lässt sich die Differentialgleichung in Formel 22 mit den angeführten Randbedingungen aufstellen.

Formel 22 $\frac{\partial^2 T}{\partial x^2} = \frac{\dot{\Phi}'''}{\lambda_{oxid}}$ $R_1: T(x=0) = T_{Metalloberfläche}$ $R_2: T(x=s) = T_{Oxidoberfläche}$ $R_3: \frac{\partial T}{\partial x}|_{x=0} = P_{L,i,j}$ $R_4: \frac{\partial T}{\partial x}|_{x=\delta_{Oxid}} = 0$

Die Temperatur an der Metalloberfläche ergibt sich aus Formel 22 zu Formel 23 wie in Anhang C erläutert wird.

Formel 23 $T_{Metalloberfläche} = T_{Oxidoberfläche} - 0,5 \frac{\delta_{Oxid}^2}{\delta_{Oxid}} \frac{P_L}{\lambda_{Oxid}}$

Anschmelzen der Oberfläche

Bei der prozesstechnischen Abwägung der Oxidation ist auch das Anschmelzen der Oxidschicht zu berücksichtigen. Dieser Effekt wird jedoch nicht erst bei der Schmelztemperatur von Wüstit bei 1369°C beobachtet. Neben der zuvor angedeuteten Überhitzung aufgrund eines Messfehlers können verschiedene Ursachen für das Phänomen genannt werden.

Eisenoxide bilden keine geschlossenen Oxidschichten. Nach einer gewissen Wachstumsphase brechen Teile der Oxidschicht aufgrund von inneren Spannungen weg. Weitere Abhängigkeiten des Oxidschichtwachstums sind Legierungszusammensetzung, Karbidausscheidung, Korngröße, Eigenspannung und Randschichtenkohlung [BEYE98, S. 60; BÜRG11, S. 285-293]. Aufgrund der eingeschränkten Wärmeleitung kommt es zur lokalen Überhitzung um diese Ausbrüche und Risse. Darüber hinaus ergeben die Berechnungen von Kettler et al. eine reduzierte Schmelztemperatur der Eisen-Eisenoxid-Phasengrenze bei geringen Sauerstoffpartialdrücken [KETT01]. Diese geringen Partialdrücke könnten durch reduzierende Elemente, Wasserdampf oder das Boudouard-Gleichgewicht erzeugt werden, wobei Chrom die Schmelztemperatur der Oxide tendenziell stabilisiert [MUAN60], jedoch die Oxidationsrate steigert [CHAN89, S. 18]. Zudem könnte die exotherme Reaktionsenergie zu lokalen Überhitzungen führen. Des Weiteren bildet z.B. Schwefel Verbindungen (SFe), die schon bei 1195°C schmelzflüssig sind [CHAN89, S. 20].

Die genaue Ursache dieses Phänomens lässt sich auf Basis der Literatur nicht ergründen. Aufgrund der zentralen Bedeutung der oberen Prozessgrenze für die Optimierung soll dieses Teilmodell experimentell untersucht werden.

5.5 Experimentelle Verifikation von Teilmodellen

Experimental Verification of Parts of the Model

Zersetzungserscheinungen der Oxidschicht beschränken die maximale Oberflächentemperatur. Da die dabei ablaufenden Phänomene nicht ausreichend bekannt sind, um eine obere Prozessgrenze abzuleiten, folgt eine experimentelle Untersuchung.

Experimentelles Vorgehen

Der Versuchsaufbau ist angelehnt an den Laser-Einhärtbarkeitsprüfstand gemäß DIN 30965. In dem Aufbau wird ein Probenkörper mit einem Durchmesser von 30 mm und einer Dicke von 10 mm an der Oberfläche mit einem Laserstrahl erhitzt. Eine Dreispitzlagerung hält den von der Unterseite mit einem Prellstrahl gekühlten Probenkörper. Die Temperatur des verwendeten Leitungswassers wird als konstant 20,5°C bestimmt. Der Laserstrahl erhitzt die Oberfläche der Probe. Der Laserspot auf der Oberfläche der Probe sollte aus Symmetriegründen rund und homogen sein und laut DIN einen Durchmesser von 10±2mm haben [DIN 00c].

Für den Versuch wird ein Top-Hat Laserspot mit 9 mm Durchmesser erzeugt. Die dort vorliegende Temperatur wird mithilfe eines Quotienten-Pyrometers mit einer 1 kHz Taktrate erfasst. Abweichend von dem Versuchsaufbau gemäß DIN 30965 wird die Temperatur nicht konstant gehalten, sondern in einem Regelkreis mit der Solltemperatur verglichen und dementsprechend die Leistung reguliert. Somit ist es möglich, Temperaturverläufe an der Oberfläche aufzuprägen. Die beschränkende Größe der Regelungsgeschwindigkeit ist dabei der Laser, der das Signal mit einer Taktrate von 100 Hz verarbeitet. Um ein Überschwingen des Regelkreises zu vermeiden, wird zu Beginn des Prozesses eine Temperaturrampe vorgegeben und die maximale Leistung auf 2000 W begrenzt. Die Länge der Temperaturrampe ist eine Sekunde. Der Laser wird nach 10 Sekunden ausgeschaltet.

Die Regelungstemperatur wird beginnend mit 1300°C in Schritten von 25°C verringert bis das Phänomen der Anschmelzung nicht mehr auftritt. Zur Überprüfung wird diese Temperatur und die nächst höher liegende dreifach wiederholt.

Die Bildung der Oxidschicht an der Oberfläche wird mit einer Hochgeschwindigkeitskamera und Beleuchtungslaser mit 1000 Bildern pro Sekunde aufgenommen. Eine angeschmolzene Probe wurde anschließend unter dem Rasterelektronenmikroskop (REM) untersucht, um die Bildung niedrigschmelzender Eutektika auszuschließen.

Ergebnisse

Das Phänomen der Anschmelzung konnte bei Proben bis 1100°C festgestellt werden, sodass die Versuchsreihe bei 1125°C und 1100°C mehrfach wiederholt wurde. Unter dem Mikroskop weisen dabei auch die Proben bei 1100°C vereinzelt Erscheinungen auf, die auf eine schmelzflüssige Oberfläche hindeuten.

In Abbildung 22 ist die gemessene Oberflächentemperatur und die Laserleistung in den ersten 2 Sekunden dargestellt. Die Leistung ist zunächst konstant und fällt nach Erreichen der Temperatur ab. Die Temperatur steigt zunächst stark, flacht dann ab und bleibt nach dem Erreichen der Regelungstemperatur konstant. Kleine Schwankungen sind zu sehen, wenn es zum Aufwerfen von Blasen auf der Oberfläche der Oxidschicht kommt. Der starke Temperaturanstieg unterhalb von 800°C ist dabei auf die Unterschreitung des Messbereichs des Pyrometers zurückzuführen.

Mit der Hochgeschwindigkeitskamera lassen sich vier aufeinanderfolgende Phänomene beobachten: Zunächst entwickelt sich eine Dampfwolke auf der Probenoberseite. Daraufhin bilden sich innerhalb von etwa einer zehntel Sekunde ringförmig die Anlauffarben aus, deren Farbspektrum in der Aufnahme unten rechts in Abbildung 22 zu sehen ist. Danach formt sich die eigentliche Zunderschicht. Diese in den Aufnahmen hellgrau erscheinende Schicht wird anscheinend von einer leicht dunkleren grauen Schicht aufgezerrt. Die Blasenbildung wird in beiden Schichten beobachtet.

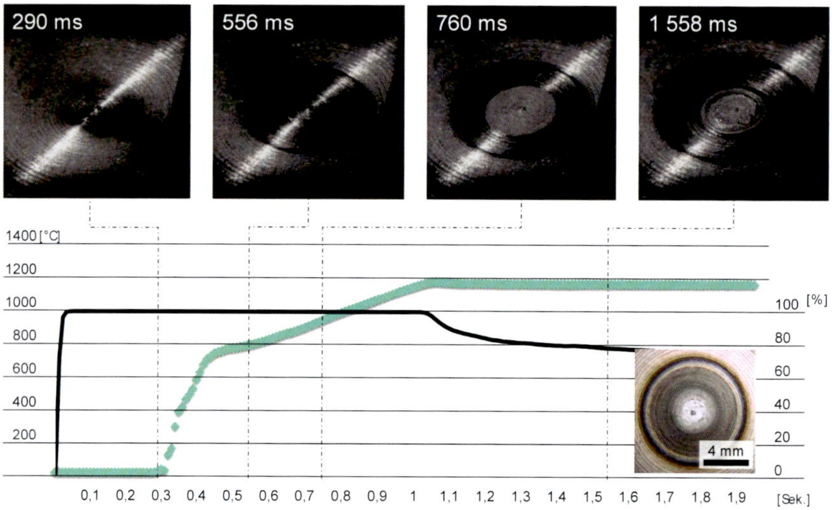

Abbildung 22: Hochgeschwindigkeitsaufnahmen (oben) sowie Diagramm (unten) mit Temperaturverlauf (grün) und geregelter Leistungskurve (schwarz) der Oxidationsversuche

Auf den nicht gezeigten REM-Aufnahmen lassen sich abgesehen von der Blasenbildung keine Anzeichen einer flüssigen Oberfläche erkennen. Die obere Schicht der Probe ist teilweise abgeplatzt. Die durchgeführten EDX-Untersuchungen bestätigen, dass es sich um Fe_2O_3 handelt. Die Messungen der unteren Schicht entsprechen der Zusammensetzung von Fe_3O_4. Da Wüstit bei Raumtemperaturen instabil ist, wird angenommen, dass sich die Wüstit-Schicht (FeO) zu Magnetit (Fe_3O_4) umwandelt, wodurch sich Spannungen bilden, die das Ablösen der Fe_2O_3-Schicht erklären. Es wurden keine Anzeichen für niedrigschmelzende Phasen oder Eutektika gefunden.

Die Abbildung 23 zeigt die Blasenbildung und eine Draufsicht einer Probe bei 1200°C. Die Temperaturen reichen nicht aus, um die Oxidschicht zum Schmelzen oder Kochen zu bringen. Dennoch kommt es zum Aufwerfen einer Blase und einer zumindest angeschmolzen wirkenden Oberfläche.

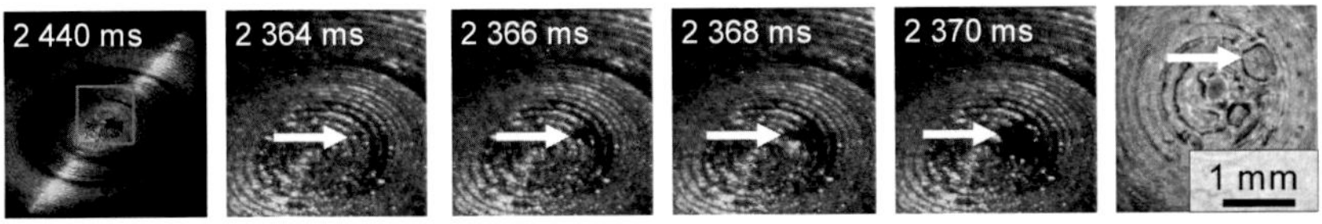

Abbildung 23: Hochgeschwindigkeitsaufnahmen verschiedener Zeitpunkte (links [1-5]) und Mikroskop-Aufnahme (rechts) der Blasenbildung innerhalb der Oxidschicht bei 1200°C

Diskussion

Da die EDX-Untersuchungen keine Hinweise für eine reduzierte Schmelztemperatur aufgrund der chemischen Zusammensetzung der Oxidschicht zeigen, ist das einzige Anzeichen für das Überschreiten der Schmelztemperatur die Blasenbildung bzw. die Verrundung der Kanten entlang der Ausbrüche der Oxidschicht. Die Blasenbildung tritt dabei erst nach dem Erreichen der konstanten Temperatur und in der Regel erst nach einigen Sekunden auf. Wenn die Hypothese eines Messfehlers des Pyrometers und einer reduzierten Schmelztemperatur z.B. aufgrund der Reaktionskinetik ausgeschlossen wird, liegt die Annahme nahe, dass keine Flüssigphase vorhanden ist.

Eine Erklärung ohne Flüssigphase wäre die zur Bildung von CO_2 führende [CHAN89, S. 16] Entkohlung (vgl. Tabelle 3). Der innere Druck reißt die Oxidschicht lokal auf. Die äußeren Ausbrüche lösen sich durch die Reaktion auf, während die inneren wieder zuwachsen. Das Ergebnis wirkt wie eine geschmolzene Oberfläche.

Auf Basis der Versuche lassen sich die anderen beiden Hypothesen nicht eindeutig ausschließen. Für das Modell kann gefolgert werden, dass bei der Verwendung von Schutzgas die Schmelztemperatur des Stahls die maximale Oberflächentemperatur ist. Mit dem Verzicht auf eine Schutzgasatmosphäre beschränkt die Schmelztemperatur von Wüstit mit 1369°C die maximale Oberflächentemperatur auf der Oxidschicht. Diese wird auf Basis der Formel 23 bestimmt. Hinzu kommt bei langen Haltezeiten und erhöhten Oberflächentemperaturen das beobachtete Phänomen, wodurch die Temperatur bis auf unter 1100°C fallen kann.

Aufgrund des Versuchsaufbaus mit Prellstrahl kommt es zum Niederschlag von Feuchtigkeit auf den Proben, die zunächst verdampft werden muss. Die hierfür notwendige Enthalpie verhindert eine Auswertung des Zeit-Leistungs-Verlaufes. Zudem macht dieser Effekt die Temperaturverläufe kurzer Interaktionszeiten unterhalb von einer Sekunde nur bedingt reproduzierbar. Zur Bestimmung der Oxidschichtdicke bei kurzen Interaktionszeiten und der resultierenden Absorption ist der Versuchsaufbau nicht geeignet. Ähnliches gilt für die Abhängigkeit von Zeit-Temperatur-Verläufen.

5.6 Fazit zum Modell

Conclusions regarding the Model

Mithilfe des aufgestellten Modells ist eine mathematische Beschreibung der Qualitätsmerkmale gemäß Tabelle 1 in Abhängigkeit des Temperaturfeldes bzw. der Intensitätsverteilung möglich. Eine Übersicht zu den Teilmodellen findet sich in Tabelle 4. Darüber hinaus lassen sich die produktionskostenrelevanten Merkmale durch die erforderliche Leistung und die Prozesszeit abbilden.

Das Modell liefert somit die Grundlage zu einer modellbasierten Bewertung des Prozesses und folglich zur Optimierung der komplexen Abhängigkeiten der Bewertungsgrößen innerhalb des Prozessfensters. Für die in Frage kommenden Temperaturfelder können somit optimale Arbeitspunkte innerhalb des Prozessfensters verglichen werden.

Hierzu werden für jeden betrachteten Prozess jeweils Prozessdiagramme zu den folgenden Größen erstellt.

- Prozessgrenzen:
  - Leistungsgrenze für das Überhitzen der Oxidschichtdicke
  - maximale Laserleistung
  - Breite in der Einhärtungstiefe
- Thermisch induzierte Gefüge-Veränderungen
  - Homogenität bzw. Heterogenität
  - feinkörniges Gefüge
- Eigenspannungsbedingte Merkmale
  - Kennzahl für Zugeigenspannungen
  - Kennzahl für Druckeigenspannungen
- Produktionstechnische Merkmale
  - erforderliche Energie
  - erforderliche Zeit

Tabelle 4: Übersicht zur Modellierung der Qualitätsmerkmale des Laserstrahlhärtens

Qualitätsmerkmal	*Typ*	*Modellierung*
Einhärtungstiefe	Bm	Härte basierend auf Formel 12 und Formel 13 mit Gefügestruktur gemäß Kapitel 5.2 und 0
Max. Härte	Bm	Härte basierend auf Formel 12 und Formel 13 mit Gefügestruktur gemäß Kapitel 5.2 und 0
Min. Härte	Bm	Härte basierend auf Formel 12 und Formel 13 mit Gefügestruktur gemäß Kapitel 5.2 und 0
Auftreten von Rissen	Rm	nicht modelliert aufgrund des numerisch unverhältnismäßigen Aufwandes (vgl. S. 56)
Reproduzierbarkeit	Rm	nicht explizit modellierbar (vgl. S. 56)
Anlasseffekte	Rm	treten aufgrund von Annahmen aus Kapitel 2.1 nicht auf
Anschmelzen	Rm	Temperaturverlauf im Oxid gemäß Formel 23
Verzug	Rm	nicht modelliert aufgrund des numerisch unverhältnismäßigen Aufwandes (vgl. S. 56)
Veränderung der chemischen Zusammensetzung	Lm	nicht modelliert, da vernachlässigbar (vgl. S. 57, Tabelle 3)
Verzunderung	Lm	Berechnung der Oxidschichtdicke gemäß Formel 15
Verzugbedingte Nachbearbeitung	Lm	nicht modelliert aufgrund des numerisch unverhältnismäßigen Aufwandes (vgl. S. 58)
Hohe Druckeigenspannungen	Lm	kennzahlbasierte Werte gemäß Formel 16 und Formel 17 mit Gefügestruktur gemäß Kapitel 5.2
Homogenes Gefüge	Lm	Heterogenität gemäß Formel 18 auf Basis der Kohlenstoffdiffusion
Feinkörniges Gefüge	Lm	Kornwachstum gemäß Formel 19
Kontrollierte Karbidauflösung	Lm	Karbide werden als konstant angenommen (vgl. S. 61)
Angepasste Härteverläufe	Bg	nicht modelliert aufgrund von Klassifizierung (s. Kapitel 4.1)
Musterhärtung	Bg	nicht modelliert aufgrund von Klassifizierung (s. Kapitel 4.1)

Bm *Basismerkmale*
Rm *Rückweisungsmerkmale*
Lm *Leistungsmerkmale*
Bg *Begeisterungsmerkmale*

6 Modellbasierte Bewertung des Stands der Technik

Model-based Evaluation of the State of the Art

In den vorangegangenen Kapiteln sind Bewertungsgrößen eingeführt und dann mithilfe von Modellen quantifizierbar gemacht worden, die als Zielgrößen für die in der Forschungshypothese formulierte Optimierung genutzt werden sollen. Um diese Optimierung im Folgenden validierbar zu machen, müssen die Modellgrößen zunächst auf einen Referenzprozess angewendet werden.

6.1 Verifikation des Modells am Vergleichsprozess

Verification of the Model using the State-of-the-Art-Process

Zunächst soll die Versuchsdurchführung erläutert werden. Danach werden die Ergebnisse hinsichtlich der Reproduzierbarkeit untersucht und mit den Ergebnissen aus dem Stand der Technik abgeglichen.

6.1.1 Experimentelles Vorgehen

Experimental Procedure

Ausgangszustand des Werkstoffes

Als Werkstoff wurde 42CrMo4 gewählt. Dieser Werkstoff wird für das Randschichthärten in der Regel in der vergüteten Variante eingesetzt. Abbildung 24 zeigt einen präparierten Querschliff. Die weißen Ausscheidungen sind Zementit. Die Diffusionslänge bei vergütetem Werkstoff ist nicht so eindeutig wie z.B. beim perlitischen Gefüge (vgl. Kapitel 2.2.1). Zur Bestimmung der charakteristischen Länge wurden mithilfe der Software ImageJ die Helligkeitsunterschiede quer zu den ausgeprägten Strukturen untersucht. Die gemittelte Länge wurde auf 2,86 µm bestimmt.

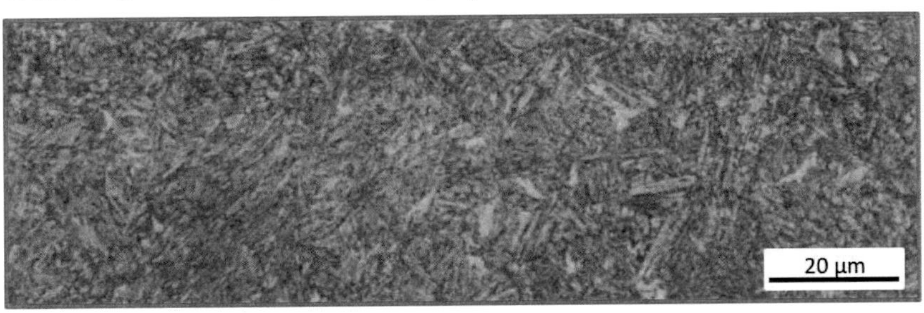

Abbildung 24: Ausgangsgefüge des zu betrachtenden Werkstoffs 42CrMo4

Die zu härtenden Wellen haben einen Durchmesser von 50 mm. Um ein Anlassen der vorhergehenden Bahn zu vermeiden, werden die einzelnen Bahnen mit einem Abstand der Mittelpunkte von 22 mm zueinander platziert. Zwischen den einzelnen Bearbeitungen wird sichergestellt, dass das Werkstück wieder Raumtemperatur erreicht.

Die Oberflächenrauheit der Welle liegt bei R_a=1,53 µm. Der mittlere Abstand der Profilunregelmäßigkeiten, also der Drehriefen, beträgt 142 µm. Die Oberflächen wurden mit Ethanol von Ölrückständen befreit.

Versuchsbeschreibung

Für die Versuchsreihen wird eine Drehmaschine des Typs Monforts RNC 400 Laser-Turn genutzt. Sie zeichnet sich durch eine Laserintegration aus, die Weichdrehen, Härten und Hartdrehen in einer Aufspannung erlaubt.

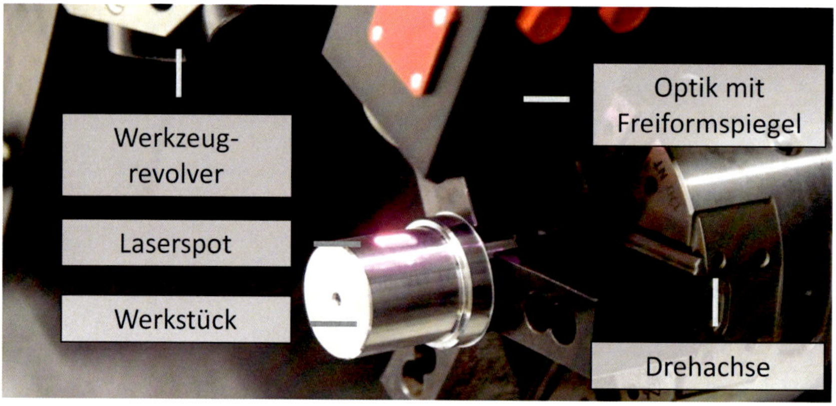

Abbildung 25: Monforts RNC 400 LaserTurn während des Härteprozesses

Für den Referenzversuch wird mit einem Freiformspiegel eine homogene Intensitätsverteilung mit 16 mm Länge und 4 mm Breite erzeugt. Das Profil wurde mit einem Primes BeamMonitor vermessen und ist in Abbildung 26 dargestellt. Das Profil weicht dabei von dem erwarteten homogenen Top-Hat-Profil ab und erinnert eher an das Profil direktstrahlender Diodenlaser. Der Radius des zweiten Momentes wird von der Software in X-Richtung zu 4,9 mm und in Y-Richtung zu 9,5 mm bestimmt. Der Laserstrahl wird mit einer 1 mm Faser (NA 0,2) vom Laserline LDF 5000-40 Diodenlaser zum Bearbeitungskopf geführt. Die maximale Leistung ist aufgrund der Spezifikation der Kollimation auf 4,5 kW beschränkt.

Der gesamte optische Wirkungsgrad wurde nach Einsatz der Optiken gemessen und zu 85,5% ermittelt, wobei der Kupferspiegel ohne zusätzliche Beschichtungen eingesetzt wurde. Der Prozess wurde mithilfe eines Pyrometers der Firma „Dr. Mergenthaler“ geregelt. Der projizierte Pilotlaserpunkt des Pyrometers mit ca. 1,5 mm Radius wurde für diese Versuchsreihe nicht auf den heißesten Punkt gelenkt. Stattdessen wurde für alle Versuche etwa derselbe in Abbildung 26 eingezeichnete Kreis im vorderen Bereich überwacht. Die Leistung wurde zur späteren Auswertung aufgezeichnet. Für das Modell wurde dieser Punkt iterativ innerhalb eines Fensters gefunden.

Im Allgemeinen wurde der erhöhten Absorption auf Schutzgas verzichtet. Zur Bestimmung des Schutzgaseinflusses wurden Proben mit den Parametern 1225°C und 400 mm/min mit Schutzgas gehärtet und weitere Versuche bei 1325°C unternommen.

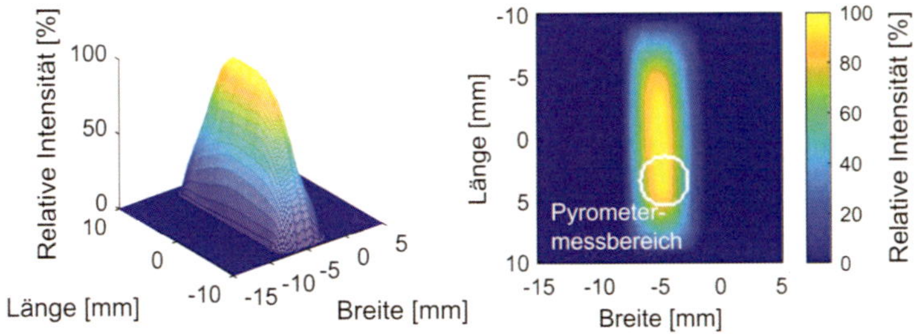

Abbildung 26: Gemessene Intensitätsverteilung des Top-Hat-Prozesses

Auswertungssystematik

Die direkte Messung des Temperaturfeldes zur Validierung des Modells mithilfe einer Thermokamera wurde erprobt. Die geringe Auflösung der verwendeten Flir Thermacam S65 zeigt sich dabei als nur eines von mehreren Problemen. Die Krümmung der Oberfläche, die hohen Temperaturunterschiede von über 1000°C und die Emissionssprünge durch die Oxidation ließen keine numerischen Rückschlüsse zu.

Auf Basis von Stichversuchen werden als Ausgangspunkt für die Versuchsreihen eine Vorschubgeschwindigkeit von 400 mm/min und eine Oberflächentemperatur von 1225°C gewählt. Mit diesen Parametern werden 5 Wiederholungen durchgeführt. Der Einfluss der Geschwindigkeit wird durch eine Versuchsreihe mit den Geschwindigkeiten 200, 600 und 800 mm/min bei 1225°C mit 3 Wiederholungen ermittelt. In einer weiteren Versuchsreihe mit 3 Wiederholungen wird der Einfluss der Temperatur bei einer Geschwindigkeit von 400 mm/min bestimmt. Die Temperatur wird hierzu von 1075°C bis 1325°C in Schritten von 50°C variiert. Nachdem es bei 1325°C zu Anschmelzungen kam, wird dieser Wert nicht weiter systematisch ausgewertet.

Für die Bewertung der Oxidation und des Verzugs ist die Messung der Oberflächentopographie erforderlich. Die Oberflächentopographie ergibt sich als Überlagerung der Oberflächenrauheit, der Profilunregelmäßigkeiten, der Oberflächenkrümmung und des Verzugs sowie der Oxidschichtdicke. Die gehärteten Proben wurden mit einem Alicona InfiniteFocus G5 ausgewertet. Zur Ermittlung der Messwerte sind einige in Matlab durchgeführte mathematische Schritte erforderlich, die hier aufgrund des Umfanges nicht genau erläutert werden sollen. Abbildung 27 zeigt beispielhaft eine Messung nach dem Filtern der Oberflächenrauheit und der Profilunregelmäßigkeiten mit der Bezugsebene zur Korrektur der Krümmung. Um die Einflüsse der Oxidschicht vom Verzug unterscheiden zu können, sind die Proben zunächst mit Oxidschicht und nach Entfernung der Oxidschicht mit Stahlwolle erneut vermessen worden.

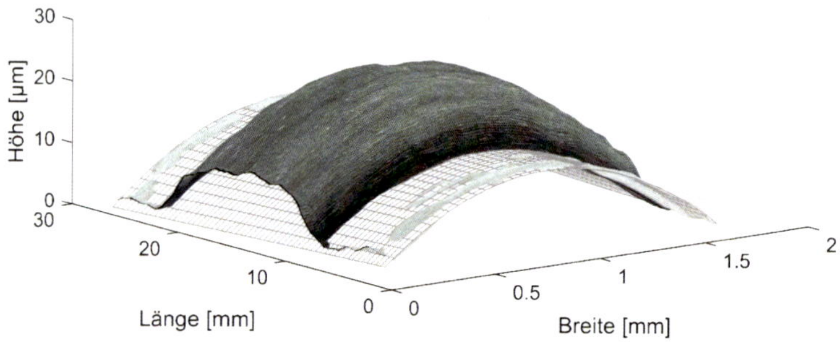

Abbildung 27: Messergebnis für Oberflächentopografie und Referenzebene

Die Proben wurden auf der dem Prozessbeginn gegenüberliegenden Seite lateral zum Vorschub getrennt, um einen Einfluss der instationären Bereiche zu vermeiden. Von jeder Parametervariation wurde daraufhin ein Querschliff metallographisch untersucht. Bei 1225°C und 400 mm/min wurden alle Proben auf diese Weise überprüft.

Die Proben wurden hierzu poliert und mit 1%iger Nitallösung geätzt. Die Breite der gehärteten Spur wurde optisch bei mehreren Tiefen im 0,1 mm Abstand bestimmt. Abbildung 28 stellt exemplarisch eine solche Messung für die Einhärtungstiefe von 0,6 mm dar. Die Messungen wurden bis zu einer Tiefe von 0,7 mm durchgeführt. Aus dem Verhältnis der gehärteten Fläche zum eingezeichneten Rechteck errechnet sich außerdem der Flächenwirkungsgrad, der bezeichnet, welcher Anteil der gehärteten Fläche zur Erfüllung des Basismerkmales beiträgt.

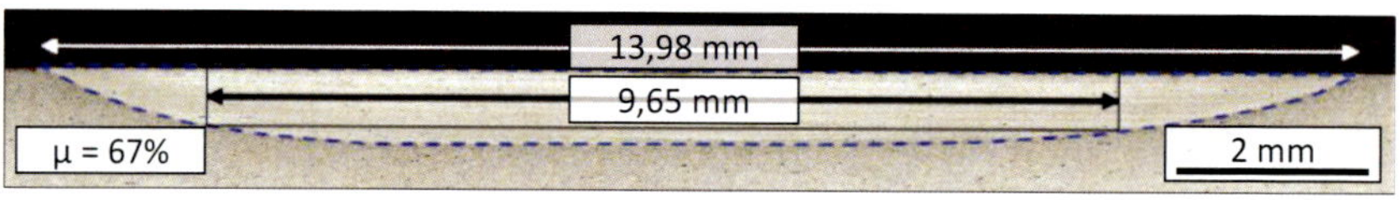

Abbildung 28: Querschliff einer Probe mit ausgewerteter Breite an der Oberfläche, in der Einhärtungstiefe von 0,6 mm und dem Flächenwirkungsgrad µ

Zusätzlich wurden ausgewählte Proben so präpariert, dass die ehemaligen Austenitkorngrenzen sichtbar sind. Der Temperatureinfluss auf die Korngrößenverteilung ist in Abbildung 29 zu sehen. Der Unterschied zwischen den gewachsenen Körnern an der Oberfläche (links im Bild) und den sehr feinen Körnern in der Übergangszone am rechten Bildrand ist deutlich zu erkennen. Die Größe weist die schon in der Literatur dokumentierte Streuung auf. Zwei Proben bei 400 mm/min und 1225°C und eine Probe bei 200 mm/min und 1225°C wurden entsprechend präpariert. Zur quantitativen Auswertung wurde die ehemalige Austenitkorngrenze abweichend zu DIN 643:217 entlang ihrer längsten Achse an wenigstens drei Stellen in der Mitte der Spur direkt unterhalb der Oberfläche vermessen.

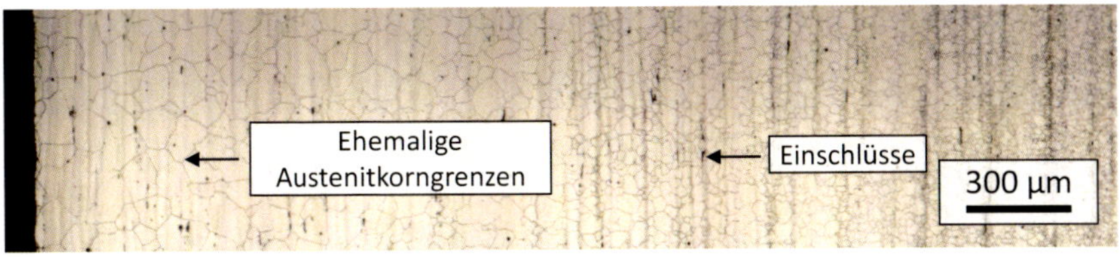

Abbildung 29: Darstellung der ehemaligen Austenitkorngrenzen bei langen Interaktionszeiten

Zur Bestimmung der Homogenität wurden Farbätzungen nach Klemm erprobt. Bei allen untersuchten Proben ist im Großteil des Querschliffes der Kohlenstoff völlig gelöst. Nur in den Randzonen der präparierten Probe zeigt sich ein Übergangsbereich, wie in Abbildung 30 gezeigt. Im Randbereich bildet sich ein Saum, in dem eine hohe Heterogenität vorliegt. Dieser Saum wird auch vom Modell so prognostiziert (vgl. Abbildung 17). Für den Vergleich der simulierten und optisch gemessenen Härtebreiten führt er zu Problemen. Es wird angenommen, dass die mit dem Verfahren aus Abbildung 28 optisch ermittelten Werte den Modellwerten mit einer 50%igen Gefügeumwandlung entsprechen.

Für die Bewertung des Qualitätsmerkmales Heterogenität sei hier auf die in Abbildung 29 bereits sichtbaren und in der REM-Aufnahme in Abbildung 30 (rechts) vergrößert dargestellten Einschlüsse hingewiesen. Aufgrund der inneren Kerbwirkung haben diese einen erheblichen Einfluss auf die Dauerfestigkeit. Zudem zeigt Abbildung 29 die makroskopische Homogenität des Werkstoffes (Zeiligkeit). Das Optimierungspotential ist hier also durch den Ausgangswerkstoff limitiert.

Abbildung 30: Darstellung der Heterogenität im Gefüge und der nichtmetallischen Einschlüsse

Bei ausgewählten Proben wurde mittels Röntgenbeugungsmethode der Eigenspannungszustand in der Mitte der gehärteten Spur untersucht. Da die Kennzahlen zum Eigenspannungszustand keine physikalische Größe sind, können sie auf diese Weise nicht direkt überprüft werden.

Die Einhärtungstiefe wird gemäß DIN EN 10328 bestimmt [DIN 05]. Alle Querschliffe wurden mittels Vickers-Härteprüfung normgerecht mit HV1 untersucht. Hierzu wird mehrreihig an wenigstens drei Stellen gemessen. Zusätzlich wird die Breite der gehärteten Spur in der Tiefe von 0,6 mm ermittelt. Aufgrund der definierten Tiefe ist eine mehrreihige Härteprüfung nicht möglich. Durch den Mindestabstand von 0,4 mm zwischen den Eindrücken ist die Breite in der Einhärtungstiefe nur in der entsprechenden Genauigkeit messbar.

6.1.2 Auswertung des Vergleichsprozesses

Discussion of the Reference Process

Temperaturfeld

Die zweidimensionale Auswertung des Temperaturfeldes war mit den erprobten Mitteln (Thermokamera) nicht möglich. Zur Bestimmung der Genauigkeit der Simulation ergibt sich alternativ die indirekte Validierung durch Auswertung der kalkulierten Leistungswerte und der Querschliffe. Die prognostizierten Leistungswerte sind aufgrund der Absorptionsänderung eng mit dem Modell zur Oxidation verknüpft.

Die Abweichung der Leistung von der gemittelten Leistung eines Parametersatzes liegt über alle Versuche ohne Schutzgaszufuhr gemittelt bei 2,2%. Die größte Abweichung wurde zu 4,7% bestimmt. Bei den Versuchen bei 1225°C und 400 mm/min ist die Standardabweichung 28,1 W. In Abbildung 31 sind die geregelten Leistungen in Abhängigkeit von Geschwindigkeit und Temperatur aufgetragen. Im Parameterraum haben die Werte eine nahezu lineare Abhängigkeit sowohl von der Temperatur als auch von der Geschwindigkeit. Bei der Betrachtung der Leistungswerte fällt auf, dass bei vielen Parameterpaaren jeweils eine der Repetitionen deutlich stärker streut als die anderen. Eine Analyse zeigt, dass es sich bei all diesen Versuchen um die letzte Wiederholung handelt.

Die im Anschluss gemessene Reflexion der Optik ist mit 85,5% geringer als die anderer erprobter Optiken, die im Durchschnitt 93,4% betragen. Ein leichtes Anlaufen des Kupferspiegels ist festzustellen. Es ist anzunehmen, dass die Ausreißer auf eine Oxidation des Kupfers zurückzuführen sind. Für den Einsatz von Freiformkupferoptiken in der Industrie sollte daher eine Beschichtung z.B. aus Gold vorgesehen werden.

Die genannten Werte für die Leistung sind die nominell vom Laser angegebenen Werte, da der Einfluss einer anschließenden Degradation der Kupferspiegel nicht genau quantifiziert werden kann.

In Abbildung 31 sind außerdem die mit dem Modell simulierten Leistungen aufgetragen. Bei der Variation der Vorschubgeschwindigkeit liegen die Werte der Simulation im Schnitt 6,25% und bei der Variation der Regelungstemperatur 8,8% höher. Die tatsächlichen Leistungen an der Oberfläche sind aufgrund der Optikverluste noch geringer.

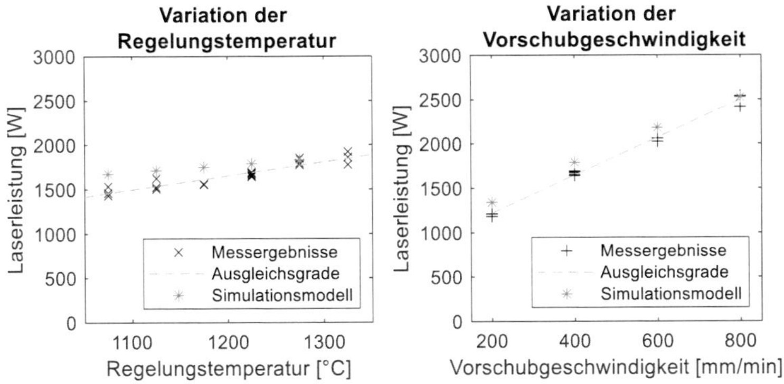

Abbildung 31: Leistungswerte der Top-Hat-Versuche für die Variation der Temperatur (links) und der Vorschubgeschwindigkeit (rechts) ohne Schutzgas

Zusätzlich zu der Versuchsreihe ohne Schutzgas erfolgte für den Ausgangspunkt der Versuchsreihe (400 mm/min, 1225°C) auch eine weitere Versuchsreihe mit Schutzgaszufuhr. Die erforderliche Leistung stieg von 1427 W auf 4155 W um etwa das 2,8fache. Werden die gemessenen Optikverluste berücksichtigt, ergibt sich ein Anstieg um das 2,4fache auf 3531 W. Die Absorption ohne den Einfluss der Oxidation ist somit mit den Werten anderer Autoren vergleichbar (vgl. Kapitel 5.4.3, S. 64). Die Simulation errechnet für diesen Parametersatz eine absorbierte Laserleistung von 1293 W. Bei einer Absorption von 37,5% (vgl. Kapitel 5.4.3) für eine blanke Oberfläche sind das 3447 W Laserleistung. Bei Versuchen zur Verwendung von Schutzgas bei höheren Temperaturen (400 mm/min, 1325°C) erreichte die Regelung die Leistungsgrenze der Bearbeitungsoptik und kann somit nicht ausgewertet werden. Für die erhöhten Leistungswerte könnte die im Modell nicht berücksichtigte konvektive Kühlung durch das Schutzgas verantwortlich sein.

Das Modell beschreibt die Leistungswerte im gewählten Parameterraum in hinreichender Genauigkeit und die Versuche sind reproduzierbar.

Gefügeumwandlung

Alle Proben des Parametersatzes bei 400 mm/min und 1225°C wurden metallographisch untersucht und die Spurbreite mit der auf Seite 76 beschriebenen Weise bestimmt. Durch wiederholende Messungen an einer Probe wurde die Messgenauigkeit zu +/-0,1 mm bestimmt.

Die Standardabweichung der Messwerte beim Parametersatz im Ausgangspunkt beträgt 0,25 mm, wobei die Streuung tendenziell von 0,23 mm an der Oberfläche bis zu 0,3 mm bei der Tiefe von 0,7 mm zunimmt. Der Flächenwirkungsgrad ist im Schnitt bei 59%, während der Versuch mit geringen Geschwindigkeiten mit 46% wesentlich niedriger ausfällt.

In Abbildung 32 sind die simulierten Konturlinien für den Austenitgehalt in einem Querschnitt im Ausgangspunkt eingezeichnet. Aus der Darstellung geht auch hervor, dass in zunehmender Tiefe aufgrund des steileren Winkels ein größerer Fehler bei der Bestimmung der Breite zu erwarten ist.

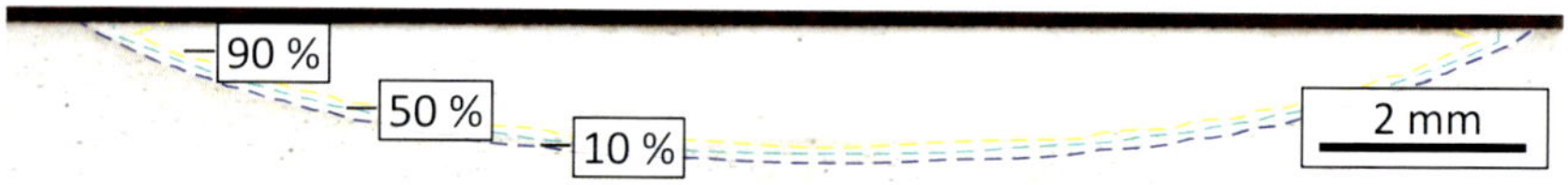

Abbildung 32: Querschliff einer Probe mit Konturkurven der Gefügeumwandlung

In Tabelle 5 sind die simulierten und gemessenen Mittelwerte sowie die auf die gemessene Breite bezogene relative Abweichung aufgelistet. Im Ausgangspunkt der Versuchsreihe (400 mm/min, 1225°C) beträgt die mittlere Abweichung 2,5%. Über den gesamten Parameterbereich ergibt sich eine Abweichung von 7,7%. Wobei hier besonders die Werte bei den niedrigen Temperaturen auffallen. Werden diese beiden Versuchsreihen (400 mm/min,1075°C und 1125°C) vernachlässigt, resultiert eine gemittelte Abweichung von 2,7%. In diesem Parameterfeld liegt der Mittelwert der absoluten Abweichung bei 0,241 mm und somit im Bereich der Streuung der Messwerte bei 400 mm/min und 1225°C.

Tabelle 5: Simulierte und gemessene Umwandlungsbreiten in verschiedenen Tiefen (Referenzprozess)

Parameter: Vorschub $\frac{mm}{min}$	Parameter: Temperatur [°C]	Oberfläche: Werte [mm]	Oberfläche: Δ_{rel}	0,1 mm: Werte [mm]	0,1 mm: Δ_{rel}	0,2 mm: Werte [mm]	0,2 mm: Δ_{rel}	0,3 mm: Werte [mm]	0,3 mm: Δ_{rel}	0,4 mm: Werte [mm]	0,4 mm: Δ_{rel}	0,5 mm: Werte [mm]	0,5 mm: Δ_{rel}	0,6 mm: Werte [mm]	0,6 mm: Δ_{rel}	0,7 mm: Werte [mm]	0,7 mm: Δ_{rel}
400	1225	**13,5** 13	3,3%	**13,0** 13,0	0,3%	**12,6** 12,6	0,0%	**12,1** 12,0	1,0%	**11,6** 11,4	1,6%	**10,9** 10,8	1,3%	**10,2** 10,0	1,8%	**9,3** 9,2	0,7%
400	1075	**11,8** 12,2	3,8%	**11,2** 12,0	7,2%	**10,5** 11,4	8,5%	**9,8** 10,8	9,8%	**9,0** 10,0	11,7%	**7,8** 9,2	18,7%	**6,2** 8,4	35,7%	**2,5** 7,0	176,7 %
400	1125	**12,2** 12,4	1,8%	**11,6** 12,4	6,7%	**11,0** 11,8	7,3%	**10,3** 11,2	8,7%	**9,5** 10,6	11,7%	**8,6** 10,0	17,0%	**7,2** 9,0	25,0%	**5,2** 8,0	53,0%
400	1175	**12,8** 12,6	1,5%	**12,4** 12,6	2,0%	**11,9** 12,2	2,7%	**11,4** 11,6	2,1%	**10,7** 11,0	2,5%	**9,9** 10,4	4,6%	**9,1** 9,6	6,1%	**7,8** 8,8	12,2%
400	1275	**13,6** 13,4	1,7%	**13,3** 13,2	0,6%	**12,9** 12,8	0,5%	**12,5** 12,2	2,1%	**12,1** 11,8	2,1%	**11,5** 11,2	2,4%	**10,9** 10,6	2,4%	**10,1** 10,0	0,8%
200	1225	**13,8** 13,4	2,6%	**13,5** 13,4	0,4%	**13,1** 13,0	0,8%	**12,7** 12,6	0,9%	**12,3** 12,2	0,9%	**11,9** 11,8	0,6%	**11,4** 11,2	1,7%	**10,9** 10,8	0,8%
600	1225	**13,6** 13,0	4,5%	**13,2** 13,0	1,4%	**12,7** 12,2	3,9%	**12,2** 11,6	4,8%	**11,5** 11,0	4,3%	**10,7** 10,4	3,0%	**9,6** 9,2	4,5%	**8,3** 8,2	1,1%
800	1225	**14,0** 13,0	7,1%	**13,5** 12,8	4,9%	**12,9** 12,2	5,6%	**12,3** 11,4	7,5%	**11,5** 10,8	6,4%	**10,7** 9,6	9,9%	**9,2** 8,6	6,6%	**7,2** 7,0	2,8%
gemessen	simuliert																

Die Abweichung liegt in einer für den Verwendungszweck des Modells akzeptablen Größenordnung. Verglichen mit den in der Literatur genannten Genauigkeiten für die Modelle und unter Berücksichtigung der Auflösung der Berechnung sowie der Vernachlässigung der Temperaturabhängigkeit der Werkstoffkennwerte sind die Abweichungen gering.

Basismerkmale

Die bisher diskutierten Größen zählen noch nicht zu den eigentlich zu optimierenden Größen. Die dazugehörenden Basismerkmale sind in erster Linie auf die Härte zurückzuführen. Abbildung 33 zeigt die gemessenen Härtewerte im Ausgangspunkt der Versuchsreihe. Das Modell sagt die Werte in hinreichender numerischer Genauigkeit voraus.

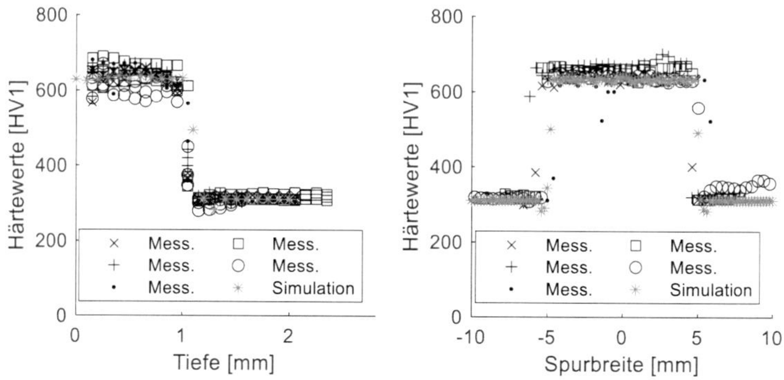

Abbildung 33: Messwerte (schwarz) und Simulation (grün) der Härte im Ausgangspunkt

Die gemessenen und simulierten Einhärtungstiefen sind in Abbildung 34 dargestellt. Die Simulationswerte sind erkennbar in der Größenordnung der Streuung. Die gemittelte Standardabweichung für die Variation der Temperatur liegt bei 0,0474 mm und für den Vorschub bei 0,0467 mm. Der gemittelte absolute Fehler zwischen Messwerten und der Simulation beträgt 0,120 mm für die Temperaturvariation und 0,11 mm für den Vorschub.

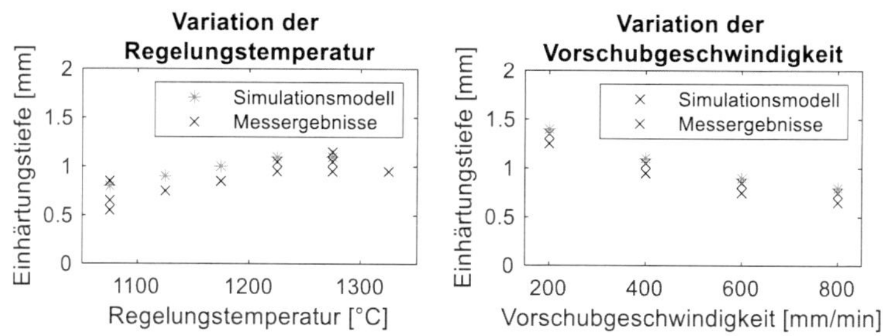

Abbildung 34: Gemessene (schwarz) und simulierte (grün) Einhärtungstiefe nach DIN EN 10328

Die gemessenen und simulierten Einhärtungsbreiten sind in Abbildung 35 gezeigt. Es ist klar ersichtlich, dass die Messwerte im unteren Temperaturbereich stärker streuen. Auch werden diese Werte vom Modell überschätzt. Der Mittelwert des absoluten Fehlers liegt bei 0,311 mm für die Variation des Vorschubs und 1,22 mm bei der Temperaturvariation. Hier sei angemerkt, dass aufgrund des Messabstandes von 0,4 mm der Messfehler in derselben Größenordnung liegen kann.

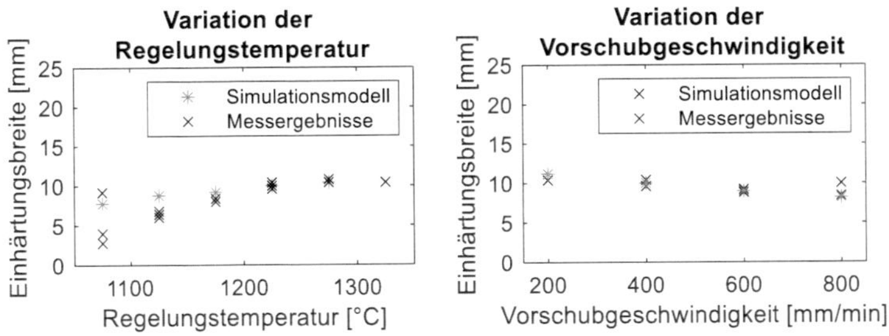

Abbildung 35: Gemessene (schwarz) und simulierte (grün) Einhärtungsbreite nach DIN EN 10328

Die Basismerkmale werden in ausreichender Genauigkeit prognostiziert.

Rückweisungsmerkmale

Wie bereits erläutert, wurde das **Auftreten von Rissen** bei dem Werkstoff 42CrMo4 nicht beobachtet. Die **Reproduzierbarkeit** für die Basismerkmale ist experimentell bereits nachgewiesen worden, wobei die Prozessgrenze Einhärtungsbreite insbesondere bei flachen Bahnen anfällig für Streuungen ist. Für die Verwendung des Modells zur Identifizierung von Prozessfenstern sollte daher ein erhöhter Sicherheitsabstand zur unteren Prozessgrenze eingehalten werden. **Anlasseffekte** wurden per Definition ausgeschlossen.

Zur Bestimmung der **Anschmelzgrenze** wurden die Regelungstemperaturen bis 1325°C variiert. In Abbildung 36 sind Oberflächen der Proben bei 1225°C, 1275°C und 1325°C gezeigt. Bei 1275°C wurden vereinzelt kleine, punktförmige Veränderungen auf der Oberfläche der Oxidschicht identifiziert. Eine Erhöhung der Temperatur auf 1325°C führt zu stochastisch verteilten, kreisförmigen „Anschmelzungen" innerhalb der Oxidschicht.

Das obere Bild in Abbildung 36 weist eine durch die Handhabung erzeugte Abschabung der Oxidschicht auf. Die Schicht kann somit ohne weitere Probleme entfernt werden. Es ist also fraglich, ob es sich um das von Lang beschriebene Phänomen der nur schwer zu entfernender Anschmelzungen handelt (vgl. Kapitel 4.2). Teilweise kommt es sogar beim Erkalten der Proben zum Abplatzen der Oxidschicht aufgrund der inneren Spannungen. Dass die Ausbildung einer Oxidation durch Schutzgas komplett unterbunden werden kann, zeigt die unterste Härtespur der Abbildung 36.

Abbildung 36: Oxidierte Oberfläche bei 1325°C, 1275°C und 1225°C Regelungstemperatur sowie mit 1225°C unter Schutzgas

Die simulierten maximalen Oberflächentemperaturen für die Metalloberfläche sind in Abbildung 37 eingetragen. Nachdem der Parametersatz bei 1325°C sich außerhalb des Prozessfensters befindet, wurde dieser bei der Simulation nicht berücksichtigt. Die maximale Oberflächentemperatur des Oxides ist zwischen 27°C und 61°C höher als die Temperatur an der Metalloberfläche. Das anfängliche Anschmelzen, auf das die Oberflächenveränderungen hindeuten, wird für den Parametersatz 1275°C korrekt vorhergesagt.

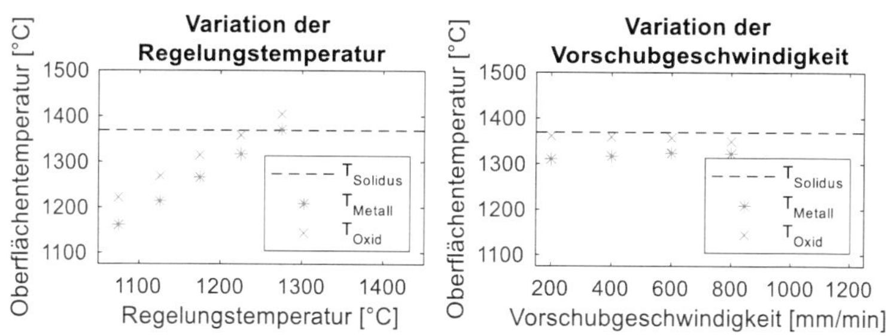

Abbildung 37: Simulierte Oberflächentemperatur des Oxids und Metalls sowie Schmelzgrenze

In den Messungen wurde kein signifikanter **Verzug** festgestellt, der als Rückweisungsmerkmal gelten könnte. Eine Verwendung von Schutzgas zur Vermeidung der Nachbearbeitung wäre also möglich. Um das Parameterfenster abzudecken, wären jedoch wesentlich höhere Laserleistungen erforderlich.

Somit ist belegt, dass das Modell die Rückweisungsmerkmale in für die Optimierung hinreichender Genauigkeit beschreibt.

Leistungsmerkmale

Wie bereits erläutert, treten ungewollte **chemische Veränderungen an der Oberfläche** beim Laserstrahlhärten, abgesehen von der Oxidation, nicht auf. Aus Abbildung 36 geht hervor, dass die **Verzunderung an der Oberfläche** durch die Verwendung von Schutzgas vermieden werden kann. Der Ansatz ist jedoch produktionstechnisch mit erheblichem zusätzlichem Aufwand verbunden. Abbildung 38 stellt die simulierte Oxidschichthöhe und die gemessene Aufwölbung über die Breite der gehärteten Spur vor und nach der Bearbeitung mit Stahlwolle dar. Aus dem Diagramm geht hervor, dass vor der Bearbeitung die Oxidschichthöhe über die Spurbreite sehr reproduzierbar ermittelt werden kann. Nach der Bearbeitung allerdings weisen die Höhenmessungen eine erhöhte Streuung auf. Neben dem Einfluss durch die Bearbeitung ist die Auswertung der 3D-Daten als Fehlerquelle auszumachen (vgl. Abbildung 27). Bei kleinen Abweichungen kann der Algorithmus die einzelnen Effekte nicht voneinander trennen. In diesem Kontext sei auf die Dimensionen der Messgrößen aber auch der Störgrößen verwiesen. Eine Trennung der Größen Oxidschichthöhe und Aufwölbung ist in diesem Fall nicht möglich.

Die Simulation überschätzt die Oxidschichtdicke in der Mitte geringfügig. Angesichts der Komplexität der Oxidationsphänomene bei Kurzzeitprozessen und verschiedenen Oxidationsprodukten ist die Simulation unerwartet genau.

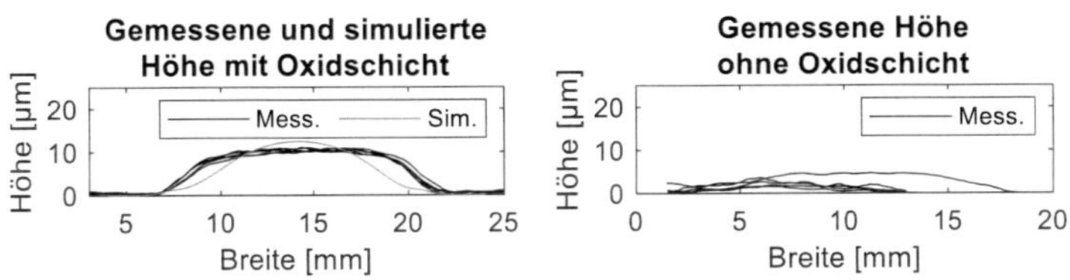

Abbildung 38: Gemessene (schwarz) und simulierte (grün) Aufwölbung der prozessierten Zone durch Oxidation und Verzug vor der Bearbeitung (links) und nach der Bearbeitung (rechts)

Zur genaueren Identifizierung der Oxidschichthöhe und der Aufwölbung wurde die Oxidschicht im REM untersucht. In den in Abbildung 39 gezeigten Querschnitten (1225°C, 400 mm/min) sind die Ansätze der Drehriefen ersichtlich. In der Aufnahme ist die Oxidschicht aufgrund des Einbettvorgangs vom Substrat gelöst, daher existieren auch Risse und Brüche in der Oxidschicht. Die Aufnahme erfolgte in einem Bereich in dem die Oxidschicht laut Oberflächenmessung zwischen 4-8 µm liegen müsste. Der Abbildung ist zu entnehmen, dass die im REM gemessene Dicke mit der oberflächlich gemessenen Höhe übereinstimmt. Die Werte schwanken lokal stark, sodass eine genaue quantitative Auswertung kritisch zu betrachten ist.

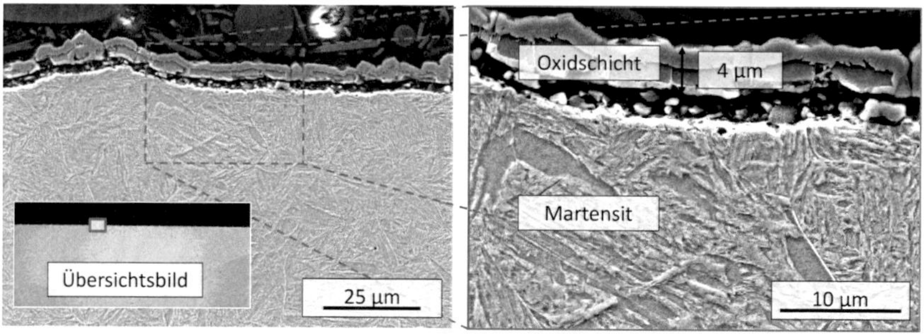

Abbildung 39: REM-Aufnahmen eines präparierten Querschnittes bei 1225°C und 400 mm/min

In Abbildung 40 sind die simulierten Werte der Oxidschichtdicke in der Mitte und die Messwerte aufgezeigt. Wie schon bei der Diskussion der Leistung zeigen auch hier einzelne Versuche eine größere Streuung (vgl. S. 79). Die Ursache des Phänomens bleibt unklar. Abgesehen von diesen Schwankungen werden die Werte im gesamten Parameterraum richtig prognostiziert. Einschränkend sei darauf hingewiesen, dass die Werte für den Verzug nicht ermittelt werden konnten (vgl. Abbildung 38).

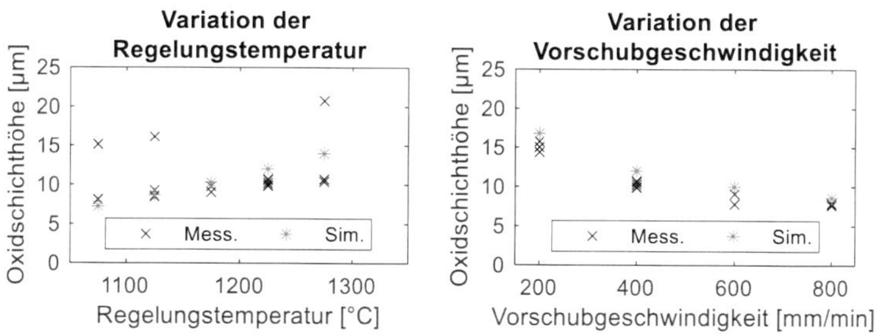

Abbildung 40: Gemessene (schwarz) und simulierte (grün) Höhe der Aufwölbung durch Oxidation und Verzug in der Mitte der Spur

Die positiven **hohen Druckeigenspannungen** wurden nicht simuliert. Die gemessenen Hauptspannungen in der Mitte der Spur an einer Probe bei 400 mm/min und 1225°C betragen -527 MPa und -291 MPa. Wie bereits erläutert, konnte das **homogene Gefüge** nicht validiert werden. Abgesehen von den Randbereichen zeigen alle metallographisch untersuchten Proben eine homogene, feinkörnige Mikrostruktur.

Das **feinkörnige Gefüge** wurde mittels Ätzung auf ehemalige Austenitkorngrenzen genauer untersucht. Hierzu wurden zwei Proben bei 400 mm/min und 1225°C und eine Probe bei derselben Temperatur und 200 mm/min analysiert. Die ermittelten Korngrößen für die beiden Proben bei 400 mm/min und 1225°C sind 32,2 µm und 38,5 µm. Die Standardabweichung beider Proben liegt bei 10,7 µm bzw. 10,3 µm zwischen einem Drittel und einem Viertel des Mittelwertes. Demgegenüber ergibt der Versuch bei 200 mm/min einen höheren Mittelwert mit 43 µm. Die Standardabweichung ist 12,1 µm. Eine Varianzanalyse weist auf keinen signifikanten Einfluss der Geschwindigkeit gegenüber der Streuung hin. In Abbildung 41 sind Beispielbilder bei den entsprechenden Geschwindigkeiten zusammen mit den Histogrammen dargestellt. Die hellgrünen Histogramme zeigen die sich theoretisch ergebende Gaußverteilung.

Die Simulation errechnet eine Korngröße von 37,6 µm bzw. 37,1 µm für 200 mm/min bzw. 400 mm/min. Auch hier ist der Einfluss der Geschwindigkeit vernachlässigbar.

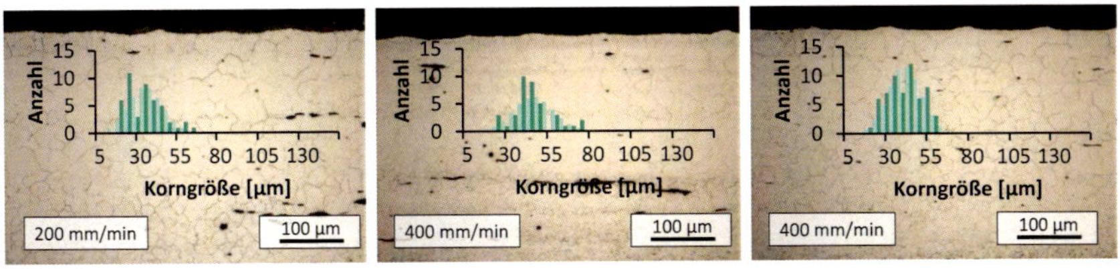

Abbildung 41: Beispielbilder der Ätzung auf ehemalige Austenit-Korngrenzen mit entsprechenden Histogrammen

Die **kontrollierte Karbidauflösung** wurde, wie auf Seite 61 erläutert, nicht berücksichtigt.

Die Leistungsmerkmale lassen sich also in hinreichender Genauigkeit durch das Modell abbilden.

Fazit

Das Modell prognostiziert die relevanten Eigenschaften im validierten Bereich mit hinreichender Genauigkeit. Speziell bei niedrigen Temperaturen und in der Nähe der Prozessgrenzen (Basismerkmale und Rückweisungsmerkmale) treten dabei weitere Effekte auf, die zu Abweichungen führen.

Das Modell ist somit validiert und soll im Folgenden genutzt werden, um die Optimierung anderer Temperaturfelder zu quantifizieren. Dabei werden die Parameter teilweise über den empirisch validierten Bereich des Modells extrapoliert. In diesem Zusammenhang sei auf die Zielsetzung der Arbeit hingewiesen. Die Modellierung dient nicht der Verbesserung des Prozessverständnisses, sondern als Basis für die Optimierung des Prozesses in einem weiten Parameterfeld, um Parameterfenster unterschiedlicher Intensitätsfelder miteinander vergleichen zu können.

6.2 Definition des Optimums für den Vergleichsprozess

Definition of a Process Optimum for Evaluation

Mithilfe des Modells kann ein Prozessdiagramm erstellt werden. Die Berechnungen werden dabei für folgende Parameter durchgeführt: Die Geschwindigkeit wird zwischen 100 mm/min und 1000 mm/min in 50 mm/min Schritten variiert. Die Oberflächentemperatur wird zwischen 800°C und 1400°C in 50°C Schritten verändert.

Der Prozess wird für eine Top-Hat-Verteilung mit einer Länge von 16 mm und einer Breite von 4 mm simuliert. Dabei wird zunächst davon ausgegangen, dass es sich um eine Strahlquelle mit einem Gaußradius von 0,3 mm in der Größenordnung der Auflösung der Simulation handelt. Die Berechnungen für einen Gaußradius von 0,6, 0,9, 1,2 und 1,5 mm befinden sich im Anhang D.

Als Prozessbeschränkungen wurden die Breite der Einhärtungstiefe, die Anschmelzung an der Oberfläche und die Leistungsgrenze der Optik bzw. des Lasers ermittelt. Als Grenzwert für die Prozessgrenze werden 11 mm in der Einhärtungstiefe festgelegt. Die berechneten Spurbreiten in der Einhärtungstiefe sowie die Temperatur an der Oberfläche der Oxidschicht sind in Abbildung 42 dargestellt.

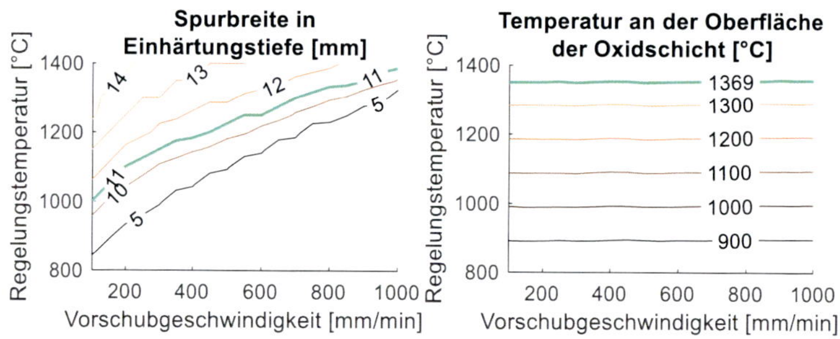

Abbildung 42: Prozessdiagramm mit den Prozessgrenzen des Vergleichsprozesses

Die theoretische dritte Prozessgrenze ergibt sich aus der Leistungsfähigkeit der Optik von 4,5 kW. Abbildung 43 zeigt die erforderliche Leistung für den Prozess mit und ohne Schutzgas. Im Mittel sind die Werte ohne Schutzgas um 65% höher.

Im Gegensatz zu den Versuchen mit Oxidation ist bei Versuchen mit Schutzgas die obere Prozessgrenze nicht durch das Anschmelzen des Oxids gegeben. Das Prozessfenster wird also entsprechend vergrößert. Als obere Prozessgrenze wird 1400°C angenommen, um noch einen ausreichenden Abstand zur Schmelzgrenze des Metalls einzuhalten. Zusätzlich wird die Leistungsbeschränkung als Prozessgrenze relevant. Sie limitiert die erreichbaren Geschwindigkeiten auf 750 mm/min.

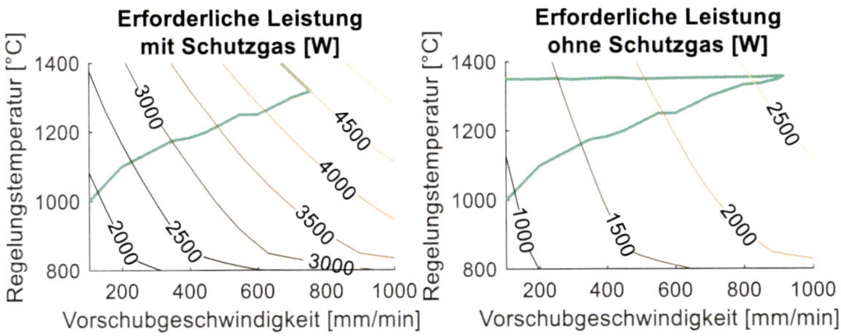

Abbildung 43: Prozessdiagramm des Vergleichsprozesses für die erforderlichen Laserleistungen mit und ohne Schutzgas

Aufgrund des erheblichen Aufwands für eine vollständige Unterdrückung der Oxidation und der anfallenden Kosten für Schutzgas wird davon ausgegangen, dass es sich um keine wirtschaftlich relevante Alternative handelt. Im Weiteren wird daher nur noch der Prozess mit Oxidation diskutiert.

Für die Bewertung des Prozessoptimums innerhalb der Prozessgrenzen sind laut Kapitel 4.3 die Oberflächenreaktionen, thermisch induzierte Gefügeveränderungen, eigenspannungs- und ressourcenbedingte Merkmale zu betrachten.

Abbildung 44 zeigt die Produktionsmerkmale: Interaktionszeit und Streckenenergie. Beide Merkmale weisen in erster Linie eine Abhängigkeit von der Vorschubgeschwindigkeit auf. Das rechte Diagramm stellt die Streckenenergie für den Prozess mit Oxidschicht dar. Die erforderliche Energie als Produkt aus Interaktionszeit und Leistung ist dabei primär von der Geschwindigkeit abhängig, lässt sich also ebenso wie die Interaktionszeit durch höhere Geschwindigkeiten senken.

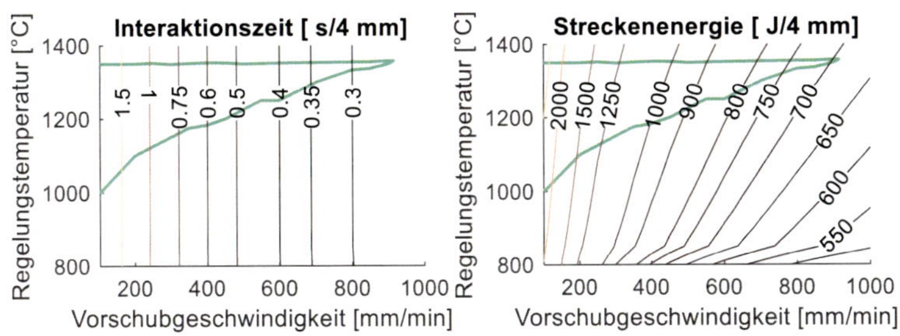

Abbildung 44: Prozessdiagramm für die Produktionsmerkmale des Vergleichsprozesses

Die Heterogenität des Gefüges weist im Prozessfenster nur geringe Schwankungen auf. Größere Effekte sind erst bei unter 1000°C sichtbar. Für die geforderten Einhärtungstiefen ist das keine Alternative. Auf die Darstellung des Diagramms wird daher verzichtet.

Die weiteren thermisch induzierten Gefügeveränderungen sind in Abbildung 45 gezeigt. Dabei fällt auf, dass die Werte für die Korngröße primär von der Oberflächentemperatur abhängen, während die Oxidation von der Vorschubgeschwindigkeit und der Temperatur beeinflusst wird.

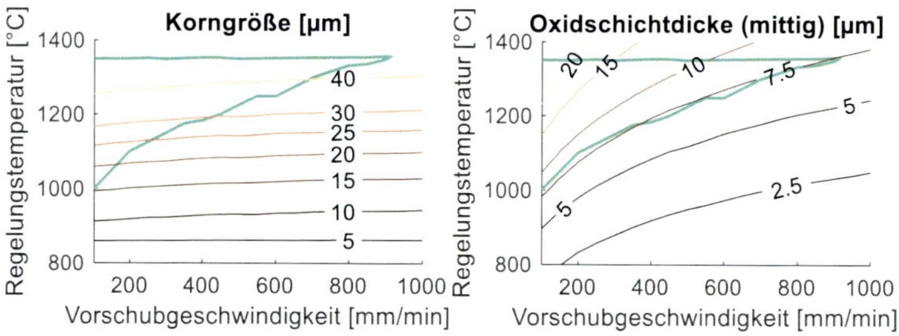

Abbildung 45: Prozessdiagramm für die thermisch induzierten Gefügeveränderungen des Vergleichsprozesses

Die Kennwerte für die Druckeigenspannungen steigen mit höheren Temperaturen. Dieser Effekt könnte auf die Erhöhung der Härtespurbreite an der Oberfläche zurückzuführen sein. Die als negativ zu bewertende Kennzahl für die Zugeigenspannungseffekte korreliert ebenso mit der Temperatur. Eine klare Aussage zu dem Einfluss der Temperatur auf den gesamten Eigenspannungszustand ist somit nicht ermittelbar.

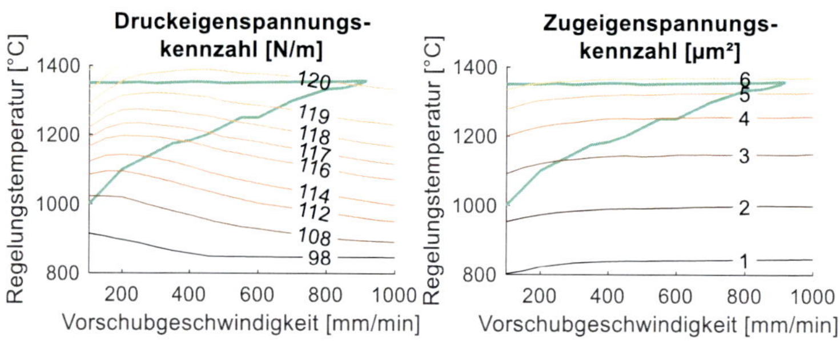

Abbildung 46: Prozessdiagramm für die eigenspannungsbedingten Merkmale des Vergleichsprozesses

Aus den Prozessdiagrammen für die thermisch induzierten Gefügeveränderungen geht hervor, dass die Basismerkmale bei niedrigeren Temperaturen durch eine Reduktion der Geschwindigkeit eingehalten werden. Folglich werden die primär thermisch bedingten negativen Effekte reduziert. Dieser Ansatz ist jedoch aufgrund der antiproportionalen Abhängigkeit der Interaktionszeit produktionstechnisch nicht sinnvoll. Die geringfügigen Verbesserungen, die bei niedrigeren Temperaturen bei 100 mm/min im Gegensatz zu z.B. 400 mm/min erzielt werden können, führen zu einer vierfachen Steigerung der erforderlichen Zeit. In der Folge ergibt sich eine Senkung der Produktivität und entsprechend eine Kostensteigerung um den Faktor 4.

Zusammenfassend lässt sich also sagen, dass die Qualitätsmerkmale durch die steigende Oberflächentemperatur beim Härten mit Top-Hat-Profil primär negativ beeinflusst werden, während die ressourcenbedingten Merkmale von der Zeit bestimmt werden. Infolgedessen ist der Prozess entlang des Basismerkmales Spurbreite in der Einhärtungstiefe zu optimieren. Die exakte Position ist vom Einzelfall und der technisch-ökonomischen Bewertung abhängig.

Für die Validierung der zu optimierenden Profile bedeutet dies, dass folgende Werte bei entsprechender Optimierung mit dem Vergleichsprozess erreicht werden können:

- Korngröße kleiner als 20 µm
- Oxidschichtdicke kleiner als 10 µm
- Interaktionszeit kleiner als 0,3 s/4 mm
- Streckenenergie kleiner als 750 J/4 mm
- Kennwert für Druckeigenspannungen größer als 119 N/m
- Kennwert für Zugeigenspannungen kleiner als 3 µm²

7 Modellbegründete Herleitung optimierter Temperaturfelder

Model-based Derivation of Optimized Temperature Fields

Nachdem die Bewertungsgrößen für das Prozessergebnis beim Laserstrahlhärten durch das Modell beschreibbar sind, werden in diesem Kapitel Temperaturfelder bestimmt, die eine zielgerichtete Optimierung der Bewertungsgrößen erlauben. Zunächst werden hierzu grundlegende Überlegungen diskutiert, um dann basierend auf den Modellen verschiedene Zeit-Temperatur-Verläufe herzuleiten. Die sich ergebenden Temperaturfelder werden bezüglich ihres technischen Potentials und der Umsetzbarkeit bewertet.

7.1 Grundlegende Überlegungen

Basic Considerations

Die Aufheizphase hat keinen positiven Einfluss auf das Einstellen der Qualitätsmerkmale, sondern ergibt sich aus der physikalischen Unmöglichkeit eines sprunghaften Temperaturanstieges. Die Länge der Aufheizphase, also die erforderliche Zeit zur Erzielung der Prozesstemperatur in der Tiefe, sinkt mit steigendem Temperaturgradienten zwischen Oberfläche und Einhärtungstiefe. Unabhängig von dem zu optimierenden Phänomen und dessen optimiertem Zeit-Temperatur-Verlauf ergibt sich somit, dass die höchste Temperatur im Verlauf immer zu Beginn des Profils erreicht werden sollte.

Die durch die Überhitzung bedingte Aktivierung von mehr Keimen bei der Austenitumwandlung und das dementsprechend homogenere, feinkörnigere Gefüge ist theoretisch ein zusätzlicher positiver Effekt.

Die im Folgenden herzuleitenden Zeit-Temperatur-Verläufe sind durch eine Grenztemperatur limitiert. Diese ergibt sich aus dem Abstand zur Schmelztemperatur. Zur Umsetzung dieser Beschränkung wird angenommen, dass die Werte gleich der Grenztemperatur seien, wenn eine Funktion Werte größer der Grenztemperatur erfordert. Durch die Beschränkung der Temperatur haben demnach einige der herzuleitenden Temperaturfelder zunächst einen sprunghaften Anstieg mit einem kurzen konstanten Verlauf. Alternativ hätte auch der Startpunkt im Funktionsverlauf so verschoben werden können, dass alle Funktionswerte kleiner sind als die Grenztemperatur. Das treibende Potential würde hierdurch allerdings erheblich reduziert.

Bei diesem sprunghaften Anstieg der Temperatur handelt es sich um eine theoretische Forderung. Für das Temperaturfeld ist eine Stufenfunktion physikalisch unmöglich. Die theoretische Beschreibung einer unendlich intensiven Punktquelle mit einer definierten Leistung, die Rosenthal-Gleichung, zeigt die physikalische Grenze aufgrund der Wärmeleitung auf.

Neben der Wärmeleitung ergibt sich eine weitere Beschränkung durch die maximale Intensität der verwendeten Laserstrahlquelle. Die Fokussierbarkeit einer Quelle wird dabei durch die Strahlqualität beschrieben. Daher scheint es zur Bewertung des Strahlparameterprodukts bzw. der Strahlqualität einer Laserquelle zweckmäßig, den Temperaturgradienten am Anfang eines Temperaturprofiles in Bezug zum Gaußstrahl zu setzen. Umgekehrt ergibt sich die Fragestellung, mit welcher Steilheit sich das homogene Temperaturprofil von der Umgebung abheben muss, um noch prozesstechnische Vorteile zu erreichen.

Nach der Aufheizphase muss der Kohlenstoff in der Haltephase homogenisiert werden. Zur Vermeidung unnötiger thermischer Spannungen im Werkstoff sollte der Zeit-Temperatur-Verlauf an der Oberfläche einen stetigen Verlauf aufweisen.

In der Abkühlphase wird das Temperaturprofil dabei nicht vom Strahlprofil direkt beeinflusst. Die Abkühlkurve ergibt sich stattdessen aus der Wärmeleitung. Dabei kann im Vergleich zweier Profile bei gleicher Geschwindigkeit, Breite und eingebrachter Energie die Wärme am Ende des Prozesses immer dann schneller abfließen, wenn der Punkt der maximalen Wärmeeinbringung möglichst weit entfernt ist. Diese Aussage ist gleichbedeutend mit der Forderung einer niedrigen Oberflächentemperatur am Ende des Temperaturprofils.

Auf diesen beiden Schlussfolgerungen und dem oben diskutierten Vorschlag, den Temperaturhöchstwert zu Beginn des Prozesses zu setzen, basiert die Empfehlung eines stetig abfallenden Temperaturverlaufs innerhalb der Prozesszone.

7.2 Herleitung optimierter Temperaturverläufe

Derivation of Optimized Time-Temperature-Sequences

Aus der Analyse der Bewertungsgrößen unter Berücksichtigung der physikalisch gegebenen Randbedingungen resultiert folgendes Vorgehen für die Herleitung von optimierten Temperaturprofilen. Zunächst werden Temperaturverläufe mit einem Optimierungspotential bezüglich ausgewählter Leistungsmerkmale abgeleitet. Sind diese Temperaturverläufe prinzipiell bestimmt, wird der Temperaturverlauf auf die Einhaltung der Basis- bzw. Rückweisungsmerkmale überprüft. Anschließend soll eine Bewertung des Potentials hinsichtlich des gesamten Aufwandes und weiterer Leistungsmerkmale auf Basis von Prozessdiagrammen erfolgen.

7.2.1 Homogene Oberflächentemperatur lateral zum Vorschub

Homogenous Surface Temperature Perpendicular to Direction of Movement

Beschreibung

Das homogene Temperaturfeld beschreibt eine Top-Hat-Verteilung der Temperatur innerhalb der vom Laser bestrahlten Zone. Wie bereits im Kapitel Stand der Technik erläutert (vgl. Kapitel 2.3.1), ist diese Optimierung von Burger eingeführt und von weiteren Autoren aufgegriffen worden. Als logischer Schritt aus den Bestrebungen, die Härtelinse zu reduzieren, folgt die Homogenisierung der Oberflächentemperatur. Dadurch dass die Kompensation der Wärmeleitung an den Rändern mithilfe von Scannern durch eine entsprechende Schwingung verhältnismäßig leicht anzunähern ist, stand sie in der Vergangenheit auch im Fokus der Untersuchungen.

Modellbasierte Herleitung

Selbst mit einem idealen Strahlprofil ist eine rechteckige Härtespur, wie sie sich durch die Einhaltung der Einhärtungstiefe auf einer gewissen Breite ergeben würde, physikalisch unmöglich. Bei einem isotropen Werkstoff sind an den Rändern der Prozesszone lediglich radialsymmetrische Temperaturfelder lateral zum Vorschub realisierbar. Demnach kann auch ein idealer Prozess nur die in Abbildung 47 (links) skizzierte gehärtete Querschnittsfläche aufweisen. Die Breite der gehärteten Fläche in der Einhärtungstiefe ist dabei nicht gleich der Länge des Laserprofils an der Oberfläche. Hieraus leitet sich die Fragestellung nach der idealen Breite des Laserprofils ab.

Für die Optimierung der Effizienz soll die prozessierte Querschnittsfläche außerhalb der Sollhärtefläche minimiert werden. Die resultierende Optimierungsaufgabe ist in Abbildung 47 numerisch gelöst. Dabei ergibt sich der logische Zusammenhang, dass mit wachsender Länge der Sollfläche der Einfluss der Randbedingungen reduziert wird. Aufgrund der geometrischen Randbedingungen für den Referenzprozess aus Kapitel 6.2 liegt somit der maximal zu erreichende geometrische Wirkungsgrad bei 92,5%.

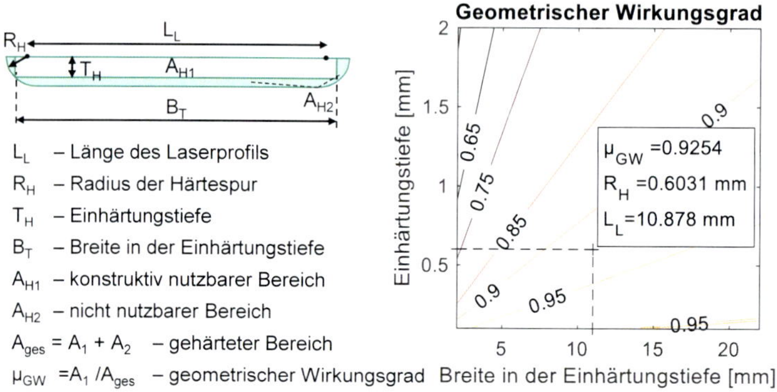

Abbildung 47: Diagramm zur Bestimmung des maximalen geometrischen Wirkungsgrades und der idealen Laserbreite

Bei der oben angenommenen Kompensation der Wärmeleitung zur Homogenisierung des Temperaturfeldes handelt es sich wiederum um einen theoretischen Idealfall. Ebenso wie die Wärmeleitung in Bewegungsrichtung ist das Temperaturfeld lateral zum Vorschub durch die Wärmeleitung und das Auflösungsvermögen des Laserstrahles begrenzt.

Diskussion des zu erwartenden Potentials

Wie aus dem Kapitel 4 zur Bestimmung der Qualitätsmerkmale des gebildeten Gefüges ersichtlich, hat die Erzeugung von möglichst klar definierten Härteprofilen positive Auswirkungen auf die Druckeigenspannungen und den energetischen Wirkungsgrad. Darüber hinaus führt die Vermeidung der thermischen Gradienten zu einer Reduktion der Fließspannungen in der Mitte der Prozesszone. Durch die Ausnutzung eines höheren thermischen Potentials auf der gesamten Fläche wird davon ausgegangen, dass die erforderliche Energie bei höheren Vorschubgeschwindigkeiten reduziert wird, wobei die erforderliche Leistung gesteigert wird. Die Reduktion der thermischen Linsenbildung resultiert in einem homogeneren und feinkörnigeren Gefüge. Ein weiteres positives Argument ist die Oxidation, die sich schneller ausbildet und so zu einer erhöhten Absorption im Prozess führt.

Die Vorteile des lateralen homogenen Profils sind dabei offenbar. Für die weiteren Profile wird zunächst vorausgesetzt, dass das Temperaturprofil nur in Bewegungsrichtung zu optimieren ist. Dieser optimierte Verlauf wird dann in der ganzen Prozesszone lateral zur Bewegungsrichtung eingehalten.

7.2.2 Homogene Oberflächentemperatur in Vorschubrichtung

Homogenous Surface Temperature in Direction of Movement

Beschreibung

Neben der Homogenisierung der Temperatur lateral zur Bewegung kann das Temperaturfeld in Bewegungsrichtung homogenisiert werden. Ein solches Profil soll im Folgenden in Anlehnung an die Prozessbeschreibung in der Thermodynamik als isothermes Profil bezeichnet werden. Prozesstechnologisch liegt dabei die Überlegung zugrunde, dass der Prozess durch das Basismerkmal Schmelztemperatur thermisch beschränkt wird. Die Temperatursteigerung in der ganzen Prozesszone ermöglicht die Erhöhung der Geschwindigkeit und damit, gemäß den auf Seite 17 erläuterten Zusammenhängen, die Optimierung der Qualitätsmerkmale.

Während bei einer Top-Hat-Laserverteilung die maximale Schmelztemperatur nur am Ende der Prozesszone singulär erreicht wird, führt die homogenisierte Temperatur theoretisch zu einem wesentlich höheren Temperaturpotential und somit zu einem effizienteren Prozess. Der positive Effekt tritt allerdings nur dann auf, wenn das Potential auch durch eine Geschwindigkeitssteigerung voll ausgeschöpft wird. Bei konstantem Vorschub und gleichbleibender Laserleistung resultiert durch das optimierte Profil eine Reduktion der Einhärtungstiefe [KÜPP96, S. 48; S. 55]. Zurückzuführen ist das auf die gesteigerten thermischen Gradienten während des Prozesses.

Ein Vorteil des homogenen Temperaturfelds ist dabei die Reduzierung auf zwei Prozessparameter: Temperatur und Interaktionszeit. Die im Kapitel 2 Stand der Technik in Forschung und Industrie diskutierten Untersuchungen parametrisierten diese Größen mit der Schmelztemperatur und der Austenitisierungszeit in der Härtetiefe. Im nächsten Abschnitt sollen weitere Ansätze für die Parametrisierung für zusätzliche Optimierungstendenzen erarbeitet werden.

Modellbasierte Herleitung

Die genaue Bestimmung des Temperaturfeldes bei einer homogenen Oberflächentemperatur kann nur numerisch bzw. semianalytisch erfolgen. Für eine erste Bestimmung der Einflüsse soll hier eine analytische Näherung eingeführt werden.

Die Annahme eines homogenen Temperaturfeldes lateral zur Bewegungsrichtung resultiert in Vereinfachungen der auf Seite 14 genannten Differentialgleichung. Da die Temperatur lateral zur Bewegungsrichtung per Definition homogen sein soll, kann in erster Näherung die Abhängigkeit des Temperaturprofils von der Änderung des Temperaturgradienten lateral zur Bewegungsrichtung vernachlässigt werden. Physikalisch entspricht dies einer lateral unendlich ausgedehnten Wärmequelle; die Randbereiche werden somit außer Acht gelassen. Hieraus ergibt sich Formel 24:

Formel 24
$$\overbrace{\frac{\partial^2 T}{\partial^2 x}}^{1} + \cancel{\frac{\partial^2 T}{\partial^2 y}} + \overbrace{\frac{\partial^2 T}{\partial^2 z}}^{2} + \overbrace{\frac{u}{\kappa}\frac{\partial T}{\partial x}}^{3} = 0$$

Diese vereinfachte Differentialgleichung ist ebenfalls noch nicht analytisch lösbar. Daher soll eine weitere Vereinfachung basierend auf einer Größenabschätzung genutzt werden. Die Differentialgleichung besteht aus drei Termen. Der Erste beschreibt die Wärmeleitung in Bewegungsrichtung, der Zweite die Wärmeleitung ins Bauteil und der Dritte die konvektive Wärme durch die Relativbewegung.

Der Temperaturgradient in Bewegungsrichtung soll per Definition oberflächennah so gering wie möglich sein, idealerweise null Grad pro mm. Dagegen liegt der Gradient ins Innere des Bauteils prozessbedingt bei hundert Grad pro mm. Somit ist auch die Änderung des Temperaturgradienten in Z (Term 2) wesentlich größer als in X (Term 1). Der konvektive Term (3) kann wiederum nicht vernachlässigt werden, da „kaltes" Material mit Umgebungstemperatur permanent über die Prozessgrenze eingetragen wird. Innerhalb der Prozesszone nimmt dieses Material aufgrund des Temperaturgradienten in Z sehr schnell die Prozesstemperatur an.

Die Änderung des homogenen Oberflächentemperaturgradienten soll per Definition gering sein. Die Änderung des Temperaturgradienten in X (Term 1) und der Temperaturgradient in X (Term 3) haben also dieselbe geringe Größenordnung. Mit dieser Annahme wird aufgrund des Faktors u/κ , der bei üblichen Prozesswerten bei 100-1000 liegt, die Änderung des Temperaturgradienten in Bewegungsrichtung vernachlässigbar klein.

Mit anderen Worten: Bei für den Prozess üblichen Parametern ist die konvektive größer als die konduktive Wärmeleitung in X. Daher soll der Term für die Wärmeleitung in Richtung des Vorschubs nicht betrachtet werden. Aus dieser Größenabschätzung folgt Formel 25.

Formel 25 $$\cancel{\frac{\partial^2 T}{\partial^2 x}} + \cancel{\frac{\partial^2 T}{\partial^2 y}} + \frac{\partial^2 T}{\partial^2 z} + \frac{u}{\kappa}\frac{\partial T}{\partial x} = 0$$

Die gemachten Annahmen sind vor allem in der prozessierten Zone und oberflächennah gerechtfertigt. Außerhalb der Prozesszone und explizit vor der prozessierten Zone sind die Annahmen nicht zulässig. Die hergeleitete Formel kann also nicht zur Festlegung der Aufheizgeschwindigkeiten herangezogen werden. Sie ist stattdessen dazu geeignet eine erste Näherung für das Leistungsprofil und den Temperaturverlauf in der Einhärtungstiefe zu bestimmen.

Als erste Näherung resultiert somit der Temperaturverlauf in der Tiefe z und die erforderliche Leistung für eine homogene Oberflächentemperatur in Formel 26 bzw. Formel 27. Als Konsequenz ergibt sich eine Ähnlichkeit des Temperaturfeldes für dieselben Interaktionszeiten. Zudem wird klar, dass eine Erhöhung der Prozessgeschwindigkeit bzw. der Interaktionszeit eine wurzelförmige Abhängigkeit aufweisen sollte. Bei einer Verdopplung der Geschwindigkeit wird die Einhärtungstiefe somit nur um 25% gesenkt.

Formel 26 $$\frac{T(x,z)-T_{MO}}{T_0-T_{MO}} = \mathbf{1} - \boldsymbol{erf}\,\left(\frac{z}{\sqrt{\frac{4\kappa x}{u}}}\right)$$

Formel 27 $$P'_L(x) = -\frac{\lambda}{\sqrt{\frac{\pi\kappa x}{u}}}(T_0 - T_{MO}) = -\frac{\lambda}{\sqrt{\pi\kappa t}}(T_0 - T_{MO})$$

Die Formeln können dabei nur als erste Näherung für den Temperaturverlauf genommen werden, erlauben aber für diesen einfachen Zusammenhang die Temperatur als Funktion der Regeltemperatur und des Vorschubs sowie der Strahlprofillänge zu bestimmen.

Die hergeleitete Formel entspricht der Differentialgleichung, die eine aufgeprägte Wandtemperatur eines instationären, halbunendlichen Körpers beschreibt. Hierzu ist die X-Koordinate durch die Zeit (t) zu substituieren.

Die Abbildung 48 vergleicht die oben beschriebene analytische Näherung mit der numerischen Approximation des Profils bei verschiedenen Iterationsschritten gemäß Kapitel 5.2 Modellierung des Temperaturfeldes für ein 16x4 mm² großes Profil bei 1225°C Oberflächentemperatur und 400 mm/min Vorschubgeschwindigkeit. Im linken Diagramm hat die Gaußquelle einen Radius von 0,3 mm und im rechten einen Radius von 1,5 mm. Eindeutig ist zu erkennen, dass die Approximation sich mit zunehmender Iterationszahl ausgehend von einem beliebigen rechteckigen Verlauf dem hergeleiteten Profil annähert, wobei die Überhöhung am linken Ende des Intensitätsverlaufes wahrscheinlich auf die beschränkte Breite des Profils zurückzuführen ist.

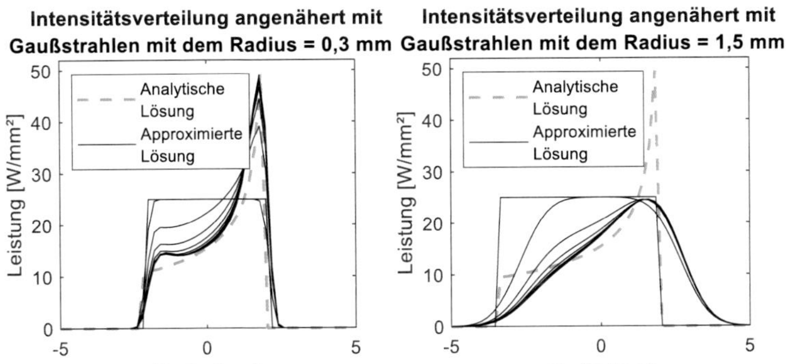

Abbildung 48: Analytische und iterative Lösung des erforderlichen Intensitätsverlaufes für eine homogene Oberflächentemperatur bei verschiedenen Strahlqualitäten

Ein Vergleich der beiden Diagramme zeigt einen deutlichen Einfluss der Strahlradien auf die Lösung. Für die Optimierung folgt hieraus die Fragestellung welche Aufheizraten einen positiven Prozesseinfluss aufweisen. Zur Beantwortung sollen die Aufheizraten und die Auswirkungen auf die Austenitbildung betrachtet werden.

Die Aufheizraten sind dabei von der Geschwindigkeit und dem Radius abhängig. Da die Werkstoffreaktionen nur von der Aufheizgeschwindigkeit beeinflusst werden, soll zur Diskussion der Aufheizraten in der Einhärtungstiefe eine analytische Näherung eingeführt werden:

Zur Bestimmung der Aufheizraten wird der sich aus der Lösung der Gaußquelle ergebende Temperaturverlauf für Werte innerhalb des Laserradius linearisiert. Die Ergebnisse dieser Linearisierung finden sich in Abbildung 49 (links). Die Aufheizraten sind im Parameterfeld zwischen 1 000-10 000°C/s.

Die Lösung zur Berechnung einer aufgeprägten Wandtemperatur, in die Formel 27 überführt werden kann, ist physikalisch nur zur Beschreibung des Temperaturverlaufs bei längeren Interaktionszeiten und größeren Einhärtungstiefen geeignet. Laut Carslaw ist dieser Umstand auf die physikalisch nicht gegebene unendliche Intensität zu Beginn zurückzuführen [CARS59, S. 77-78]. Als Alternative wird von Carslaw vorgeschlagen, zunächst eine lineare Änderung der Temperatur anzunehmen. Dieser Ansatz soll hier verfolgt werden. Die verwendeten Funktionen für die lineare Temperaturzunahme bis zu einer konstanten Oberflächentemperatur können bei Carslaw nachgeschlagen werden und sind hier nicht explizit angegeben [CARS59, S. 63]. Als Oberflächentemperatur sei 1225°C angenommen.

Abbildung 49 (rechts) zeigt die Isothermen, die sich auf Basis dieser Näherung an der Oberfläche und in einer Tiefe von 0,6 mm für verschiedene Aufheizraten über die Zeit ergeben. Der Zeitpunkt des erreichten Temperaturwerts wird zu Null gesetzt. Die gestrichelte, grüne Linie markiert den Zeitpunkt vollkommener Austenitisierung auf Basis der von Mioković parametrisierten Avrami-Gleichung (vgl. Kapitel 5.3.1).

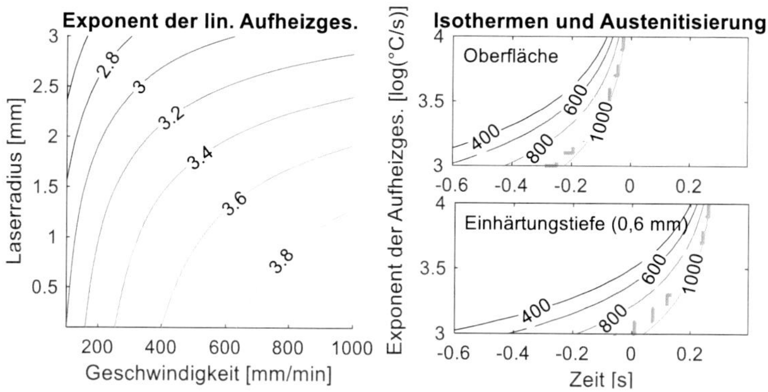

Abbildung 49: Linearisierte Aufheizraten in Abhängigkeit der Gaußradien und Vorschubgeschwindigkeiten (links) sowie Isothermen und Punkt der vollständigen Austenitisierung bei verschiedenen linearen Aufheizraten (rechts)

Mithilfe dieser Annäherung kann die Fragestellung nach dem produktionstechnischen Vorteil von Strahlquellen hoher Qualität abgeschätzt werden. An der Oberfläche findet innerhalb der betrachteten Aufheizraten keine Überhitzung der Reaktion durch den schnellen Temperaturanstieg auf über 1225°C statt. Die Aufheizraten haben also keinen Einfluss.

In der Einhärtungstiefe von 0,6 mm hingegen führen Aufheizraten von 1000°C/s gerade noch zu einer Austenitisierung zu Beginn des Laserprofils. Bessere Strahlqualitäten verlängern somit die erforderlichen Haltezeiten. Eine Erhöhung der Aufheizrate hat daher prozesstechnisch in diesem Fall keine Vorteile. Demnach sind bei größeren Einhärtungstiefen geringere Anforderungen an die Aufheizraten bzw. die Strahlqualität gegeben.

Prozessdiagramme

Die Formel 27 kann durch die Substitution des Quotienten von Position und Geschwindigkeit durch die Interaktionszeit in eine Formel zur Beschreibung des Zeit-Temperatur-Verlaufes überführt werden. Da der isotherme Prozess näherungsweise nur von zwei Regelgrößen abhängt, gilt dann das folgende Prozessdiagramm in grober Näherung für alle isothermen Prozesse, wenn der Strahl entsprechend verbreitert wird.

In Abbildung 50 sind die Prozessgrenzen in Diagrammen mit einem 11x4 mm² Profil und einem doppelt so langen Profil mit 11x8 mm² dargestellt. Für die Berechnung sei ein Gaußradius von 0,3 mm angenommen. Der Einfluss der Oxidation wird zunächst vernachlässigt und soll im folgenden Kapitel 7.2.3 weiter diskutiert werden. Obgleich das Profil mit 11 mm nahe an der in Abbildung 47 hergeleiteten idealen Länge liegt, wird das Prozessfenster aufgrund der Wärmeleitung so eingeschränkt, dass nur langsame Geschwindigkeiten realisiert werden können. Wird die Profillänge wie im rechten Diagramm erhöht, stößt der Prozess schnell an die vorgegebene Leistungsgrenze. Eine Verbreiterung des Profils scheint also sinnvoller.

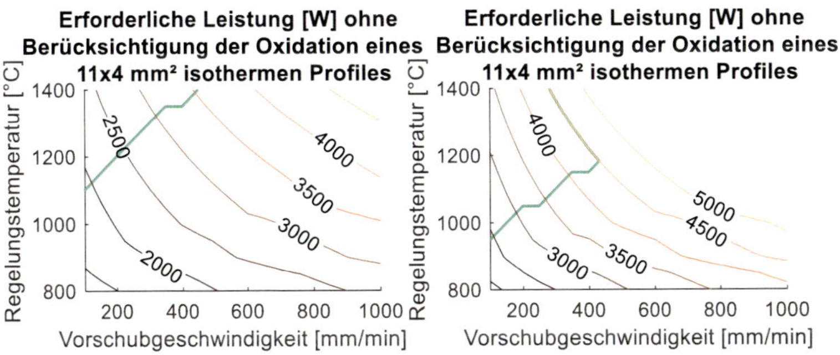

Abbildung 50: Prozessdiagramm von Profilen mit isothermer Oberfläche und einer Länge von 11 mm und einer Breite von 4 mm (links) und 8 mm (rechts)

Das in Abbildung 51 dargestellte Profil bestrahlt dieselbe Fläche wie das Referenzprofil für den Top-Hat-Versuch. Im Gegensatz zum Top-Hat sind vor allem ohne die zusätzliche Wirkung der Oxidschicht deutlich höhere Leistung erforderlich. Das führt zu dem Effekt, dass das Prozessfenster durch die maximale Leistung eingegrenzt wird. Trotz dieser Leistungsbeschränkung können vergleichbare Prozessgeschwindigkeiten erreicht werden. Durch das höhere thermodynamische Potential wird das Prozessfenster in Richtung tieferer Temperaturen verschoben.

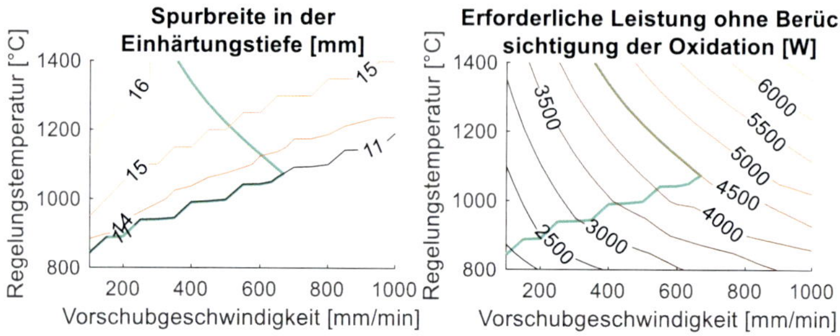

Abbildung 51: Prozessdiagramm mit den Prozessgrenzen bei isothermer Oberflächentemperatur auf einer Fläche von 4x16 mm² ohne Oxidation

Der isotherme Prozess vermeidet Temperaturspitzen. Da das Korngrenzenwachstum im Prozessfenster primär von der maximalen Temperatur abhängt, können bei geringfügig kürzeren Prozesszeiten die Korngrenzen um den Faktor 2 auf 20 µm reduziert werden. Bei langsameren Geschwindigkeiten und tieferen Temperaturen kann das Korngrenzenwachstum theoretisch auf sehr niedrige Werte von 10 µm verringert werden.

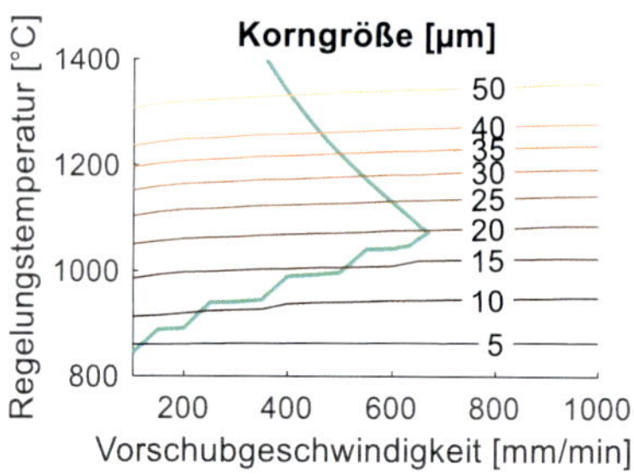

Abbildung 52: Prozessdiagramm für die thermisch induzierten Gefügeveränderungen bei isothermer Oberflächentemperatur auf einer Fläche von 16x4 mm² ohne Oxidation

In Abbildung 53 sind die eigenspannungsbedingten Merkmale aufgezeigt. Die Druckeigenspannungskennzahl kann durch das zusätzlich umgewandelte Werkstoffvolumen gesteigert werden. Die Zugeigenspannungskennzahl hingegen wird leicht reduziert. Die Kennzahl scheint auf die Vergrößerung der Fläche bei gleichen Oberflächentemperaturen negativ zu reagieren.

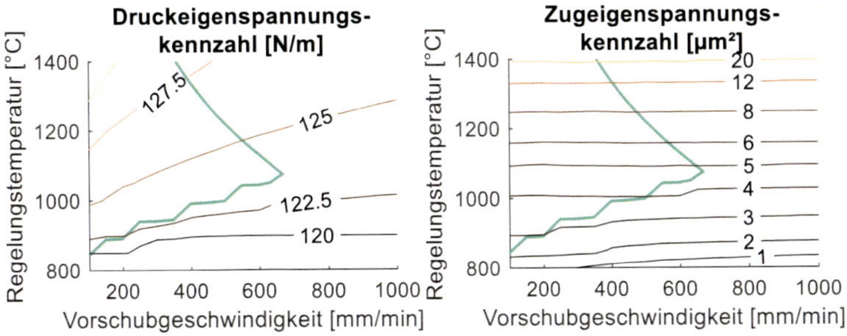

Abbildung 53: Prozessdiagramm für die eigenspannungsbedingten Merkmale bei isothermer Oberflächentemperatur auf einer Fläche von 16x4 mm² ohne Oxidation

Nachdem das Prozessfenster vergleichbare Werte aufweist wie beim Referenzprozess, werden nur geringfügig kleinere Interaktionszeiten erreicht. Die wesentlich höheren Leistungen des isothermen Profils führen vor allem ohne die zusätzliche Absorptionssteigerung durch eine Oxidschicht zu einer deutlichen Erhöhung der Streckenenergie um den Faktor 3.

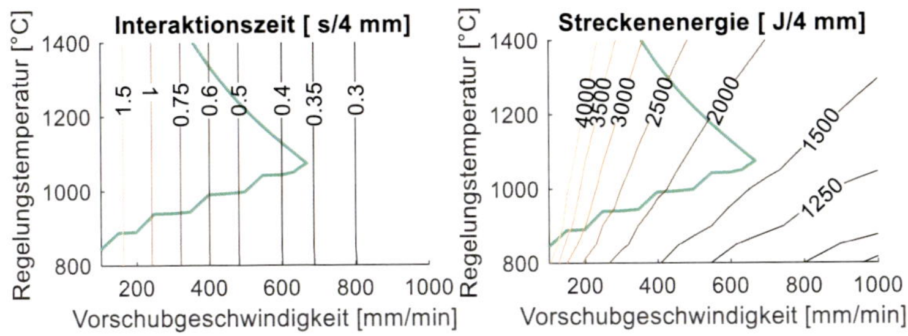

Abbildung 54: Prozessdiagramm für die Produktionsmerkmale bei isothermer Oberflächentemperatur auf einer Fläche von 16x4 mm² ohne Oxidation

Diskussion des zu erwartenden Potentials

In Kapitel 2 Stand der Technik in Forschung und Industrie sind bereits die positiven Effekte eines homogenisierten Temperaturfeldes beschrieben. Laut Modell ist der Effekt im Wesentlichen auf die Verschiebung des Prozessfensters zu geringeren Temperaturen zurückzuführen. Bei ausreichender Laserleistung wären auch höhere Prozessgeschwindigkeiten möglich. Mit der vorliegenden Beschränkung der Leistung werden vergleichbare Werte erzielt. Die Korngrenzen können reduziert werden, während die Eigenspannungen in diesem Bereich ähnlich sind. Es ist zu erwarten, dass eine deutliche Steigerung des Potentials durch die Oxidation erreicht werden kann.

7.2.3 Temperaturfelder unter Einfluss der Oxidation

Influence of the Oxidation on optimized Temperature Fields

Beschreibung

Aus der Diskussion der Produktionskosten in Kapitel 4.2 Fertigungskosten steigernde Prozessmerkmale geht hervor, dass Vorverarbeitungsschritte wie Beschichten, anodisches Oxidieren oder Kugelstrahlen zu vermeiden sind. Eine entsprechende Absorption kann ebenso durch die Oxidation während des Prozesses eingestellt werden. Bei der Verwendung von Schutzgas müssen zusätzlich zu den durch das Prozessmedium verursachten Kosten die erforderliche Laserleistung und der erhöhte Verbrauch von elektrischer Energie berücksichtigt werden. Bei der Nachbearbeitung können leichte Verzunderungen mit einer Stahlbürste entfernt werden. Starke Oxidationen und Anschmelzungen hingegen sind generell zu vermeiden, da sie laut Lang selbst durch Schleifen nur schwer entfernt werden können [LANG97].

Für den Zielkonflikt zwischen Oxidation und Vermeidung einer Nachbearbeitung lässt sich somit sagen, dass eine kontrollierte Oxidation eine Reduktion der Investitionskosten und Prozesskosten erlaubt, ohne die Kosten für die Nachbearbeitung unverhältnismäßig zu erhöhen. Somit sollte die kontrollierte Oxidation zur Optimierung der Fertigungskosten führen ohne die Leistungsmerkmale, abgesehen von der sauberen Prozessoberfläche, einzuschränken.

Modellbasierte Herleitung

Da jeder Temperaturverlauf durch die Schmelztemperatur beschränkt ist, kann die Oxidation zu Beginn nur bis zu dieser Wachstumsgrenze gesteigert werden und würde sich im ersten Schritt wie ein isothermes Profil verhalten. Zunächst sei daher der zuvor eingeführte Prozess mit isothermer Oberflächentemperatur betrachtet.

Gemäß Formel 28 folgt durch Einsetzen der Leistung aus Formel 27 und dem Oxidschichtwachstum aus Formel 15 in den Temperaturverlauf an der Oberfläche aus Formel 23, dass der Temperaturgradient durch die Oxidschicht beim isothermen Prozess in der Theorie näherungsweise keine Zeitabhängigkeit besitzt (s. Formel 29). Die Oxidschicht hat somit in erster Näherung keinen Einfluss auf die relative Intensitätsverteilung des isothermen Prozesses.

Formel 28 $$P_L''(x,y) = \frac{2\,\lambda_{ox}}{\delta_{Oxid}}(T_{OO} - T_{MO}) \rightarrow \frac{\lambda}{\sqrt{\pi\kappa t}}(T_0 - T_{MO})\,\Delta y = \frac{2\ \lambda_{ox}\,(T_{OO} - T_{MO})}{\sqrt{t}\sqrt{2D_{O\,Oxid}\,e^{-\frac{E_{A_{Oxid}}}{R\,T_{OO}}}}}$$

Formel 29 $$\frac{T_{OO} - T_{MO}}{T_0 - T_{MO}} = \frac{\lambda}{\lambda_{Ox}}\frac{0{,}5\,\Delta y}{\sqrt{\pi\kappa}}\sqrt{2D_{O\,Oxid}\mathrm{e}^{-\frac{E_{A_{Oxid}}}{R\ T_{OO}}}}$$

Um die positiven Auswirkungen der erhöhten Absorption möglichst für den gesamten Prozess nutzen zu können, sollte die Oxidation so schnell wie möglich eine ausreichend dicke Schicht erreichen. Die Fortschreitung des Oxidationsprozesses sollte anschließend jedoch unterbunden werden. Außerdem wird so die zusätzliche Nachbearbeitung reduziert.

Demnach ist die Bildung einer dünnen Oxidschicht zu Beginn des Prozesses gefordert, deren Wachstum dann zunehmend verlangsamt wird. Eine Funktion, die diesem Verlauf entspricht, wäre das Gaußsche Fehlerintegal. Die in Formel 30 dargestellte integrale Schreibweise des Oxidschichtwachstums wird durch den in Formel 31 angegebenen Temperaturverlauf zu einer solchen Fehlerfunktion (Formel 32).

Formel 30 $$\int \delta_{Oxid} d\delta_{Oxid} = \delta_{Oxid}^{2} = \int D_{0_{oxid}} \exp\left(-\frac{E_A}{RT(t)}\right) dt$$

Formel 31 $$T(t) = \frac{E_{A_{oxid}}}{R} \frac{b_{Oxid,2}}{ln\left(b_{Oxid,1}\right)} \frac{1}{t^2} - 273,15$$

Formel 32 $$\delta_{Oxid}^{2} \sim erf(\hat{x}) = \frac{2}{\sqrt{\pi}} \int e^{-\hat{\tau}^2} d\hat{\tau}$$

Für die sich ergebende hyperbolische Abhängigkeit von der Zeit sind die Abszisse und die Ordinate als Asymptoten charakteristisch. Die Funktion nimmt also zunächst physikalisch unmöglich hohe Werte an und verläuft dann sehr flach. Für die Bestimmung der Parameter $b_{Oxid,1,2}$ einer optimierten Oxidationsfunktion ist somit die Betrachtung der physikalischen Grenzen erforderlich.

Die Temperatur am Anfang des Profils ist durch die Grenztemperatur limitiert. Es folgt also immer ein zunächst isothermer Verlauf. Die maximale Aufheizrate ergibt sich dann wie bereits zuvor als Funktion der Strahlqualität, wobei die Oxidschichtbildung einen Einfluss auf eben diese Aufheizrate aufgrund der Absorptionseigenschaften hat. In Abbildung 55 (links) sind die Aufheizraten analog zu Abbildung 49 dargestellt, wobei die Rückkopplung der Absorption berücksichtigt wurde. Basierend auf der Modellrechnung reduziert die Oxidation die erreichbaren Aufheizraten besonders bei hohen Werten für die Strahlqualität. Der aus Abbildung 49 abgeleitete nur marginale technische Nutzen sehr hoher Strahlqualitäten wird somit weiter eingeschränkt. Andererseits deutet Abbildung 55 (rechts) auf einen positiven Einfluss besserer Strahlqualitäten hin. Bei konstanten Aufheizraten führen kleinere Gaußradien dazu, dass ein größerer Anteil des Strahles in den Bereichen mit hoher Absorption liegt und der Wirkungsgrad sich somit erhöht.

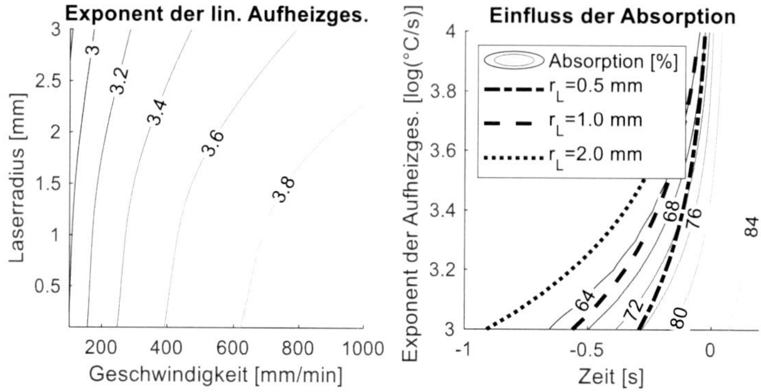

Abbildung 55: Linearisierte Aufheizraten in Abhängigkeit der Gaußradien und Vorschubgeschwindigkeiten mit Einfluss der Oxidation (links) und Einfluss der Absorption sowie Zeitpunkt beim Eintritt in den Gaußstrahl (rechts)

Für den weiteren Verlauf einer hyperbelförmigen Oberflächentemperatur sind zwei Möglichkeiten denkbar:

Falls eine sehr dünne Oxidschichtdicke angestrebt ist, würde die hohe Prozesstemperatur nur sehr kurz erreicht. Um das Oxidschichtwachstum dann zu limitieren, müsste die Temperatur nach der Grenztemperatur schnell abfallen. Die Intensität würde unter Berücksichtigung des Auflösungsvermögens der Strahlquelle im Extremfall weitestgehend einer Gaußverteilung in Bewegungsrichtung entsprechen.

Wenn dickere Oxidschichten toleriert werden, ergibt sich ein längerer Bereich mit hohen Temperaturen. Aus der maximal zulässigen Oberflächentemperatur wiederum folgt ein weitestgehend isothermer Prozess, wie er bereits in Kapitel 7.1 Grundlegende Überlegungen erläutert wurde.

Aufgrund der physikalischen Begrenzungen ist der Ansatz zum eingeschränkten Oxidschichtwachstum nahezu identisch mit dem bereits diskutierten isothermen Temperaturverlauf. Von der Optimierung des Prozesses durch eine gezielte Manipulation der Oxidation wird daher abgesehen. Stattdessen konnte gezeigt werden, dass durch die schon zuvor formulierte allgemeine Forderung, hohe Temperaturen möglichst zu Beginn des Prozesses zu erlangen, durch die Oxidationsprozesse bestätigt wird. Darüber hinaus wurde demonstriert, dass die Strahlqualität aufgrund der dem Prozess vorweg-eilenden Oxidation einen Einfluss auf die Energieeffizienz hat.

Für das isotherme Temperaturprofil ergeben sich unter Berücksichtigung der Oxidation die folgenden Prozessdiagramme:

Prozessdiagramme

Die zuvor geltende Beschränkung durch die Leistungsgrenze fällt aufgrund der erhöhten Absorption weg. Zudem ergibt sich wegen des flacheren Verlaufes der unteren Prozessgrenze ein Prozessfenster, das sich bis an die Grenzen des Parameterraums ausdehnt. Die höheren erreichbaren Geschwindigkeiten erfordern zwar mehr Leistung, jedoch kann die Geschwindigkeit auch um einen vergleichbaren oder größeren Faktor gesteigert werden.

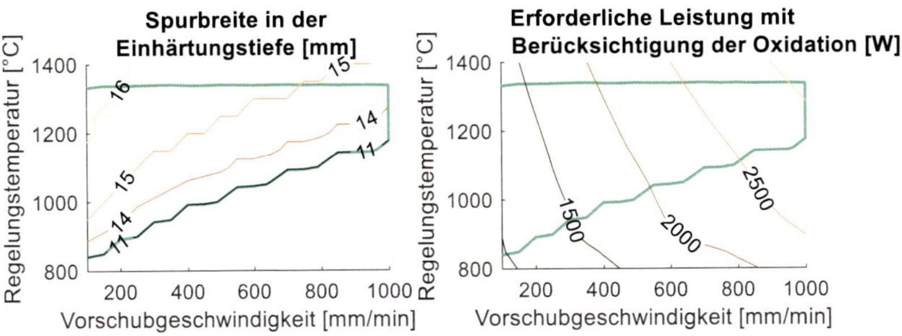

Abbildung 56: Prozessdiagramm mit den Prozessgrenzen bei isothermer Oberflächentemperatur auf einer Fläche von 16x4 mm² mit Oxidation

Im Vergleich zum Referenzprozess kann bei der Korngröße von 25 µm eine Erhöhung der Geschwindigkeit um das 4fache erreicht werden. Die Oxidschichtdicke kann bei einer Steigerung der Geschwindigkeit auf 1000 mm/min trotzdem noch auf unter 7,5 µm reduziert werden.

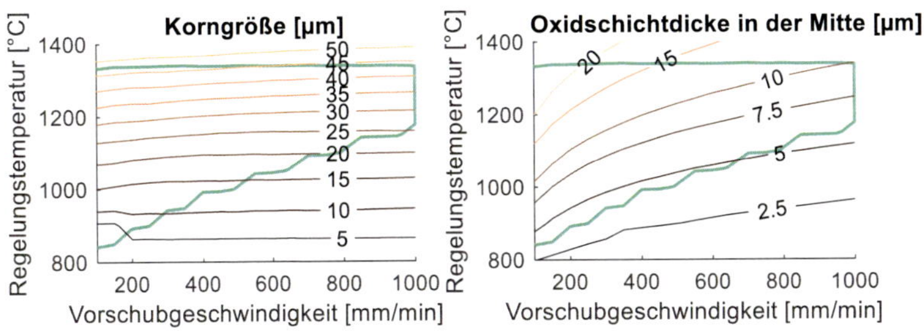

Abbildung 57: Prozessdiagramm für die thermisch induzierten Gefügeveränderungen bei isothermer Oberflächentemperatur auf einer Fläche von 16x4 mm² mit Oxidation

Die Druckeigenspannungskennzahl kann erhöht werden, während die Werte der Zugeigenspannungskennzahl sich im Bereich des Referenzprozesses befinden, solange die Oberflächentemperaturen an das erweiterte Prozessfenster angepasst werden.

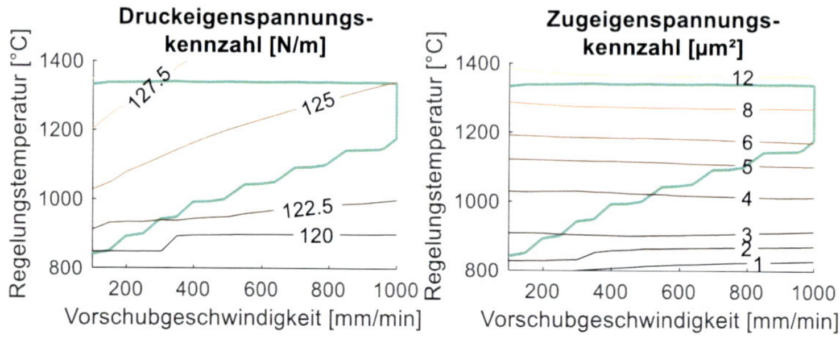

Abbildung 58: Prozessdiagramm für die eigenspannungsbedingten Merkmale bei isothermer Oberflächentemperatur auf einer Fläche von 16x4 mm² mit Oxidation

Durch das erweiterte Prozessfenster kann die Interaktionszeit theoretisch sogar über den Grenzwert von 0,24 Sekunden angehoben werden. Die Streckenenergie kann dabei auf mit dem Top-Hat-Prozess vergleichbar niedrige Werte gesenkt werden.

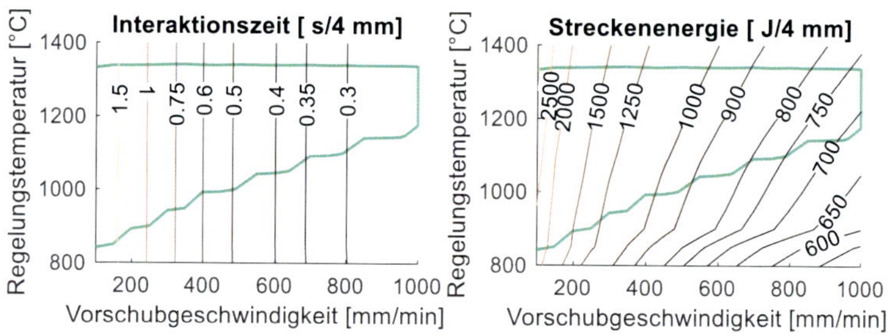

Abbildung 59: Prozessdiagramm für die Produktionsmerkmale bei isothermer Oberflächentemperatur auf einer Fläche von 16x4 mm² mit Oxidation

Diskussion des Potentials

Durch die Anpassung des Intensitätsfeldes zur Generierung einer homogenen Oberflächentemperatur innerhalb des Laserprofils kann der Prozess erheblich optimiert werden. Diese Vorteile treten auf, wenn die Erweiterung der Prozessgrenzen auch durch die Reduktion der Temperatur oder Erhöhung der Geschwindigkeit genutzt wird.

Die Ergebnisse verdeutlichen, dass eine Kompensation der Wärmeleitung in Bewegungsrichtung den beim gegenwertigen Stand der Technik üblicherweise eingesetzten Systemen theoretisch überlegen ist.

7.2.4 Temperaturfelder zur Erzeugung eines feinkörnigen Gefüges

Temperature Fields to produce a Finer Grain Structure

Beschreibung

Ein feinkörniges Gefüge ist zäher und widerstandsfähiger, hemmt die Risspropagation, erleichtert die Martensitumwandlung und reduziert so die Restaustenitbildung. Das Wachstum der Körner nach der Austenitisierung wird durch die hohen Temperaturen an der Oberfläche begünstigt. Andererseits werden die produktionsrelevanten Merkmale durch möglichst hohe Oberflächentemperaturen positiv beeinflusst. Hieraus ergibt sich ein Zielkonflikt. Im folgenden Kapitel soll ein Temperaturverlauf zur Reduktion der Kornvergröberung ermittelt werden.

Modellbasierte Herleitung

Wie aus den allgemeinen Überlegungen hervorgeht, wirkt sich eine erhöhte Temperatur zu Beginn der Umwandlung nicht nur auf den Wirkungsgrad, sondern zumindest theoretisch auch auf die Gefügestruktur positiv aus. Die höheren Initialtemperaturen können zu einer größeren Überhitzung der Umwandlung beitragen, wodurch mehr Keimstellen die kritische Grenzflächenenergie überschreiten. Eine weitere Möglichkeit zur Erreichung der kritischen Grenzflächenenergie ist das Einbringen von Druckspannungen, die z.B. durch einen hohen Temperaturgradienten erzeugt werden könnten. Hieraus lässt sich eine Forderung nach Strahlquellen mit hoher Qualität herleiten. Dieser Zusammenhang wird von dem Modell nicht abgebildet.

Die für das theoretische Kornwachstum herleitbare Differentialgleichung ist vom selben Typ wie die das Oxidwachstum beschreibende. Hieraus ergibt sich, dass die Verwendung einer Hyperbel möglich wäre. Das so generierte Gaußsche Fehlerintegral würde kurzzeitig zu einem hohen Kornwachstum aber auch vermehrter Keimbildung führen und anschließend das Gesamtwachstum begrenzen. Neben den schon im vorweggehenden Unterkapitel thematisierten praktischen Problemen eines solchen Verlaufs spricht gegen ein solches Profil auch die bereits erwähnte eingeschränkte Gültigkeit des parabolischen Keimwachstumsgesetzes. Die Exponenten weisen in der Regel Werte größer 2 aus, wofür jedoch keine physikalische Modellbegründung existiert.

Aufgrund des integralen Zusammenhangs lässt sich das Kornwachstum nicht konstant halten, sondern nur limitieren. Eine Möglichkeit für einen solchen funktionalen Zusammenhang wäre z.B. der Logarithmus. Innerhalb des Integrals muss dafür eine reziproke Abhängigkeit der Zeitkonstanten geschaffen werden. Der entsprechende Ansatz findet sich in Formel 33.

Formel 33 $$T \rightarrow f(t) = \frac{b_{Korn,1}}{ln\left(\frac{t}{b_{Korn,2}}\right)}$$

Die unbekannten Parameter $b_{Korn,x}$ sollen anhand von Messwerten angenähert werden. Hierzu werden die im Atlas der Wärmebehandlung der Stähle aufgezeigten Diagramme genutzt. Zur Einhaltung eines ausreichenden Abstandes zur Schmelztemperatur seien die Temperaturen zu Prozessbeginn auf 1225°C beschränkt. Die Werte der ASTM-Korngrößen 6 (62,5 µm) und 5 (44,2 µm) werden vernachlässigt, da ein Großteil der Temperaturverläufe durch die Grenztemperatur abgeschnitten würde. Die Abbildung 60 zeigt die Zeit-Temperatur-Verläufe für die ASTM-Korngrößen 7 (31,2 µm), 8 (22,1 µm) und 9 (15,6 µm), die auf diese Weise ermittelt wurden.

Die berechneten Verläufe und auch die experimentellen Ergebnisse aus 6.1.2 lassen erkennen, dass das Kornwachstum primär durch die maximale Oberflächentemperatur beeinflusst wird. Die Reduktion von Temperaturspitzen durch das isotherme Profil führt daher bereits zu einer Verbesserung. Der zuvor diskutierte isotherme Prozess konnte so die den ASTM-Werten entsprechenden Korngrenzen für Werte größer 400 mm/min bereits bei entsprechender Absenkung der Oberflächentemperatur erreichen. Es bleibt also zu prüfen, ob das hergeleitete Profil bessere Eigenschaften für andere Merkmale ohne negative Folgen für das Korngrenzenwachstum aufweist.

Im Gegensatz zum isothermen Prozess ist für den hergeleiteten funktionalen Zusammenhang auch die Haltezeit des Profils relevant. Eine Umrechnung zwischen Interaktionszeit, Geschwindigkeit und Profillänge ist nicht möglich. Somit ergibt sich die Haltezeit als zusätzlicher Parameter. Die Oberflächentemperatur als Parameter hingegen entfällt.

Bei kurzen Interaktionszeiten bei Werten oberhalb von 400 mm/min werden die Profile in der Regel über 50 % der Zeit durch die obere Prozesstemperatur beschränkt. Sie sind also weitestgehend isotherm und ein Vorteil ist nicht zu erwarten. Um einen stärkeren Einfluss des Profils sehen zu können, wird ein quadratisches Profil mit der Breite von 16 mm angenommen.

In der Abbildung 60 sind die Haltezeiten für ein solches Profil bei den Geschwindigkeiten 200, 400, 600 und 800 mm/min angezeigt. Um die Vergleichbarkeit mit dem isothermen Prozess und dem Referenzprozess zu gewährleisten, wird die Profilbreite für die Bewertung und die Validierungsversuche auf 16 mm gesetzt.

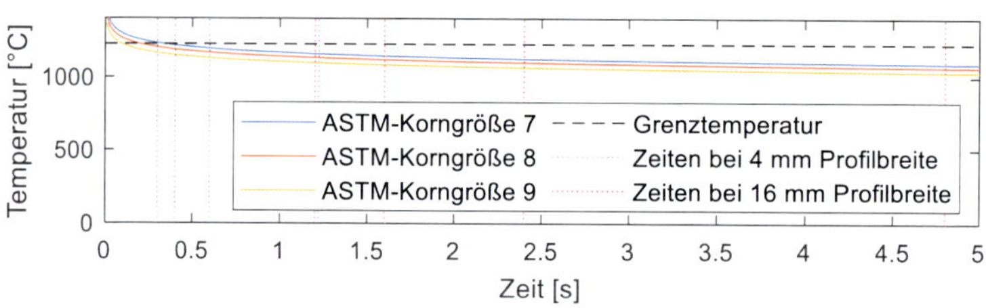

Abbildung 60: Hergeleitete Zeit-Temperatur-Verläufe für beschränktes Kornwachstum

Abbildung 61 illustriert die mit dem Modell bestimmte Intensität und das simulierte Temperaturprofil für einen Gaußradius von 0,3 mm. Der Temperaturverlauf entspricht dabei der Formel 33 mit den Werten der ASTM-Korngröße 8.

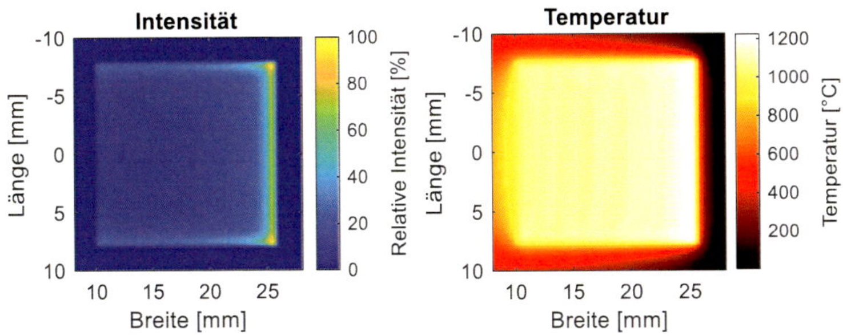

Abbildung 61: Intensitätsverteilung und Temperaturfeld des Profils zur Reduktion der Korngröße bei 400 mm/min

Da die hergeleitete Formel keine Abhängigkeit von der Oberflächentemperatur aufweist, reduzieren sich die Prozessdiagramme zu einfachen Graphen. Abbildung 62 zeigt die erreichbaren Kennwerte für das beschriebene Profil bei einer ASTM-Korngröße von 8. Die Profile für die Korngrößen 7 und 9 befinden sich im Anhang D. Auf die Darstellung der Diagramme bei verschiedenen Strahlqualitäten wird aufgrund des Umfangs verzichtet.

Die Breite in der Einhärtungstiefe wird im gesamten Parameterraum erfüllt. Die erforderliche Leistung beschränkt die Geschwindigkeiten auf unter 500 mm/min. Bei einer hier nicht gezeigten Berechnung mit einem 4 mm breiten Profil begrenzt die Breite in der Einhärtungstiefe das Prozessfenster auf unter 150 mm/min. Der oben gewählte Ansatz zur Vergrößerung des Prozessfensters durch die Nutzung eines breiteren Profils ist demnach sinnvoll.

Das Modell prognostiziert mit 33,9 µm eine weit größere Korngröße als die mit 22,1 µm angegebene ASTM-Korngröße 8. Die Oxidschichtdicke liegt im Prozessfenster bei relativ hohen Werten zwischen 20 und 40 µm. Die Zugeigenspannungskennzahl ist wesentlich größer und die Druckeigenspannungskennzahl geringer als beim isothermen Prozess. Die Interaktionszeit ändert sich entsprechend der Bezugsgröße von 16 mm, was ebenso für die Streckenenergie gilt. Wird der Faktor 4 für das breitere Profil hier herausgerechnet, ergibt sich im Vergleich mit anderen Profilen immer noch ein hoher Wert.

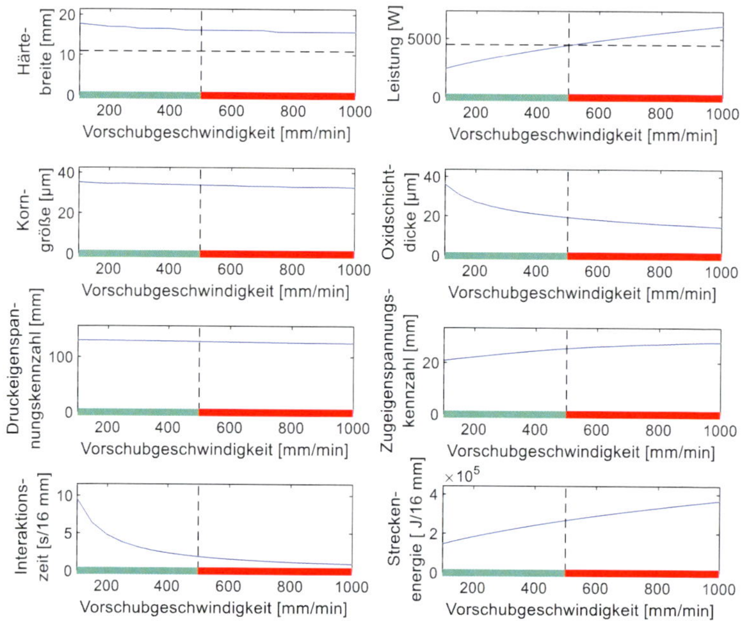

Abbildung 62: Prozessdiagramm des Profils zur Reduktion der Korngröße auf einer Fläche von 16x16 mm² mit Oxidation

Diskussion des Potentials

Bei identischen Temperaturen sind die Ergebnisse des Profils vergleichbar oder schlechter als die des isothermen Prozesses. Zurückzuführen ist das auf die langen Interaktionszeiten. Der ursprünglichen Idee einer Beeinflussung der Korngröße durch die Variation des Zeit-Temperatur-Verlaufes steht dabei die starke Abhängigkeit der Korngrößenbildung von der Temperatur entgegen. Sie führt dazu, dass das isotherme Profil hinsichtlich dieser Eigenschaft dem Temperaturfeld zur Erzeugung eines feinkörnigen Gefüges überlegen ist. Der erhöhte Aufwand zur Erzeugung eines solchen Profils lohnt sich also bei den gewählten Referenzwerten nicht.

Ein Vorteil könnte das Profil bei hohen Einhärtungstiefen und sehr langen Haltezeiten haben, in denen der zeitliche Verlauf des Korngrenzenwachstums eine größere Rolle spielt. Dieser Ansatz soll experimentell validiert werden.

7.2.5 Temperaturfeld zur Optimierung des Eigenspannungszustandes

Temperature Field to Optimize Residual Stresses

Beschreibung

Die Spannungen im Werkstoff werden durch die Dehnung aufgrund von Thermik und Umwandlungsvorgängen erzeugt. Die beiden Phänomene sind aufgrund der plastischen Fließprozesse und speziell der Umwandlungsplastizität nicht voneinander trennbar. In der Modellbildung wurde eine ursachenorientierte Beschreibung mit Kennzahlen eingeführt. Zur Optimierung der durch die Spannungen bedingten Effekte sind das umgewandelte Volumen, die thermischen Effekte und die Umwandlungseffekte zu betrachten. Das Modell ist also nicht dazu geeignet, funktionale Zusammenhänge zu erstellen. An dieser Stelle muss die Herleitung anhand von qualitativen Schlüssen erfolgen.

Modellbasierte Herleitung

Die Druckeigenspannungen der Volumenzunahme bei der Martensitumwandlung sind dann hoch, wenn möglichst viel Martensit gebildet wurde. Die umgewandelte Menge bei einer gegebenen Profilbreite und -länge wiederum ist bei der höchsten Oberflächentemperatur maximal. Für die Optimierung der Volumenzunahme lateral zur Bewegungsrichtung kann daher ebenfalls die homogene Oberflächentemperatur nahe der Prozessgrenze als ideale Lösung angenommen werden.

Die hohen Temperaturen während des Prozesses bewirken zusätzlich thermische Spannungen, die ihrerseits beim Überschreiten der Fließgrenze ursächlich für die Zugeigenspannungen sind. Die thermische Abhängigkeit der Fließgrenze besagt, dass die Temperaturspitzen in der gesamten Prozesszone möglichst geringe Werte annehmen sollten. Aus dieser Überlegung heraus bedarf es einer weitestgehend konstanten Oberflächentemperatur, die anders als für die Druckeigenspannungskennzahl möglichst niedrig sein sollte.

Neben der Temperatur kann auch die Fläche in die Betrachtung eingehen. Besonders lange Profile führen zu einer Erhöhung der Druckeigenspannungen, steigern aber auch thermische Druckspannungen während des Prozesses. So kommt es zu einer Überschreitung der Fließgrenze durch die Kumulation der von der Ausdehnung erzeugten Spannung. Zur Lösung dieses Problems wird folgendes Profil vorgeschlagen:

Wie in Abbildung 63 dargestellt, sei das Profil pfeilförmig. Dies bedingt eine Vergrößerung der Oberfläche, die Bereiche hoher thermischer Belastung werden örtlich getrennt. Bei einer isothermen Oberfläche hätte dieses Profil negative Folgen, da bei konstanter gehärteter Breite in der Einhärtungstiefe die thermisch belastete Fläche erweitert würde. Der zuvor vorgeschlagene logarithmische Temperaturabfall kann nun zu einer Reduktion der Spannungen genutzt werden. Bereiche mit Temperaturspitzen und folglich hohen thermischen Spannungen und reduzierten Fließgrenzen werden dadurch soweit wie möglich getrennt.

Zur Vermeidung von Spannungsspitzen ist das Temperaturfeld dabei an der Pfeilspitze abgerundet.

Eine Rückkopplung der Martensitumwandlung (Umwandlungsplastizität) in Bewegungsrichtung wird durch die Trennung der Bereiche hoher thermischer Ausdehnung vom Umwandlungsbereich ebenfalls reduziert. Zur Verstärkung dieses Effektes wird das durch die zwei Flanken des Pfeils begrenzte Dreieck oberhalb der Martensitstarttemperatur gehalten.

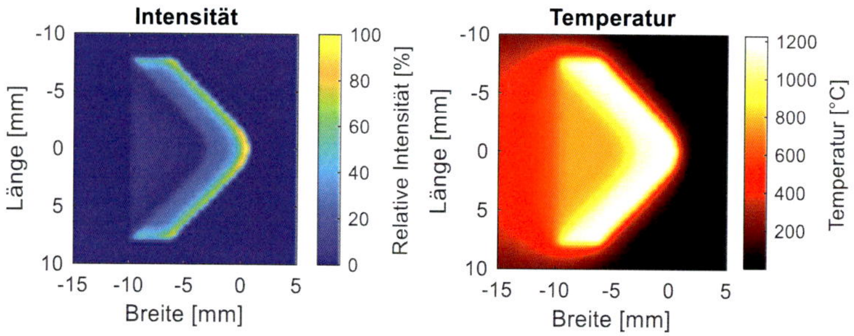

Abbildung 63: Intensitätsverteilung und Temperaturfeld des Profils zur optimierten Eigenspannungsverteilung bei 400 mm/min

Prozessdiagramme

Die Prozessdiagramme sind in Abbildung 64 dargestellt. Auf die Visualisierung der Ergebnisse mit anderen Strahlqualitäten wird aufgrund des Umfangs verzichtet. Wie schon beim zuvor hergeleiteten Profil reduzieren sich die Prozessdiagramme zu simplen Graphen. Weder die Härtebreite noch die erforderliche Leistung beschränken das Profil im betrachteten Parameterraum. Die erforderlichen Leistungswerte liegen im selben Bereich wie beim isothermen Profil. Auch die anderen Kennzahlen sind vergleichbar mit einem isothermen Profil mit Oberflächentemperaturen im Bereich von 1225°C.

Diskussion des Potentials

Anhand der Prozessdiagramme kann kein signifikantes Optimierungspotential im Vergleich mit dem isothermen Prozess identifiziert werden. Dieser Umstand ist dadurch erklärbar, dass die Optimierungen nicht vom Modell abgebildet werden. Negative Effekte scheinen nicht aufzutreten. Die Validierung sollte daher auf empirischem Weg erfolgen.

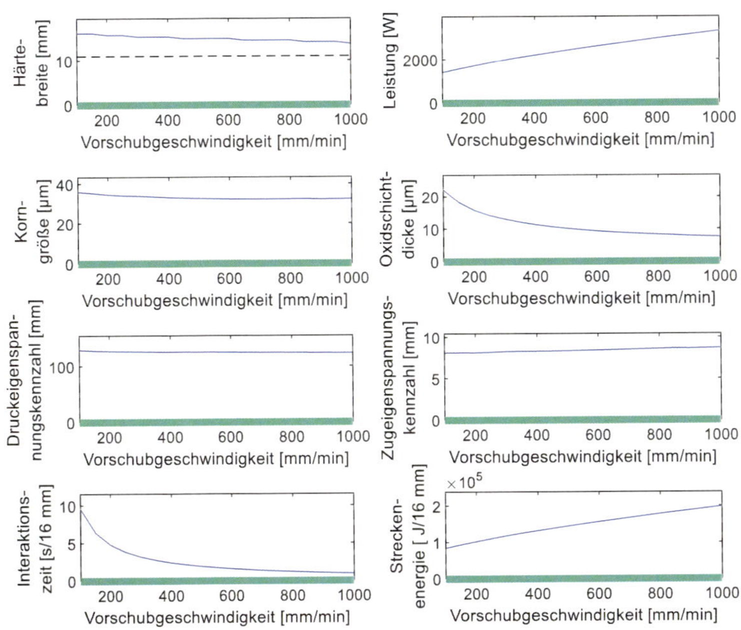

Abbildung 64: Prozessdiagramm des Profils zur Optimierung der Eigenspannungen

7.3 Fazit zur modellbegründeten Herleitung

Conclusion of the Model-based Derivation

Vier verschiedene Aspekte für optimierte Temperaturprofile wurden diskutiert. Das Profil mit einer isothermen Oberflächentemperatur zeigte bei einer Erhöhung der Geschwindigkeit und Senkung der Temperatur die besten Ergebnisse. Die Ansätze zur Abstimmung eines Profils zur Optimierung der Oxidation werden nicht weiterverfolgt. Das Profil zur Reduktion des Korngrenzenwachstums bringt keine weiteren Vorteile im betrachteten Parameterfeld. Ob sich Vorteile bei langen Haltezeiten ergeben, soll experimentell untersucht werden. Ebenso sind die Vorteile des pfeilförmigen Profils experimentell zu verifizieren.

Hinsichtlich der Forschungsfrage kann konstatiert werden, dass die Simulation keine Vorteile für Profile der Kategorie 4 (vgl. S.31) prognostiziert. Anders als nach der Analyse des Standes der Technik vermutet, sind die hergeleiteten Profile der Kategorie 4 mit komplexeren Zeit-Temperatur-Verläufen den Isothermen nicht überlegen. Die isothermen Profile erlauben eine weitreichende Optimierung besonders wenn die Parameter Oberflächentemperatur und Vorschubgeschwindigkeit an das erweiterte Parameterfeld angepasst werden.

8 Experimentelle Validierung ausgewählter Profile

Experimental Validation of Selected Profiles

Im vorangegangenen Kapitel wurde die Optimierung durch die Verwendung angepasster Temperatur-Zeit-Verläufe theoretisch diskutiert. Einige der erarbeiteten Profile sollen im Folgenden experimentell validiert werden.

8.1 Experimentelles Vorgehen

Experimental Procedure

Wie aus dem Kapitel 2 Stand der Technik in Forschung und Industrie hervorgeht, existieren derzeit noch keine Optiken, die ein dynamisches Anpassen der Intensität für Hochleistungsanwendungen mit ausreichender Sicherheit auch bei hohen Leistungen gewährleisten können. Statische Strahlformer wie DOE und Freiformoptiken haben sich somit gegenwärtig als beste Alternative zur Erstellung der in Kapitel 7 hergeleiteten Intensitätsverläufe erwiesen.

Die Berechnung der Intensitätsverläufe und die Oberflächengeometrie der Spiegel wurden vom Lehrstuhl für Technologie Optischer Systeme an der RWTH durchgeführt. Der Spiegel verzerrt als FieldMapper den einstrahlenden Rohstrahl so, dass das gewünschte Intensitätsprofil erzeugt wird. Die Berechnung der Spiegel basiert auf der Messung der tatsächlichen Rohstrahlkaustik. Die Berechnung des Intensitätsprofils erfolgt mittels eines eigenen numerischen Lösungsalgorithmus für das inverse Temperaturproblem. Hersteller der Spiegel ist die Firma Innolite.

Optiken aus speziellem Silber und beschichtetes Aluminium wurden erprobt, die Ansätze aber aufgrund der Trübung der Oberfläche verworfen. Die Spiegel bestehen aus oxidfreiem Kupfer. Aufgrund der hohen Reflektivität des Kupfers und der geringen Haftfestigkeit von optischen Beschichtungen auf Metallen wurde auf die Verwendung einer Beschichtung verzichtet. Die Ergebnisse des Kapitels 6.1 zeigen, dass z.B. eine Goldbeschichtung vorteilhaft gewesen wäre.

Anders als andere Optiken sind die entwickelten Freiformspiegel auf den Anwendungsfall zugeschnitten. Daraus ergibt sich, dass produktionstechnisch ein schnelles Umrüsten erforderlich ist, um z.B. mehrere Flächen eines Werkstückes mit den anwendungsspezifischen Temperaturfeldern zu härten. Dieser Herausforderung wird mit dem Revolverkonzept der Monforts Laserturn begegnet. In dem System wird der kollimierte Laserstrahl über die Zentralachse des Revolvers auf eine optische Komponente an der Werkzeugschnittstelle geleitet. Durch das Drehen des Werkzeugrevolvers wird der anwendungsspezifische Spiegel eingewechselt. Zudem erlaubt das System die Drehbearbeitung und Randschichthärtung in einer Aufspannung und löst so die von Lang angebrachten Fragen zur Laserintegration [LANG97]. Der Versuchsablauf und die Auswertung erfolgen analog zu Kapitel 6.1. Die Prozessparameter werden profilspezifisch ausgewählt.

8.2 Versuche mit isothermer Oberflächentemperatur

Tests with Isothermal Surface Temperature

Wie bei den Top-Hat-Versuchen zuvor wurde für die Versuche zur homogeneren Oberflächentemperatur 400 mm/min und 1225°C als Arbeitspunkt gewählt. Ausgehend von diesem Punkt wurde zunächst die technische Einsetzbarkeit der Profile bewertet. In Stichversuchen ohne Repetition wurden der Arbeitsabstand, die Regelungstemperatur und die Geschwindigkeit variiert.

Innerhalb der untersuchten Abstände (+1 mm,-4 mm) konnte dabei keine Abweichung der Einhärtungstiefe oder der Form festgestellt werden.

Die Oberflächentemperatur wurde um ±50°C verändert. Die Oberfläche zeigt bei 1275°C die schon beim Top-Hat beobachteten blasenförmigen Aufwerfungen, allerdings deutlich stärker ausgeprägt. Diese Grenze wird auch durch die Simulationen bestätigt.

Als dritter Parameter wurde die Geschwindigkeit ausgewählt. Während eine Reduktion der Geschwindigkeit auf z.B. 200 mm/min eine deutliche Verrundung der gehärteten Kontur ergab, führten selbst Geschwindigkeiten oberhalb von 1100 mm/min noch zu relativ gleichmäßig flachen Querschnitten, wie in Abbildung 65 zu sehen. Bei erhöhten Geschwindigkeiten ist dabei eine Überkompensation zu einem W-förmigen Profil zu erkennen.

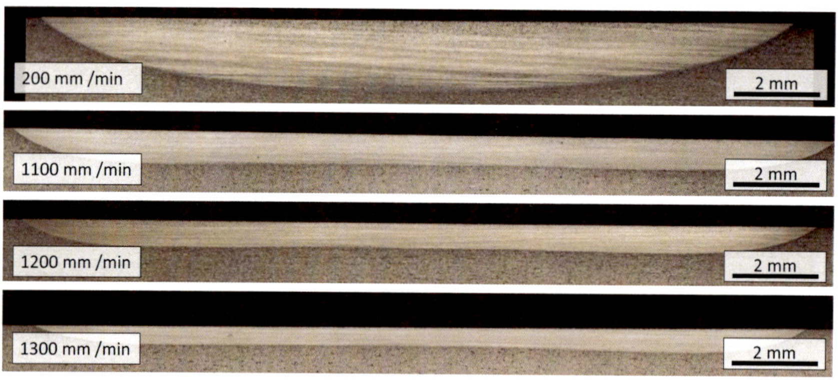

Abbildung 65: Präparierte Querschnitte der Stichversuche zum isothermen Profil bei verschiedenen Vorschubgeschwindigkeiten

In einem Übergangsbereich von etwa 900 -1000 mm/min kommt es zu Problemen bei der Regelung. Ursache für diese Störungen ist ein starkes Rauschen in der gemessenen Temperatur. Es wird vermutet, dass es sich um einen Effekt der dünnen Oxidschichten handelt (vgl. Kapitel 5.4.3). Zur Illustration sind in Abbildung 66 die Oxidschichten bei 200, 800 und 900 mm/min dargestellt. Auch die Abhängigkeit der Absorption von der Oxidschichtdicke wird in der Abbildung deutlich. Vereinzelt zeigen sich bei 800 mm/min Überhitzungen der Oxidschicht.

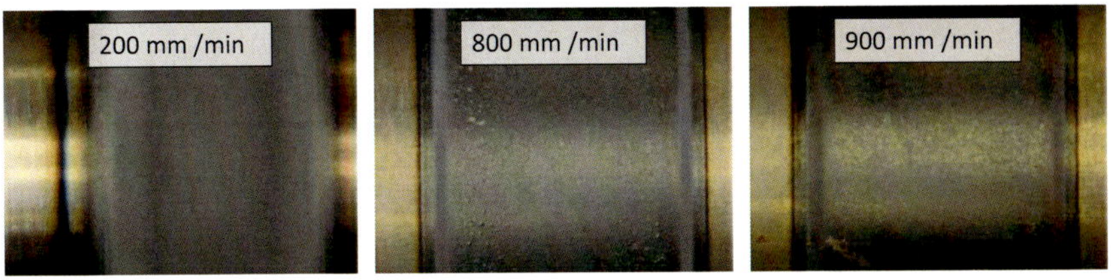

Abbildung 66: Oberfläche der Stichversuche zum isothermen Profil

Bei 1000 mm/min kommt es zu einem Rückkopplungseffekt. Sobald sich lokal eine Oxidschicht bildet, wird die Temperatur dort deutlich erhöht. Ausgehend von diesem Punkt weitet sich die Schicht bis die ganze Spurbreite oxidiert ist. Es wird vermutet, dass die Leistungsreserven des Regelungssystems aufgrund der erforderlichen Leistung zur Erhitzung der blanken Oberfläche bis zur Bildung einer Oxidschicht nicht ausreichen. Für die technische Umsetzung ergibt sich somit eine weitere, bisher nicht berücksichtigte Randbedingung: Bei der erforderlichen zu installierenden Leistung ist eine Leistungsreserve für den Prozessstart zu berücksichtigen.

Diesen Vorversuchen folgten systematische Versuche mit jeweils 3 Repetitionen. Für diese Versuchsreihe wurde ein neuer Spiegel verwendet. Auf eine Variation der Temperatur wurde verzichtet. Die Geschwindigkeit wurde in einer Versuchsreihe von 200 mm/min bis 800 mm/min in 200 mm/min Schritten variiert. Bei 400 mm/min und 1225°C wurden darüber hinaus Versuche mit Schutzgas durchgeführt. Zudem wurde der auf Basis des Modells ermittelte optimale Parametersatz (vgl. Kapitel 7.2.1) von 600 mm/min und 1125°C erprobt, jedoch ohne Herstellung eines eigenen Spiegels, infolgedessen das isotherme Temperaurfeld nur bedingt erzeugt wurde.

Als Ausgangspunkt für die Versuche zur konstanten Oberflächentemperatur wird wie beim Referenzprofil 400 mm/min und 1225°C gewählt.

Temperaturfeld

Die Messung der mithilfe des Freiformspiegels generierten Intensitätsverteilung ist in Abbildung 67 dargestellt. Das Profil weist die von Burger beschriebene Stuhlform auf. Allerdings sind die Seiten nur schwach ausgeprägt und es fehlen die Überhöhungen an den vorderen Spitzen. Eine Variation der Position des kollimierten Strahles auf der Optik zeigt, dass die Spitzen durchaus von der Optik verursacht werden, aber vom Laser nicht ausreichend ausgeleuchtet werden.

Nachdem der Rohstrahl für die Auslegung des Spiegels vermessen wurde, sind vermutlich kleine Abweichungen in der Position zwischen Faserende und Kollimation für den veränderten Rohstrahldurchmesser verantwortlich.

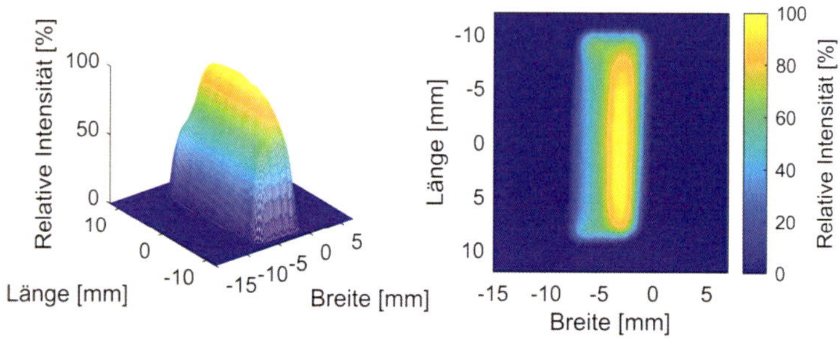

Abbildung 67: Gemessene Intensitätsverteilung bei isothermer Oberflächentemperatur

Zum Vergleich zeigt Abbildung 68 die mit dem Modell bestimmte Intensitätsverteilung (Gaußradius von 1,5 mm). Aufgrund der Abweichungen können die theoretischen Aussagen zum Modell aus dem vorhergehenden Kapitel 7 Modellbegründete Herleitung optimierter Temperaturfelder nicht direkt experimentell validiert werden. Die Ergebnisse werden stattdessen genutzt, um das Modell zu bestätigen und im direkten Vergleich den Referenzprozess zu bewerten.

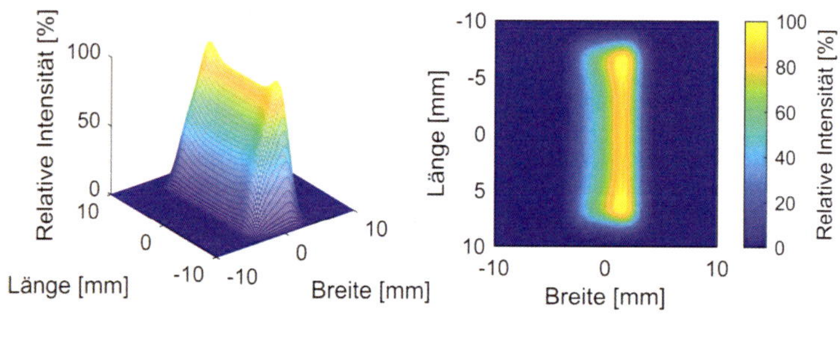

Abbildung 68: Simulierte Intensitätsverteilung bei isothermer Oberflächentemperatur

Der Spiegel ergibt mit 87,3% einen ähnlich niedrigen Wirkungsgrad wie der Top-Hat-Spiegel. Auch hier ist eine Trübung der Spiegeloberfläche festzustellen. Wie in Abbildung 69 ersichtlich, ist die Leistung nahezu linear abhängig von der Geschwindigkeit. Die erforderliche Leistung wird vom Modell um 12,3% überschätzt. Vermutlich sind daher höhere Absorptionsraten als die von Pantsar zu 85% bestimmte maximale Absorption möglich.

Im rechten Diagramm der Abbildung 69 sind die Leistungen des Referenzprozesses zum direkten Vergleich aufgetragen. Die erforderliche Leistung für den isothermen Prozess ist im Schnitt 32% höher. Mit Schutzgas stieg die erforderliche Leistung bis an die Leistungsgrenze. Der Versuch kann daher nicht ausgewertet werden.

Für den zusätzlich durchgeführten Parametersatz 600 mm/min bei 1125°C ergeben sich im Mittel 2457 W.

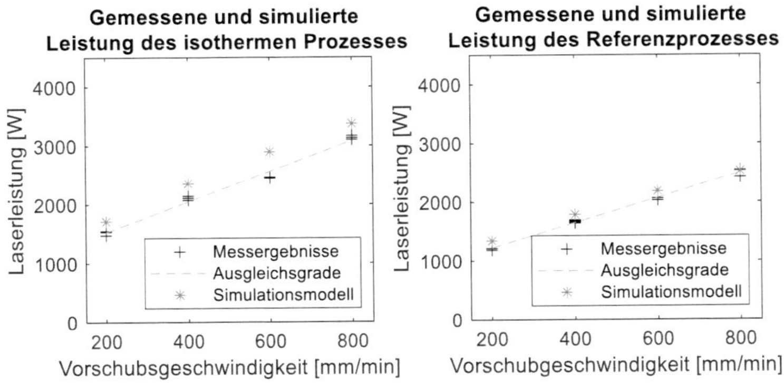

Abbildung 69: Simulierte und gemessene Laserleistungen beim isothermen Profil (links) und dieselben Parametersätze beim Referenzprozess (rechts)

Gefügeumwandlung

Analog zu Tabelle 5 wurden die Umwandlungsbreiten bei verschiedenen Tiefen optisch festgestellt und in Tabelle 6 aufgelistet. Die Abweichung befindet sich im Mittel bei 2,5%, wobei der Wert 0,7 mm und 800 mm/min nicht berücksichtigt wird. Die Breite wird hier noch in einer Tiefe prognostiziert, die effektiv nicht vorhanden ist. Werden die Werte in einer Tiefe von 0,7 mm vernachlässigt, ergibt sich ein Fehler von 1,4%.

Der Flächenwirkungsgrad liegt bei 59,6% und ist somit nicht wesentlich höher als beim Top-Hat Prozess. Bei 600 mm/min und einer Oberflächentemperatur von 1225°C werden jedoch Werte von 70% erreicht. Die Probe bei 1125°C und derselben Geschwindigkeit erlangt mit 8,1 mm nicht die geforderte Breite in der Einhärtungstiefe von 0,6 mm.

Tabelle 6: Simulierte und gemessene Umwandlungsbreiten in verschiedenen Tiefen (isothermer Prozess)

Parameter \ Tiefe		Oberfläche		0,1 mm		0,2 mm		0,3 mm		0,4 mm		0,5 mm		0,6 mm		0,7 mm	
Vorschub $\left[\frac{mm}{min}\right]$	**Temperatur [°C]**	**Werte [mm]**	Δ_{rel}	**Werte [mm]**	Δ_{rel}	**Werte [mm]**	Δ_{rel}	**Werte [mm]**	Δ_{rel}	**Werte [mm]**	Δ_{rel}	**Werte [mm]**	Δ_{rel}	**Werte [mm]**	Δ_{rel}	**Werte [mm]**	Δ_{rel}
200	1225	**17,0** 16,8	1,0%	**16,7** 17,0	1,7%	**16,4** 16,6	1,4%	**16,0** 16,2	1,3%	**15,6** 15,8	1,3%	**15,2** 15,4	1,3%	**14,7** 15,0	2,2%	**14,0** 14,6	4,3%
400	1225	**17,1** 16,8	1,8%	**16,8** 16,8	0,3%	**16,4** 16,4	0,1%	**16,0** 16,0	0,3%	**15,5** 15,6	0,6%	**14,9** 15,0	0,7%	**14,1** 14,4	2,0%	**13,0** 13,6	4,6%
600	1225	**17,3** 17,2	0,7%	**17,0** 17,0	0,3%	**16,5** 16,4	0,8%	**16,0** 16,0	0,2%	**15,4** 15,6	1,3%	**14,5** 14,8	1,9%	**13,3** 13,8	3,8%	**11,3** 12,8	13,1%
800	1225	**17,4** 17,2	1,3%	**17,0** 17,2	0,9%	**16,6** 16,6	0,1%	**16,1** 16,0	0,4%	**15,4** 15,2	1,2%	**14,5** 14,4	0,8%	**12,9** 13,2	2,2%	**0,0** 11,6	0,0%
gemessen		simuliert															

Basismerkmale

Die simulierte und gemessene Einhärtungsbreite und Einhärtungstiefe ist in Abbildung 70 dargestellt. Die mittlere Standardabweichung der Einhärtungsbreite liegt bei 1,61 mm. Der hohe Wert ist dabei vor allem auf den letzten Parametersatz zurückzuführen, bei dem nur eine der drei Messungen die Einhärtungsbreite erreichte. Ohne diesen Parametersatz befindet sich der Wert bei 0,54 mm. Bei der Einhärtungstiefe sind die Werte bei 0,25 mm. Der gemittelte absolute Fehler bei der Einhärtungsbreite beträgt 3,25 mm und 0,28 mm bei der Einhärtungstiefe. Der Fehler bei der Einhärtungsbreite verbessert sich im Mittel auf 1 mm bei Vernachlässigung der 800 mm/min.

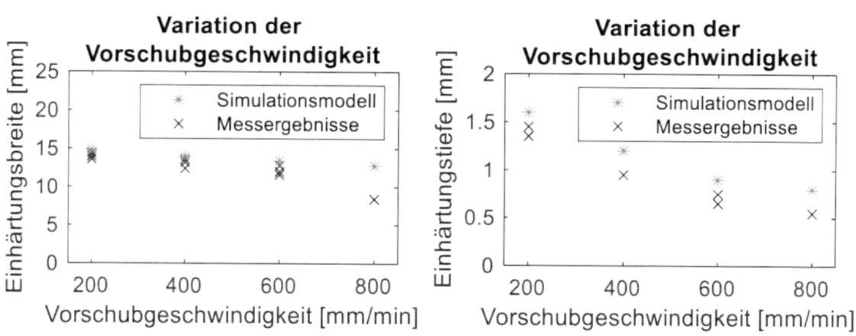

Abbildung 70: Gemessene (schwarz) und simulierte (grün) Einhärtungsbreite (links) und Einhärtungstiefe nach DIN EN 10328 (rechts) für den isothermen Prozess

Rückweisungsmerkmale

Das **Auftreten von Rissen** wird bei dem Werkstoff 42CrMo4 nicht beobachtet. Die **Reproduzierbarkeit** für die Basismerkmale ist experimentell bereits nachgewiesen worden und im Parameterraum kleiner 800 mm/min gegeben. **Anlasseffekte** wurden per Definition ausgeschlossen. Die **Anschmelzgrenze** wurde experimentell auf 1275°C bestimmt. In den Messungen wurde kein signifikanter **Verzug** mit mehr als 20 µm festgestellt, der als Rückweisungsmerkmal gelten könnte.

Leistungsmerkmale

Beim Laserstrahlhärten treten keine **Veränderung der chemischen Zusammensetzung** auf.

Die **Verzunderung an der Oberfläche** entsteht aufgrund der sich bildenden Oxidschicht. Anders als beim Top-Hat-Prozess können beide Phänomene durch die stärkere Ausprägung der Oxidschicht und des Verzugs getrennt werden. Die Mittelwerte der Gesamthöhe der Oberfläche sind in Abbildung 71 (links) dargestellt. In diesem Fall wird der Wert um 55,2% unterschätzt. Der Wert nach Abzug der durch den Verzug gemessenen Erhöhung nach der Entfernung der Oxidschicht ist nur 5,5% und im rechten Bild gezeigt. Im Vergleich zum Top-Hat Prozess bildet der isotherme Prozess eine dickere Oxidschicht aus.

Für den **Verzug** wurde ein Mittelwert von 5,6 µm in der Mitte der Spur errechnet.

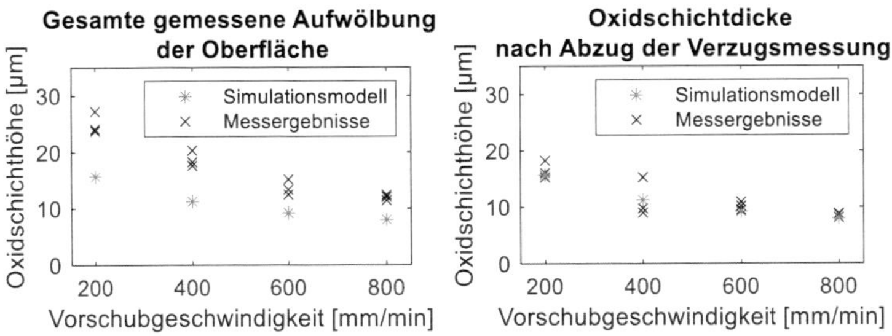

Abbildung 71: Gemessene (schwarz) und simulierte (grün) Höhe der Aufwölbung durch Oxidation und Verzug in der Mitte der Spur

Die positiven **hohen Druckeigenspannungen** wurden nicht simuliert. Die gemessenen Hauptspannungen in der Spurmitte an einer Probe bei 400 mm/min und 1225°C betragen -284 MPa und -243 MPa. Die Druckeigenspannungen sind damit voraussichtlich aufgrund der erhöhten thermischen Belastung geringer als beim Top-Hat-Prozess. Diese Aussage deckt sich rein qualitativ mit dem Modell, das für den Arbeitspunkt höhere Zugeigenspannungen prognostiziert.

Wie in Kapitel 6.1.1 Experimentelles Vorgehen erläutert, konnte das **homogene Gefüge** nicht als solches numerisch validiert werden. Abgesehen von den Randbereichen zeigen alle metallographisch untersuchten Proben eine homogene, feinkörnige Mikrostruktur.

Das **feinkörnige Gefüge** wurde in dieser Versuchsreihe nicht genauer untersucht. Die **kontrollierte Karbidauflösung** wurde, wie auf Seite 61 erläutert, nicht berücksichtigt.

Die Leistungsmerkmale lassen sich in hinreichender Genauigkeit durch das Modell abbilden.

Diskussion

Eine direkte Validierung der Ergebnisse aus Kapitel 7.2.2 ist nicht möglich. Dafür sind die Abweichungen zwischen dem Ist- und dem Soll-Profil zu groß.

Das Modell kann erneut als validiert angesehen werden, da es bei Verwendung der gemessenen Eingangsverteilung eine ausreichende Übereinstimmung mit den ermittelten Werten aufweist. Das Absorptionsmodell scheint bei dickeren Oxidschichten von zu geringen Absorptionswerten auszugehen.

Der direkte experimentelle Vergleich des Top-Hat-Profils mit dem isothermen Profil ist problematisch. Für die Versuche wurden dieselben Parametersätze verwendet und auch die theoretisch zu bestrahlende Fläche gleich gehalten. Die gemessenen Profile weichen jedoch zu stark von den theoretischen Profilen ab, um hieraus allgemeingültige Aussagen abzuleiten.

Für diesen Versuch kann festgestellt werden, dass das isotherme Profil zu einer Spurverbreiterung führt, wobei höhere Leistungen erforderlich sind. Das isotherme Profil impliziert eine Verbesserung der Basismerkmale. Die Leistungsmerkmale werden bei denselben Parametersätzen negativ beeinflusst: Der Energieverbrauch nimmt zu, der Verzug und die Oxidschichtdicke steigen leicht und die Druckeigenspannung sinkt. Kompensiert werden diese Nachteile bei einer Erhöhung der Geschwindigkeit. Wenn das so erweiterte Parameterfeld in die Betrachtung eingeht, lässt sich experimentell bestätigen, dass das isotherme Profil bis auf die Eigenspannungen für alle anderen Merkmale Vorteile aufweist.

8.3 Versuche mit dem Profil zur Reduktion der Korngröße

Tests with a Profile to Produce a Finer Grain Structure

Das isotherme Profil weist laut Kapitel 7.2.2 eine gewisse geometrische Ähnlichkeit auf, hat also nur eine begrenzte Abhängigkeit des Intensitätsfeldes von den Eingangsparametern. Im Gegensatz dazu konnte für das Profil zur Reduktion der Korngröße keine solche Abhängigkeit gefunden werden. Da das hergeleitete Temperaturprofil somit nur für einen bestimmten Arbeitspunkt gilt, kann hier keine Parametervariation erfolgen. Auf einen Vergleich mit der Simulation wurde verzichtet.

Die theoretischen Überlegungen aus Kapitel 7.2.4 zeigen, dass bei der Minimierung der Korngröße das isotherme Profil dem Profil zur Reduktion der Korngröße überlegen ist. Wie in diesem Zusammenhang schon erläutert, wird daher für den Arbeitspunkt ein anderer Parametersatz gewählt. Ein direkter Vergleich ist somit nicht möglich. Stattdessen soll ergründet werden, ob das Prozessfenster durch die Anpassung der Intensitätsverteilung hin zu besonders großen Einhärtungstiefen erweitert werden kann. Dabei sind die negativen Folgen für die Oberfläche (Korngrenzenwachstum) zu vermeiden. Die Geschwindigkeit wird auf 95 mm/min gesetzt, was einer Interaktionszeit von 10 Sekunden entspricht.

Temperaturfeld

In Abbildung 72 ist das gemessene Profil dargestellt. Der Reflexionsgrad wurde zu 96,9% bestimmt. Die Seiten sind stärker ausgeprägt als beim isothermen Profil aus dem vorhergehenden Kapitel 8.2. Dennoch kam es auch hier zu keiner Überhöhung in der Mitte der Spur. Eine mittlere Leistung von 2190 W war erforderlich.

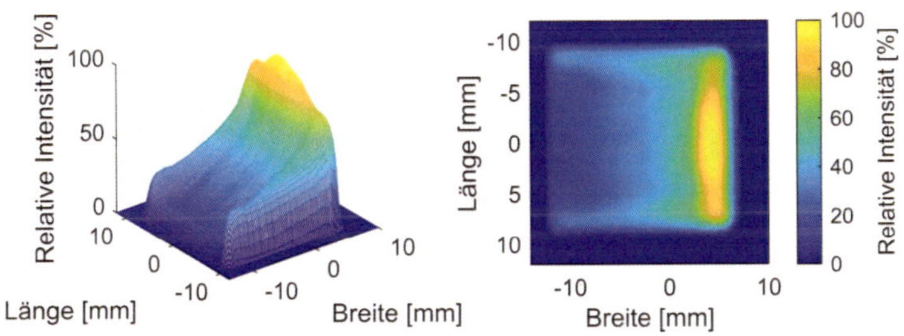

Abbildung 72: Gemessene Intensitätsverteilung des Profils zur Reduktion der Korngröße

Abbildung 73 zeigt zum Vergleich das mit der Simulation bestimmte Profil bei derselben Geschwindigkeit und einem Gaußradius von 1,5 mm. Auch bei diesem Profil sind die Randbereiche nicht ausreichend ausgeleuchtet.

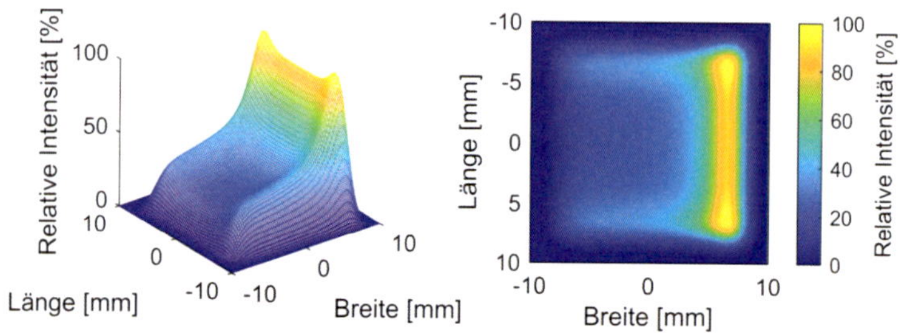

Abbildung 73: Simulierte Intensitätsverteilung des Profils zur Reduktion der Korngröße

Gefügeumwandlung

Durch die längeren Haltezeiten kann die Wärme weiter in das Werkstück eindringen. Allerdings führt der Effekt auch zu einer erheblichen Verrundung des Profils, die durch die angepasste Intensitätsverteilung nicht kompensiert wird. Deutlich zeigt das der Querschliff der Probe in Abbildung 74.

Abbildung 74: Querschliff des Profils zur Reduktion der Korngröße

Die numerische Auswertung des Querschliffs ergibt in Tiefen von mehr als 0,7 mm Werte oberhalb von 18 mm Breite. Die Umwandlung konnte 4,6 mm tief nachgewiesen werden. Diese Werte sind somit um den Faktor 3 höher als die Werte des isothermen Profils bei z.B. 200 mm/min.

Basismerkmale

Einhärtungsbreite und Einhärtungstiefe eines Profils sind in Abbildung 75 dargestellt. Deutlicher als bei den anderen Profilen ist ein Übergangsbereich der Härtewerte zu erkennen, der sich auch mit dem Saum in Abbildung 74 deckt. Die Einhärtungstiefe schwankt je Messung zwischen 3,5 mm und 4,2 mm.

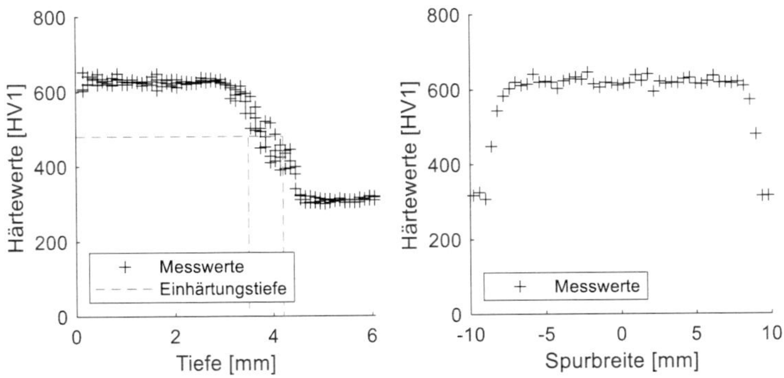

Abbildung 75: Härtewerte einer mit dem Profil zur Reduktion der Korngröße gehärteten Probe

Rückweisungsmerkmale

Das **Auftreten von Rissen** wird bei dem Werkstoff 42CrMo4 nicht beobachtet. Die **Reproduzierbarkeit** für die Basismerkmale ist experimentell zuvor nachgewiesen worden und ist gegeben. **Anlasseffekte** wurden per Definition ausgeschlossen. Die **Anschmelzgrenze** entfällt bei dieser Versuchsreihe. In den Messungen wurde ein signifikanter **Verzug** festgestellt, der als Rückweisungsmerkmal gelten könnte. Selbst nach Reinigung der Oberfläche werden Werte von mehr als 35 µm gemessen.

Leistungsmerkmale

Der Bewertungspunkt **Verunreinigung an der Oberfläche** bezeichnete unter anderem auch die Entkohlung der Oberfläche und wird im nächsten Absatz aufgegriffen. Die lange Haltezeit führte zu einer erheblichen **Verzunderung an der Oberfläche.** Vor der Reinigung wurden Werte von über 80 µm erreicht.

Hohe Druckeigenspannungen konnten nicht ermittelt werden, was auf das Vorhandensein einer weiteren Phase hindeutet. Hier wären zwei Möglichkeiten denkbar. Zum einen sind die in Tabelle 3 gemachten Abschätzungen zur Randschichtentkohlung bei den hier genannten Haltezeiten nicht mehr gültig. Es könnte also sein, dass der Kohlenstoffgehalt unter die für die Martensitbildung erforderliche Grenze gefallen ist. Eine andere Ursache wäre, dass die Bedingung der Selbstabschreckung nicht eingehalten werden konnte.

Wie bereits erläutert, konnte das **homogene Gefüge** nicht als solches numerisch validiert werden. Allerdings deutet der Querschliff in Abbildung 74 schon auf eine inhomogene Verteilung hin.

Das Erlangen eines **feinkörnigen Gefüges** war trotz der für den Laserstrahlhärteprozess untypisch langen Haltezeiten eine der Hauptmotivationen für diese Versuchsreihe. Abbildung 76 zeigt die Auswertung der Ätzung auf ehemalige Austenitkorngrenzen. Ein deutliches Korngrenzenwachstum ist zu sehen. Die Korngrenzen sind sogar ohne spezielle Ätzung anhand des rechts dargestellten Querschliffes sichtbar und bereits in Abbildung 74 erkennbar.

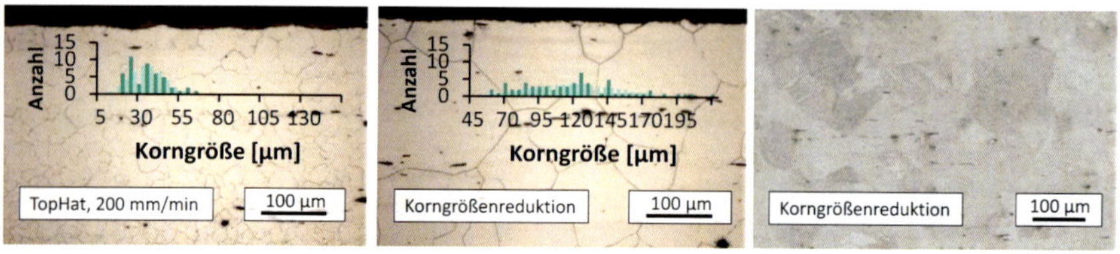

Abbildung 76: Ätzung auf ehemalige Austenitkorngrenzen mit entsprechenden Histogrammen (links) und präparierter Querschliff (rechts)

Die **kontrollierte Karbidauflösung** wurde vernachlässigt.

Die Leistungsmerkmale sind somit erheblich eingeschränkt. Die Einhärtungstiefe konnte zwar erhöht werden, aber nur unter starken Einschränkungen.

Diskussion

Wie geplant, konnte das Profil zwar eine wesentliche Steigerung der Einhärtungstiefe erreichen, jedoch werden negative Auswirkungen auf andere Basismerkmale festgestellt. Die Bildung von Restaustenit kann nicht ausgeschlossen werden und ein erheblicher Verzug ist zu konstatieren. Hinzu kommen die Leistungsmerkmale: Ein beträchtliches Wachstum der Korngrenzen wurde diagnostiziert. Es bilden sich dicke Oxidschichten. Der Prozess führt zu langen Haltezeiten. Die erforderliche Leistung ist zwar nicht höher als z.B. beim Top-Hat-Prozess bei höheren Geschwindigkeiten oder dem isothermen Prozess, aber die langen Haltezeiten bedingen einen wesentlich höheren Energieverbrauch.

Gegen das Induktionshärten als Konkurrenzprozess bei hohen Einhärtungstiefen (vgl. Kapitel 4.2) kann sich der Prozess somit nicht durchsetzen.

8.4 Versuche zur optimierten Eigenspannung

Tests with a Profile to Reduce Residual Stresses

Das Ziel des Pfeilprofils ist die Erhöhung der Druckeigenspannungen in der Randschicht. Hierzu wird abweichend von den Überlegungen aus Kapitel 7.2.1 die Temperatur auch lateral zur Bewegungsrichtung verändert.

Wie bei dem vorher beschriebenen Profil zur Reduktion des Korngrenzenwachstums existieren für dieses Profil keine mathematischen Zusammenhänge, die auf eine Ähnlichkeit bei einer großen Parametervariation hinweisen (vgl. S. 99). Auf eine Parametervariation wurde also ebenfalls verzichtet. Als Arbeitspunkt wurde 400 mm/min bei 1225°C gewählt. Da es sich um das komplexeste der berechneten Profile handelt, wurden 5 Wiederholungen zur Validierung der Reproduzierbarkeit durchgeführt.

Temperaturfeld

Der Wirkungsgrad des optischen Systems wurde zu 94,8% bestimmt. Die mittlere erforderliche Leistung ist 2320 W. Die Standardabweichung ist 1,54%.

Das gemessene Profil ist in Abbildung 77 dargestellt. Die Pfeilform ist klar zu erkennen, wobei im vorderen Bereich des Profils in der rechten Darstellung eine rechteckige Fläche auffällt, die nicht zu dem Profil gehört. Wie bei den zuvor diskutierten Profilen ist die Abweichung von der Berechnung aufgrund der Strahlqualität in Abbildung 63 klar ersichtlich.

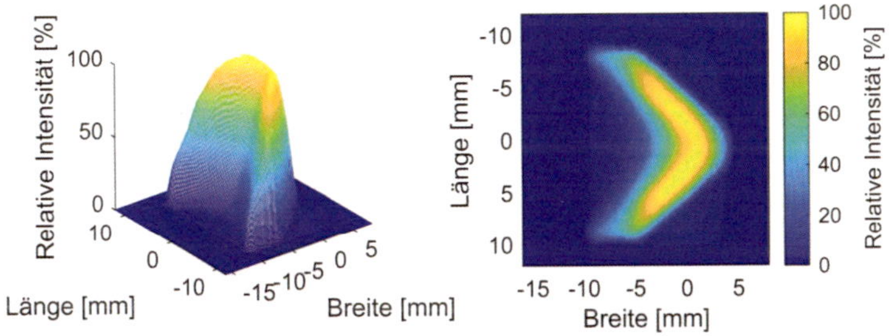

Abbildung 77: Gemessene Intensitätsverteilung des Profils zur Reduktion der Eigenspannungen

In Abbildung 78 ist das mithilfe des Modells gefundene Profil bei einem Strahlradius von 1,5 mm zu sehen. Verglichen mit dem gemessenen Profil ergeben sich eine höhere Leistung in der Pfeilspitze und schlankere Arme. Beiden Profilen ist zu entnehmen, dass nur eine minimale Intensität erforderlich ist, um das Profil oberhalb der Umwandlungstemperatur zu halten.

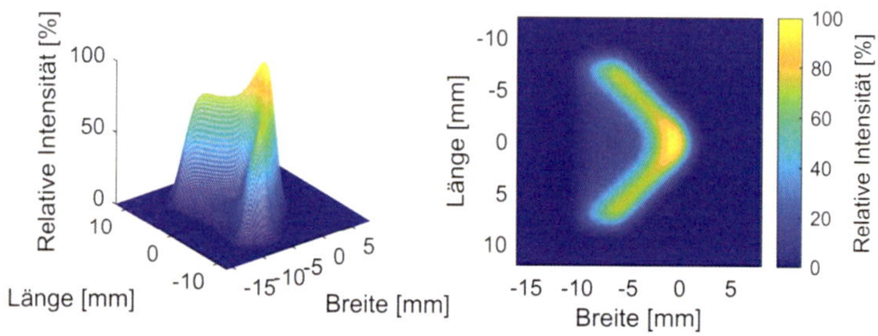

Abbildung 78: Simulierte Intensitätsverteilung des Profils zur Reduktion der Eigenspannungen

Gefügeumwandlung

Der Flächenwirkungsgrad liegt bei 50% und ist somit kleiner als beim Top-Hat- oder dem isothermen Prozess.

Die gemittelte Abweichung beträgt 0,095 mm und ist damit nur halb so groß wie beim Top-Hat-Prozess. Hierdurch wird der Eindruck verstärkt, dass es während der Untersuchungen zu einer Degeneration der Oberfläche der Spiegel kam, der zu einem systematischen Fehler führt, welcher sich nicht nur auf die erforderliche Leistung, sondern auch auf die Intensitätsverteilung durch Streuverluste auswirkt.

In Tabelle 7 sind die aus den Querschliffen ermittelten Werte im Vergleich zu den Werten des isothermen und des Top-Hat-Prozesses im selben Arbeitspunkt dargestellt. Im Schnitt ist die Spurbreite bei dem Profil zur Optimierung der Eigenspannungen 2,8 mm breiter als beim Top-Hat-Prozess. Allerdings erreicht der isotherme Prozess im Schnitt 3,8 mm. Wird als Basismerkmal eine Breite von 11 mm angesetzt (vgl. S. 88), erfüllen beide Profile diese Forderung bis in einer Tiefe von 0,7 mm.

Tabelle 7: Vergleich der gemessenen Umwandlungsbreiten in verschiedenen Tiefen

Profil \ *Tiefe*		Oberfläche		0,1 mm		0,2 mm		0,3 mm		0,4 mm		0,5 mm		0,6 mm		0,7 mm	
Profil	**Arbeitspunkt**	**Werte [mm]**	$\Delta_{Profi-TopHat}$	**Werte [mm]**	$\Delta_{Profi-TopHat}$	**Werte [mm]**	$\Delta_{Profi-TopHat}$	**Werte [mm]**	$\Delta_{Profi-TopHat}$	**Werte [mm]**	$\Delta_{Profi-TopHat}$	**Werte [mm]**	$\Delta_{Profi-TopHat}$	**Werte [mm]**	$\Delta_{Profi-TopHat}$	**Werte [mm]**	$\Delta_{Profi-TopHat}$
Top-Hat	**400 $\frac{mm}{min}$ 1225°C**	13,5		13,0		12,6		12,1		11,6		10,9		10,2		9,3	
Isotherm	**400 $\frac{mm}{min}$ 1225°C**	17,1	3,7	16,8	3,7	16,4	3,8	16,0	3,8	15,5	3,9	14,9	3,9	14,1	3,9	13,0	3,7
Eigen-spannungen	**400 $\frac{mm}{min}$ 1225°C**	15,9	2,4	15,6	2,6	15,2	2,6	14,9	2,8	14,5	2,9	14,2	3,3	13,5	3,3	13,0	3,7

Rückweisungsmerkmale

Das **Auftreten von Rissen** wurde, wie bereits erwähnt, bei dem Werkstoff nicht beobachtet. Die **Reproduzierbarkeit** für die Basismerkmale ist gegeben. **Anlasseffekte** wurden per Definition ausgeschlossen. Eine Beschränkung durch die **Anschmelzgrenze** wurde nicht festgestellt. In den Messungen wurde kein signifikanter **Verzug** gemessen, der als Rückweisungsmerkmal gelten könnte.

Leistungsmerkmale

Verunreinigungen an der Oberfläche treten nicht auf. Die **Verzunderungen an der Oberfläche** sind in Abbildung 79 zu sehen. Auch nach dem mechanischen Entfernen der Oxidschicht ist ein Verzug zu erkennen.

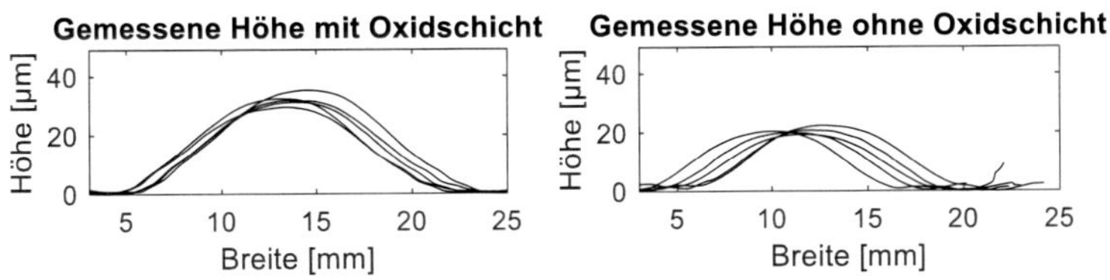

Abbildung 79: Höhenprofile der Proben zur Optimierung der Eigenspannungen

Das Profil wurde im Wesentlichen wegen der positiven **hohen Druckeigenspannungen** in die Untersuchungen mit einbezogen. Die gemessenen Hauptspannungen an einer Probe bei 400 mm/min und 1225°C betragen -292 MPa und -273 MPa. Die

Druckeigenspannungen sind damit geringer als beim Top-Hat-Prozess und vergleichbar zum isothermen Prozess. Als Schlussfolgerung kann gezogen werden, dass die Optimierung der Eigenspannungen nicht erreicht wurde.

Wie bereits erläutert, konnte das **homogene Gefüge** nicht als solches numerisch validiert werden. Das Profil bildet ein mit Ergebnissen des Top-Hat-Prozesses vergleichbares **feinkörniges Gefüge.**

Die **kontrollierte Karbidauflösung** wurde vernachlässigt.

Diskussion

Im direkten Vergleich zum isothermen Profil zeigt das Profil zur Reduktion der Eigenspannungen ähnliche Leistungsmerkmale auf. In dieser Hinsicht deckt sich das Profil mit den Aussagen aus Kapitel 7.2.5. Während größere Einhärtungstiefen erreicht werden, fällt die Bewertung der Basismerkmale und insbesondere der Einhärtungsbreiten negativ aus.

Die pfeilförmige Form des Profils sollte die Eigenspannungen optimieren. Dieser Wert konnte durch das Modell nicht prognostiziert werden. Auch experimentell zeigt sich im Vergleich zum isothermen Profil keine Verbesserung.

Im direkten Vergleich ist das Pfeilprofil damit dem isothermen Profil unterlegen.

8.5 Fazit zur experimentellen Validierung

Conclusion of the Experimental Validation

Zielsetzung des Kapitels 8 war die Validierung der zuvor hergeleiteten Profile. Bei der Messung wurden erhebliche Abweichungen zwischen den hergeleiteten und den gemessenen Profilen identifiziert. Durch die Verwendung der gemessenen Profile als Eingangsgröße für die Simulation konnte gezeigt werden, dass es sich dabei nicht um einen Modellfehler handelt. Auch gibt es keine Anzeichen, dass diese Abweichungen auf Fehler in der Auslegung oder Fertigung der Optik zurückzuführen sind. Stattdessen konnten folgende technische Herausforderungen bei der Erstellung der Intensitätsverteilungen ermittelt werden:

- Die Strahlqualität beschränkt das Potential der erreichbaren Optimierung.
- Die Oberfläche der Kupferoptiken degeneriert ohne eine entsprechende Beschichtung auch im Laborbetrieb, sodass es zu Streuverlusten, Absorption und Abbildungsfehlern des Intensitätsprofils kommt.
- Der Durchmesser des Beleuchtungsstrahles und somit die Positionsgenauigkeit zwischen Faser und Kollimation spielt bei der Ausleuchtung eine entscheidende Rolle.

Diese Herausforderungen sind unter anderem ein Grund, warum sich komplexere Profile bisher auch in anderen Prozessen kaum durchsetzen konnten. Eine weitere Ursache ist vermutlich die Festlegung auf einen Arbeitspunkt, welche die sonst existierende Anpassungsfähigkeit des Laserprozesses stark limitiert.

Für die experimentelle Validierung der Forschungshypothese ergeben sich folgende Aussagen:

- Die hergeleiteten Profile zur Reduktion der Korngrenze und der Optimierung des Eigenspannungszustandes zeigen keinen Vorteil im Gegensatz zum isothermen Prozess.
- Der isotherme Prozess erreicht größere Härtebreiten als der Referenzprozess im selben Arbeitspunkt, erfordert allerdings eine höhere Leistung.
- Eine Anpassung des Arbeitspunktes kann diesen Effekt kompensieren. Dadurch können innerhalb des untersuchten Parameterraums Qualitätsmerkmale erheblich verbessert werden.

Dieser Effekt konnte nicht für alle theoretisch prognostizierten Werte auch experimentell validiert werden. Explizit weisen die Eigenspannungen des Top-Hat-Prozesses positivere Werte auf, die sich mit dem aktuellen Modellverständnis nicht ergründen lassen und auch im Rahmen der empirischen Versuche nicht vollständig zu klären waren.

Eine Anpassung der Zeit-Temperatur-Verläufe an die zu optimierenden Größen scheint also nicht erforderlich. Lediglich die Temperatur und Interaktionszeit als Parameter des isothermen Profils sind für eine Optimierung einzelnen Parameter relevant.

9 Zusammenfassung und Ausblick

Summary and Outlook

9.1 Zusammenfassung

Summary

Aus der Analyse des Stands der Technik in Forschung und Industrie geht hervor, dass vier Kategorien von Temperaturfeldern existieren. Aktuell werden dabei vor allem die Temperaturfelder der Kategorie 2 eingesetzt, die sich als Konsequenz aus der Verwendung einer Top-Hat-Intensitätsverteilung (Homogenisator) oder einer Schwingungsfunktion (Scanner) ergeben. Eine Anpassung an die bekannten, während des Prozesses ablaufenden, werkstoffkundlichen Phänomene erfolgt im Allgemeinen nur durch die Adaption der Temperatur und der Haltezeit.

Darüber hinaus zeigt der Stand der Technik, dass eine komplexere Strahlformung zur Erzeugung homogener Temperaturfelder (Kategorie 3) oder nahezu beliebiger Temperaturfelder (Kategorie 4) technisch bereits möglich ist und in der Zukunft voraussichtlich weitere Verbreitung erfährt. Hieraus wurde ein theoretisches Potential zur Optimierung des Prozesses identifiziert, das sich in der folgenden Forschungshypothese zusammenfassen lässt:

> Durch die Anpassung des Temperaturfeldes auf die werkstoff- und anwendungsspezifischen Charakteristiken lässt sich der Laserstrahlhärteprozess optimieren.

Zur Verifikation der Forschungshypothese wurden zunächst Bewertungsgrößen für die Optimierung abgeleitet. Die Bewertungsgrößen beinhalten neben produktionstechnischen Erwägungen die Qualitätsmerkmale der gehärteten Randschicht. Um die Qualitätsmerkmale bewerten zu können, wurde eine Klassifikation nach Kano eingeführt und eine Optimierungsstrategie auf Basis der Einteilung in erforderliche und zu optimierende Größen erstellt.

Basierend auf bestehenden Modellen für die Kurzzeitaustenitisierung und den Laserstrahlhärteprozess wurde daraufhin ein Modell erarbeitet, das eine quantitative Beschreibung der Abhängigkeit der Zielgrößen vom Temperaturfeld während des Prozesses ermöglicht. Mithilfe des Modells können die zuvor hergeleiteten Qualitätsmerkmale in Form von Prozessdiagrammen begutachtet werden.

Für die weiteren Untersuchungen wurde ein Referenzprozess mit einem Profil der Kategorie 2 eingeführt, anhand dessen das abgeleitete Modell über Versuche verifiziert wurde. Das Modell zeigt eine gute Übereinstimmung mit den experimentellen Ergebnissen und kann somit als verifiziert angesehen werden.

Auf Basis des Modells wurden Zeit-Temperatur-Verläufe entwickelt, die eine gezielte Optimierung einzelner Zielgrößen auf der Grundlage dieses Modells ermöglichen. Die abgeleiteten Temperaturfelder können sowohl der Kategorie 3 als auch der Kategorie

4 zugeordnet werden. Dabei wurden vier Temperaturfelder mithilfe des Modells genauer untersucht: das isotherme Profil, das isotherme Profil unter Berücksichtigung der Oxidation, das Profil zur Reduktion des Korngrenzenwachstums und das Pfeilprofil zur Optimierung der Eigenspannungen. Ein Vergleich der generierten Prozessdiagramme ergibt: Innerhalb des zweidimensionalen Prozessfensters lassen sich für alle Bewertungskriterien Faktoren finden, die den anderen Profilen überlegen sind – selbst in dem Bereich, für den diese speziell optimiert wurden.

Die hergeleiteten Temperaturfelder wurden mithilfe von Freiformspiegeln im Laserstrahlhärteprozess realisiert. Die postulierten Optimierungen ließen sich somit auf den Prozess übertragen. Hierbei wurden jedoch noch technische Herausforderungen bei der Realisierung komplexer Profile aufgedeckt. Darüber hinaus wurde festgestellt, dass das isotherme Profil in den meisten Leistungsmerkmalen den anderen hergeleiteten Profilen und dem Referenzprozess auch experimentell überlegen ist, womit die theoretische Analyse bestätigt wird.

Hieraus ergibt sich die Schlussfolgerung, dass die Forschungshypothese bestätigt werden kann. Demzufolge ist eine zielgerichtete Anpassung der Temperaturfelder des Laserstrahlhärteprozesses zur Optimierung möglich. Anders als zunächst vermutet, ist hierzu kein komplexer Zeit-Temperatur-Verlauf erforderlich. Eine Homogenisierung des Temperaturfeldes an der Oberfläche ist ausreichend. Grund hierfür ist die starke Temperaturabhängigkeit der negativen Effekte. Die Optimierung erfolgt somit durch die Vermeidung von Temperaturspitzen.

Temperaturfelder der Kategorie 4 sind also den bereits bekannten Temperaturfeldern der Kategorie 3 nicht überlegen. Mit anderen Worten: Bei Rückführung der Erkenntnisse über die Wirkmechanismen ergibt sich als Lösung das schon bekannte isotherme Temperaturfeld.

9.2 Ausblick

Outlook

In der vorliegenden Arbeit konnte gezeigt werden, dass sich der Laserstrahlhärteprozess durch die Anpassung der Temperaturfelder optimieren lässt. Für das Eigenspannungsmerkmal konnte dieser Effekt weder experimentell noch theoretisch gezeigt werden. Hierfür sind weitere Untersuchungen und ein anderer Ansatz zur Modellbildung z.B. per FEM erforderlich.

Die isothermen Temperaurfelder haben für den untersuchten Werkstoff 42CrMo4 das beste Ergebnis gezeigt. Um diese Aussage zu verallgemeinern, sollten zukünftig noch Vergleiche mit anderen Werkstoffen durchgeführt werden. Neben anderen Vergütungsstählen bieten sich hier vor allem die komplexeren Werkzeugstähle an.

Hinsichtlich des ökonomischen Potentials bleibt darauf hinzuweisen, dass in vielen Fällen eine Anpassung der Intensitätsverteilung auf die werkstoffspezifischen Besonderheiten und die Fokussierung auf einen Arbeitspunkt nur begrenzt sinnvoll ist. Diesem Hindernis kann entweder durch die Senkung der Produktionskosten für statische Strahlformer oder leistungsstärkere dynamische Strahlformer begegnet werden.

Neue Technologien wie formgebende Verfahren für die Herstellung von Freiformflächen aus Quarzglas oder das Direktstrukturieren von DOEs werden die Herstellungskosten für statische Strahlformer stark senken. Desgleichen wird die weiter zunehmende Rechenleistung die Rechenzeit für die Lösung des inversen Wärmeleitungsproblems und der entsprechenden optischen Fläche reduzieren.

Da dynamische Strahlformung aber die Anpassungsfähigkeit des Prozesses erhält bzw. sogar deutlich erweitert, wird sich diese Technologie schließlich durchsetzen. In Kombination mit der Weiterentwicklung schneller Wärmebildkameras ist zu erwarten, dass die Hauptaufgabe dann nicht in der Optimierung des Temperaturfeldes im stationären Prozess liegen wird. Stattdessen wird die Realisierung der gezeigten Vorteile der Homogenisierung der Oberflächentemperatur auch im dynamischen Prozess von Interesse sein.

Die technische Entwicklung neuer Strahlformer wird dabei nicht durch den Laserstrahlhärteprozess forciert, da der Marktanteil verglichen mit anderen Laserstrahlprozessen wie dem Schneiden und dem Schweißen relativ klein ist. Dennoch ist das Laserstrahlhärten aufgrund der geringeren erforderlichen Intensität seit jeher ein Vorreiter innerhalb der High-Power-Laseranwendungen. Als nächste Anwendung optimierter Temperaturfelder durch Strahlformung werden vorrausichtlich zunächst Schmelzprozesse wie das Löten und Polieren realisiert, bevor die Technologie sich auch bei den hohen Intensitäten wie bei Schweiß- und Schneidprozessen durchsetzen wird.

Summary and Outlook

Summary

The analysis of the state-of-the-art process technology shows that we currently differentiate between four categories of temperature fields. Commonly used are the temperature fields of category 2, which, in general, are generated by Top-Hat intensity distributions (homogenizer) or scanner-generated distributions. The adaption of the profiles to the known metallurgic phenomena usually is limited to controlling temperature and process speed.

The analysis of the state-of-the-art process technology also reveals that more complex beam shaping techniques are available which can generate homogenous temperature fields (Category 3) or temperature fields with a high degree of freedom (Category 4). They are expected to gain further acceptance. Hence a theoretical potential for process optimization has been identified, which leads to the following hypothesis:

By adapting the temperature field according to material- and application-specific characteristics, the laser hardening process can be optimized.

To verify the hypothesis, the targets were defined based on generic process features. These features include production- and engineering considerations as well as quality features. The quality features were classified based on the Kano model to derive an optimization strategy that differentiates between necessities and features for optimization.

A model was developed to quantify the numeric dependence of the targeted properties on the temperature field during the process. This model takes recourse to already available models for short-term austenitizing and for the laser hardening process. The model allows discussing the features in form of process diagrams.

A reference process of category 2 was established in order to evaluate the model. This process additionally is used as a benchmark for optimization. The values of the model align with the experimental results. The model therefore can be considered as verified.

Based on the numeric description of the metallurgic phenomenon, time-temperature functions are derived targeting a specific property. The temperature fields which generate these time-temperature-functions can be assigned to category 3 as well as category 4. Four temperature fields were analyzed with the model: the isothermal field, the isothermal field with surface oxidation, the profile to reduce grain growth and the arrow profile to optimize residual stresses. A comparison of the generated process diagrams shows: In the two dimensional process window of the isothermal process parameter sets can be found where this profile is superior to the other – even in the parameters they have been optimized for.

The temperature fields were realized using free form mirrors. The optimizations postulated in the thesis could thus be evaluated in real process conditions. It has been shown that there are still technical obstacles to overcome in realizing these profiles.

Furthermore, it was confirmed that the isothermal profile generates superior results compared to both the benchmark process and the more complex shaped profiles.

This leads to the conclusion that the hypothesis can be confirmed. A targeted adaption of temperature fields can lead to the optimization of defined targets. Other than assumed, there is no need to adapt the temperature field with respect to a single target. It resulted that most of the negative process effects can be compensated by homogenizing the temperature field. Reason for this effect is the high temperature dependence of most of the negative phenomena. Avoiding temperature peaks therefore is more important than generating complex temperature profiles.

Temperature fields of the category 4 are thereby not superior to the known temperature fields of category 3. In other words: A feedback of the findings on the effect mechanisms leads to the already known homogenous temperature field.

Outlook

The present work showed that the laser hardening process can be optimized by adaption of the temperature fields. With respect to the residual stresses, the above-mentioned finding could not be evaluated; neither by experiment nor by theory. To solve this specific problem a different model approach would be required.

The isothermal profile has shown the best results in the context of 42CrMo4, the material used for the empirical studies. To generalize this finding, investigations with additional materials are recommended. Besides tempering steel more complex tool steels would be interesting objects of study.

In view of the economic potential, it should be mentioned that in most applications for laser hardening processes the adaption of the intensity distribution to the material-specific features such as thermal conductivity and the focus on the operating point is not beneficial. It is assumed that this challenge will be met by less expensive beam shaping technologies and the next generation of dynamic beam shaping devices.

New technologies as for example forming of freeform surfaces in silica or the direct structuring of DOEs will considerably decrease the manufacturing costs of static beam shaping devices and the continuously improving computing power will reduce the calculation time for the inverse heat conduction model and the necessary optical surface.

As mentioned before, beam shaping is expected to be the next step in optimizing laser process technology. It is also expected that the further development of dynamic beam shaping in combination with the further development of high speed thermal cameras will shift the direction from generating complex temperature profiles to homogenizing the surface temperature for dynamic processes applied on more complex geometries. Fast algorithms and direct feedback control will be the key to this technology.

Literaturverzeichnis

[AMEN85] Amende, W.: Härten von Werkstoffen und Bauteilen des Maschinenbaus mit dem Hochleistungslaser. (Reihe: Technologie aktuell, Bd. 3). Düsseldorf: VDI-Verlag, 1985

[ASHB84] Ashby, M.; Easterling, K.: The transformation hardening of steel surfaces by laser beams - I. Hypo-eutectoid steels. In: Acta Metallurgica. 32, 1984, Nr. 11, S. 1935–1948

[AVRA39] Avrami, M.: Kinetics of Phase Change. I General Theory. In: The Journal of Chemical Physics. 7, 1939, Nr. 12, S. 1103–1112

[AVRA40] Avrami, M.: Kinetics of Phase Change. II Transformation-Time Relations for Random Distribution of Nuclei. In: The Journal of Chemical Physics. 8, 1940, Nr. 2, S. 212–224

[AVRA41] Avrami, M.: Granulation, Phase Change and Microstructure. III Kinetics of Phase Change. In: The Journal of Chemical Physics. 9, 1941, Nr. 2, S. 177–184

[BACH03] Bachmann, F.: Industrial applications of high power diode lasers in materials processing. In: Physics and Chemistry of Advanced Laser Materials Processing. 208–209, 2003, S. 125–136

[BACH04] Bachmann, F.; Rath, W.; Auerbach, V.: Der Einsatz von Hochleistungs-Diodenlasern zum Härten und Beschichten. In: HTM Härtereitechnische Mitteilungen. 59, 2004, Nr. 3, S. 217–224

[BAIL09] Bailey, N.; Tan, W.; Shin, Y.: Predictive modeling and experimental results for residual stresses in laser hardening of AISI 4140 steel by a high power diode laser. In: Surface and Coatings Technology. 203, 2009, Nr. 14, S. 2003–2012

[BASU07] Basu, A.; Chakraborty, J.; Shariff, S.; Padmanabham, G.; Joshi, S.; Sundararajan, G.; Dutta Majumdar, J.; Manna, I.: Laser surface hardening of austempered (bainitic) ball bearing steel. In: Scripta Materialia. 56, 2007, Nr. 10, S. 887–890

[BAUM17] Baumbach, N.; Kühl, P.; Karam, J.; Jonkers, J.; Villarreal-Saucedo, F.; Reyes, M.: A cutting-edge solution for 1µm laser metal processing. In: Tagungsband zum SPIE LASE. San Francisco, Saturday 28 January 2017. SPIE, 2017,

[BAYR06] Bayraktar, E.; Garcias, I.; Bathias, C.: Failure mechanisms of automotive metallic alloys in very high cycle fatigue range. In: International Journal of Fatigue. 28, 2006, Nr. 11, S. 1590–1602

[BERG07a] Bergström, D.; Powell, J.; Kaplan, A.: A ray-tracing analysis of the absorption of light by smooth and rough metal surfaces. In: Journal of Applied Physics. 101, 2007, Nr. 11

[BERG07b] Bergström, D.; Powell, J.; Kaplan, A.: The absorptance of steels to Nd:YAG and Nd:YLF laser light at room temperature. In: Applied Surface Science. 253, 2007, Nr. 11, S. 5017–5028

[BERN74] Berns, H.: Restaustenit in ledeburitischen Chromstählen und seine Umwandlung durch Kaltumformen, Tiefkühlen und Anlassen. In: HTM Härtereitechnische Mitteilungen. 1945, 1974, Nr. 29, S. 236–247

[BERN08] Berns, H.; Theisen, W.: Eisenwerkstoffe - Stahl und Gusseisen. Berlin, Heidelberg: Springer, 2008

[BESS93] Besserdich, G.: Untersuchungen zur Eigenspannungs- und Verzugsausbildung beim Abschrecken von Zylindern aus den Stählen 42CrMo 4 und Ck 45 unter Berücksichtigung der Umwandlungsplastizität. Karlsruhe, Universität Karlsruhe. Dissertation. 1993

[BEYE98] Beyer, E.; Wissenbach, K.: Oberflächenbehandlung mit Laserstrahlung. Berlin, Heidelberg: Springer, 1998

[BLEC10] Bleck, W.: Werkstoffkunde Stahl für Studium und Praxis. 3. überarb. Aufl. Aachen: Mainz, 2010

[BLOE97] Bloehs, W.: Laserstrahlhärten mit angepaßten Strahlformungssystemen. Stuttgart, Universität Stuttgart. Dissertation. 1997

[BLOM07] Blomster, O.; Blomqvist, M.: Square formed fiber optics for high power applications. In: Vollertsen, F. (Hrsg.): Lasers in manufacturing 2007. Proceedings of the Fourth International WLT-Conference Lasers in Manufacturing. Stuttgart: AT-Fachverl., 2007, S. 817–819

[BOJI15] Bojinović, M.; Mole, N.; Štok, B.: A computer simulation study of the effects of temperature change rate on austenite kinetics in laser hardening. In: Surface and Coatings Technology. 273, 2015, S. 60–76

[BONS12] Bonss, S.; Hannweber, J.; Karsunke, U.; Kuehn, S.; Seifert, M.; Beyer, E.: Laser heat treatment with latest system components. In: Tagungsband zum SPIE LASE. San Francisco, Saturday 21 January 2012. SPIE, 2012, S. 463–472

[BONS09] Bonss, S.; Seifert, M.; Brenner, B.: Laser beam hardening - energy efficient heat treatment?: Congress proceedings for 28th ICALEO. Orlando: Laser Institute of America, 2009, S. 219–224

[BONS03] Bonss, S.; Seifert, M.; Brenner, B.; Beyer, E.: Precise hardening with high-power diode lasers using beam-shaping mirror optics. In: Tagungsband zum High-Power Lasers and Applications. San Jose, Saturday 25 January 2003. SPIE, 2003, S. 86–93

[BOUQ14] Bouquet, J.; van Camp, D.; Vanhove, H.; Clijsters, S.; Amirahmad, M.; Lauwers, B.: Development of a Flexible Laser Hardening & Machining Center and Proof of Concept on C-45 Steel. In: Physics Procedia. 56, 2014, S. 1083–1093

[BREC11] Brecher, C.: Integrative Produktionstechnik für Hochlohnländer. Berlin, Heidelberg: Springer, 2011

[BRNI14] Brnic, J.; Turkalj, G.; Canadija, M.; Niu, J.: Experimental determination and prediction of the mechanical properties of steel 1.7225. In: Materials Science and Engineering. 600, 2014, S. 47–52

[BUCH02] Buchmayr, B.: Werkstoff- und Produktionstechnik mit Mathcad. Modellierung und Simulation in Anwendungsbeispielen. Berlin, Heidelberg: Springer, 2002

[BUNG58] Bungardt, K.; Kunze, E.; Horn, E.: Untersuchungen über den Aufbau des Systems Eisen-Chrom-Kohlenstoff. In: Archiv für das Eisenhüttenwesen. 29, 1958, Nr. 3, S. 193–203

[BUNG64] Bungardt, K.; Preisendanz, H.; Lehnert, G.: Einfluß von Chrom auf den Aktivitätsverlauf von Kohlenstoff im System Eisen-Chrom-Kohlenstoff bei 1000°C. In: Archiv für das Eisenhüttenwesen. 35, 1964, Nr. 10, S. 999–1007

[BÜRG11] Bürgel, R.; Maier, H.; Niendorf, T.: Handbuch Hochtemperatur- Werkstofftechnik. Grundlagen, Werkstoffbeanspruchungen, Hochtemperaturlegierungen und -beschichtungen. 4., überarbeitete Auflage. Wiesbaden: Vieweg+Teubner Verlag, 2011

[BURG88] Burger, D.: Beitrag zur Optimierung des Laserhärtens. Stuttgart, Universität Stuttgart. Dissertation. 1988

[CARS59] Carslaw, H.; Jaeger, J.: Conduction of heat in solids. 2nd. Ed. Oxford: Clarendon Press, 1959

[ČERN14] Černý, I.; Sís, J.: Fatigue Strength of Laser Hardened 42CrMo4 Steel Considering Effects of Compressive Residual Stresses on Short Crack Growth. In: Procedia Engineering. 74, 2014, S. 417–420

[CHAN89] Chang, Y.; Wei, F.: High temperature oxidation of low alloy steels. In: Journal of Materials Science. 24, 1989, Nr. 1, S. 14–22

[CHAO12] Chaouch, D.; Guessasma, S.; Sadok, A.: Finite Element simulation coupled to optimisation stochastic process to assess the effect of heat treatment on the mechanical properties of 42CrMo4 steel. In: Materials & Design. 34, 2012, S. 679–684

[CHER98] Cherezova, T.; Chesnokov, S.; Kaptsov, L.; Kudryashov, A.: Super-Gaussian laser intensity output formation by means of adaptive optics. In: Optics Communications. 155, 1998, 1-3, S. 99–106

[CHER06] Cherezova, T.; Kudryashov, A.: Laser Beam Shaping by Means of Flexible Mirrors. In: Dickey, F.; Holswade, S.; Shealy, D. (Hrsg.): Laser beam shaping applications. Boca Raton: Taylor and Francis, 2006, S. 211–240

[CONR04] Conradt, C.: Integration von Wärmebehandlungsverfahren in andere industrielle Fertigungen. In: HTM Härtereitechnische Mitteilungen. 59, 2004, Nr. 2, S. 150–154

[CORD16] Cordovilla, F.; García-Beltrán, Á.; Sancho, P.; Domínguez, J.; Ruiz-de-Lara, L.; Ocaña, J.: Numerical/experimental analysis of the laser surface hardening with overlapped tracks to design the configuration of the process for Cr-Mo steels. In: Materials & Design. 102, 2016, S. 225–237

[DADE06] Dadelzen, M. von; Sercel, J.: Practical UV Excimer Laser Image System Illuminators. In: Dickey, F.; Holswade, S.; Shealy, D. (Hrsg.): Laser beam shaping applications. Boca Raton: Taylor and Francis, 2006, S. 113–155

[DAUS95] Dausinger, F.: Strahlwerkzeug Laser: Energiekopplung und Prozesseffektivität. Stuttgart: Teubner, 1995

[DAVI86] Davis, M.; Kapadia, P.; Dowden, J.; Steen, W.; Courtney, C.: Heat hardening of metal surfaces with a scanning laser beam. In: Journal of Physics. 19, 1986, Nr. 10, S. 1981–1997

[DICK00] Dickey, F.; Holswade, S.: Laser Beam Shaping. Theory and Techniques. (Reihe: Optical engineering, Bd. 70). Hoboken: Taylor and Francis, 2000

[DICK06] Dickey, F.; Holswade, S.: Beam Shaping: A Review. In: Dickey, F.; Holswade, S.; Shealy, D. (Hrsg.): Laser beam shaping applications. Boca Raton: Taylor and Francis, 2006, S. 269–305

[DIN 99] Norm DIN Deutsches Institut für Normung e.V. DIN 30950:1999-07 (1999). Schmelzhärten - Allgemeine Verfahrensbeschreibung

[DIN 00a] Norm DIN Deutsches Institut für Normung e.V. DIN EN 17022-5 (März 2000). Verfahren der Wärmebehandlung - Teil 5: Randschichthärten

[DIN 00b] Norm DIN Deutsches Institut für Normung e.V. 17023 (März 2000). Wärmebehandlungs-Anweisung (WBA)

[DIN 00c] Norm DIN Deutsches Institut für Normung e.V. DIN 30965 (April 2000). Laserstrahl-Härtbarkeitsversuch

[DIN 03] Norm DIN Deutsches Institut für Normung e.V. DIN 8580 (September 2003). Fertigungsverfahren Begriffe, Einteilung

[DIN 05] Norm DIN Deutsches Institut für Normung e.V. DIN EN 10328 (April 2005). Eisen und Stahl - Bestimmung der Einhärtungstiefe nach dem Randschichthärten

[DIN 09] Norm DIN Deutsches Institut für Normung e.V. DIN 32532 (August 2009). Schweißen – Laserstrahlverfahren zur Materialbearbeitung – Begriffe für Prozesse und Geräte

[DIN 12] Norm DIN Deutsches Institut für Normung e.V. DIN 743-2 (2012). Tragfähigkeitsberechnung von Wellen und Achsen – Teil 2: Formzahlen und Kerbwirkungszahlen

[DOEG86] Doege, E.; Meyer-Nolkemper, H.; Saeed, I.: Fließkurvenatlas metallischer Werkstoffe. Mit Fließkurven für 73 Werkstoffe und einer grundlegenden Einführung. München: Hanser, 1986

[DREN97] Drenker, A.: Adaptive Messung und Regelung der Temperatur beim Umwandlungshärten mit CO2-Laserstrahlung. Aachen. Dissertation. 1997

[DUBR86] Dubrovskaya, E.; Kopetskii, C.; Kraposhin, V.; Rodin, I.: Selection of parameters of laser heating of carbon steels for obtaining the specified hardening depth. In: Metal Science and Heat Treatment. 28, 1986, Nr. 9, S. 658–663

[DVS 08] Merkblatt DVS - Deutscher Verband für Schweißen und verwandte Verfahren e.V. DVS 3218 (Dezember 2008). Strahlformung für das Schweißen metallischer Werkstoffe mit dem Laser

[ELLE15] Ellermann, A.; Scholtes, B.: The strength differential effect in different heat treatment conditions of the steels 42CrMoS4 and 100Cr6. In: Materials Science and Engineering. 620, 2015, S. 262–272

[ENDO14] Endo, R.; Yagi, T.; Ueda, M.; Susa, M.: Thermal Diffusivity Measurement of Oxide Scale Formed on Steel during Hot-rolling Process. In: ISIJ International. 54, 2014, Nr. 9, S. 2084–2088

[FAJD07] Fajdiga, G.; Glodež, S.; Kramar, J.: Pitting formation due to surface and subsurface initiated fatigue crack growth in contacting mechanical elements. In: Wear. 262, 2007, 9-10, S. 1217–1224

[FANG13] Fang, F.; Zhang, X.; Weckenmann, A.; Zhang, G.; Evans, C.: Manufacturing and measurement of freeform optics. In: CIRP Annals - Manufacturing Technology. 62, 2013, Nr. 2, S. 823–846

[FARS17] Farshidianfar, M.; Khajepouhor, A.; Gerlich, A.: Real-time monitoring and prediction of martensite formation and hardening depth during laser heat treatment. In: Surface and Coatings Technology. 315, 2017, S. 326–334

[FEDO99] Fedosov, S.: Laser beam hardening of carbon and low alloyed steels: discussion of increased quantity of retained austenite. In: Journal of Materials Science. 34, 1999, Nr. 17, S. 4259–4264

[FORT12] Fortunato, A.; Ascari, A.; Orazi, L.; Campana, G.; Cuccolini, G.: Numerical evaluation of the reflectivity coefficient in laser surface hardening simulation. In: Surface and Coatings Technology. 206, 2012, Nr. 14, S. 3179–3185

[GALA99] Galantucci, L.; Tricarico, L.; Perotti, G.: An Experimental and Numerical Study on the Influence of Not Uniform Beam Energy Distribution in Laser Steel Hardening. In: CIRP Annals - Manufacturing Technology. 48, 1999, Nr. 1, S. 155–158

[GANE02] Ganeev, R.A.: Low-power laser hardening of steels. In: Journal of Materials Processing Technology. 121, 2002, 2-3, S. 414–419

[GARC17] Garcia, L.; Pinel, O.; Jian, P.; Barré, N.; Jaffrès, L.; Morizur, J.-F.; Labroille, G.: Fast adaptive laser shaping based on multiple laser incoherent combining. In: Tagungsband zum SPIE LASE. San Francisco, Saturday 28 January 2017. SPIE, 2017, S. 1–15

[GEGN05] Gegner, J.: Linearisierte Darstellung des Diffusionskoeffizienten von Kohlenstoff in austenitischem Eisen. In: Materialwissenschaft und Werkstofftechnik. 36, 2005, Nr. 2, S. 56–61

[GEIS93] Geissler, E.: Mathematische Simulation des temperatur-geregelten Laserstrahlhärtens und seine Verifikation an ausgewählten Stählen. Erlangen, Universität Erlangen-Nürnberg. Dissertation. 1993

[GIBS08] Gibson, M.; Tyrer, J.; Higginson, R.: The Use of Holographically Customised Beam Profiles to Control the Overall Physical Cross Section of Direct Metal Depositions: Proceedings of 27th ICALEO. Orlando: Laser Institute of America, 2008, S. 59–63

[GÖNC10] Göncz, P.; Potočnik, R.; Glodež, S.: Fatigue behaviour of 42CrMo4 steel under contact loading. In: Procedia Engineering. 2, 2010, Nr. 1, S. 1991–1999

[GORL84] Gorlenko, O.; Chistov, V.; Frolov, E.: Savings of materials and power in laser hardening. In: Metal Science and Heat Treatment. 26, 1984, Nr. 5, S. 338–339

[GOTT14] Gottstein, G.: Materialwissenschaft und Werkstofftechnik. Berlin, Heidelberg: Springer, 2014

[GRAF09] Graf, T.; Hügel, H.: Laser in der Fertigung. Strahlquellen, Systeme, Fertigungsverfahren. Wiesbaden: Vieweg+Teubner Verlag, 2009

[GRIG90] Grigull, U.; Sandner, H.: Wärmeleitung. Berlin, Heidelberg: Springer, 1990

[GRUM01] Grum, J.; Božič, S.; Zupančič, M.: Influence of quenching process parameters on residual stresses in steel. In: Journal of Materials Processing Technology. 114, 2001, Nr. 1, S. 57–70

[HAAS06] Haas, D.; Kurtz, A.: Laser Beam Shaping in Array-Type Laser Printing Systems. In: Dickey, F.; Holswade, S.; Shealy, D. (Hrsg.): Laser beam shaping applications. Boca Raton: Taylor and Francis, 2006, S. 55–111

[HABE05] Habedank, G.; Woitschig, J.; Seefeld, T.; Jüptner, W.; Vollertsen, F.; Baierl, R.; Bomas, H.; Mayr, P.; Kutschan, K.; Mego, J.; Jablonski, F.; Kienzler, R.: Gepulstes Laserhärten von bauteilähnlichen Proben. In: HTM Härtereitechnische Mitteilungen. 60, 2005, Nr. 4, S. 195–206

[HAGI10] Hagino, H.; Shimizu, S.; Ando, H.; Kikuta, H.: Design of a computer-generated hologram for obtaining a uniform hardened profile by laser transformation hardening with a high-power diode laser. In: Precision Engineering. 34, 2010, Nr. 3, S. 446–452

[HAID01] Haidemenopoulos, G.: Coupled thermodynamic/kinetic analysis of diffusional transformations during laser hardening and laser welding. In: Journal of Alloys and Compounds. 320, 2001, Nr. 2, S. 302–307

[HAMA17] Hamatsu: Hamatsu Photon is our Buisiness. News. 2017. – Aktualisierungsdatum: 2017

[HAUP15] Hauptmann, J.; Herwig, P.; Wetzig, A.; Dittrich, D.; Beyer, E.; Hofmann, U.; Senger, F.: System technology for dynamic beam shaping. In: Tagungsband zum ICALEO 2015. Atlanta, October 18–22, 2015. Laser Institute of America, 2015, S. 930–939

[HECH09] Hecht, E.: Optik. München: Oldenbourg, 2009

[HEID05] Heidkamp, M.; Keßler, O.; Hoffmann, F.; Mayr, P.; Zoch, H.-W.: Laserstrahlhärten CVD-beschichteter Stähle. In: HTM Härtereitechnische Mitteilungen. 60, 2005, Nr. 2, S. 71–76

[HOFF94] Hoffmann, C.: Untersuchung des Wärmetransports beim Härten und Schneiden mit Laserstrahlung. Als Ms. gedr. Aachen: Shaker, 1994

[HOFM18] Hofmann, O.; Pütsch, O.; Stollenwerk, J.; Loosen, P.: Model-based analysis of highly dynamic laser beam shaping using deformable mirrors. In: Procedia CIRP. 74, 2018, S. 602–606

[HOFM16] Hofmann, U.; Wantoch, T.; Eberhardt, G.; Kinski, I.; Moeser, M.; Senger, F.; Mallas, C.: Dynamic shaping of the basic intensity profile of adaptive laser headlights based on resonant MEMS scanning mirrors, 2016

[HÖMB96] Hömberg, D.: A numerical simulation of the jominy end-quench test. In: Acta Materialia. 44, 1996, Nr. 11, S. 4375–4385

[HOSE01] Hosenfeldt, T.; Bomas, H.; Mayr, P.: Influence of pulsed laser beam hardening on the fatigue limit of the steel 42CrMo4. In: Wissenschaftliche Gesellschaft für Lasertechnik (Hrsg.): First International WLT-Conference on Lasers Manufacturing. Stuttgart: AT-Fachverlag GmbH, 2001, S. 602–616

[HRUŠ17] Hruška, M.; Tesař, J.; Vostřák, M.; Smazalová, E.: The effect of the material surface oxidation on laser light absorption. In: IOP Conference Series: Materials Science and Engineering. 179, 2017, S. 12029

[HRUŠ13a] Hruška, M.; Vostřák, M.; Smazalová, E.; Švantner, M.: 3D Scanning Laser Hardening: Metal 2013. Ostrava: Tanger, 2013

[HRUŠ13b] Hruška, M.; Vostřák, M.; Smazalová, E.; Švantner, M.: Standard and Scanning Laser Hardening Procedure: Metal 2013. Ostrava: Tanger, 2013

[HUTF94] Hutfless, J.; Rebhan, T.; Geiger, M.; Collischon, M.; Dresel, T.; Frank, M.; Lang, A.; Schwider, J.; Streibl, N.; Haidner, H.; Kipfer, P.; Maerz, M.: Applications of diffractive optical elements for high-power lasers. In: Tagungsband zum Optics for Productivity in Manufacturing. Frankfurt, Sunday 19 June 1994. SPIE, 1994, S. 146–155

[IINO87] Iino, Y.; Shimoda, K.: Effect of overlap pass tempering on hardness and fatigue behaviour in laser heat treatment of carbon steel. In: Journal of Materials Science Letters. 6, 1987, Nr. 10, S. 1193–1194

[ION05] Ion, J.: Laser processing of engineering materials. Principles, procedure and industrial application. Amsterdam: Boston, 2005

[ION13] Ion, J.: Laser Transformation Hardening. In: Surface Engineering. 18, 2013, Nr. 1, S. 14–31

[JACO97] Jacot, A.; Rappaz, M.: A two-dimensional diffusion model for the prediction of phase transformations. Application to austenitization and homogenization of hypoeutectoid Fe-C steels. In: Acta Materialia. 45, 1997, Nr. 2, S. 575–585

[JACO99] Jacot, A.; Rappaz, M.: A combined model for the description of austenitization, homogenization and grain growth in hypoeutectoid Fe–C steels during heating. In: Acta Materialia. 47, 1999, Nr. 5, S. 1645–1651

[JACO98] Jacot, A.; Rappaz, M.; Reed, R.: Modelling of reaustenitization from the pearlite structure in steel. In: Acta Materialia. 46, 1998, Nr. 11, S. 3949–3962

[JOHN39] Johnson, W.; Mehl, R.: Reaction Kinetics in Processes of Nucleation and Growth (Reprinted from Transactions of the American Institute of Mining & Metallurgical Engineers, vol 135, pg 416, 1939). In: American Institute of Mining & Metallurgical Engineers. 135, 1939

[KATS99] Katsamas, A.; Haidemenopoulos, G.: Surface hardening of low-alloy 15CrNi6 steel by CO2 laser beam. In: Surface and Coatings Technology. 115, 1999, 2-3, S. 249–255

[KENN04] Kennedy, E.; Byrne, G.; Collins, D.: A review of the use of high power diode lasers in surface hardening. In: Journal of Materials Processing Technology. 155-156, 2004, S. 1855–1860

[KETT01] Ketteler, G.; Weiss, W.; Ranke, W.; Schlögl, R.: Bulk and surface phases of iron oxides in an oxygen and water atmosphere at low pressure. In: Physical Chemistry Chemical Physics. 3, 2001, Nr. 6, S. 1114–1122

[KIM09] KIM, J.-D.; LEE, M.-H.; LEE, S.-J.; KANG, W.-J.: Laser transformation hardening on rod-shaped carbon steel by Gaussian beam. In: Transactions of Nonferrous Metals Society of China. 19, 2009, Nr. 4, S. 941–945

[KLOC10] Klocke, F.; Brecher, C.; Heinen, D.; Rosen, C.-J.; Breitbach, T.: Flexible scanner-based laser surface treatment. In: Physics Procedia. 5, 2010, S. 467–475

[KLOC12] Klocke, F.; Brecher, C.; Wegener, M.; Heinen, D.; Fischer, B.; Do-Khac, D.: Scanner-based Laser Cladding. In: Physics Procedia. 39, 2012, S. 346–353

[KLOC17] Klocke, F.; Gräfe, S.; Schulz, M.; Zheng, G.: Laser hardening of thin walled parts by cryogenic cooling: Lasers in Manufacturing 2017. Erlangen: Wissenschaftliche Gesellschaft Lasertechnik e.V, 2017, S. 1–10

[KLOC07] Klocke, F.; König, W.: Fertigungsverfahren 3. Abtragen, Generieren, Lasermaterialbearbeitung. Berlin Heidelberg: Springer, 2007

[KOCA01] Kocańda, D.; Kocańda, S.; Tomaszek, H.: Probabilistic description of fatigue crack growth in a laser-hardened medium-carbon steel. In: Materials Science. 37, 2001, Nr. 3, S. 374–382

[KOEK17] Koek, W.; Nijkerk, D.; Smeltink, J.; van den Dool, T.; van Zwet, E.; van Baars, G.: Impact of design-parameters on the optical performance of a high-power adaptive mirror. In: Tagungsband zum SPIE LASE. San Francisco, Saturday 28 January 2017. SPIE, 2017,

[KOKO89] Kokora, A.; Sobol, N.: Calculating the thickness of an annealed layer in the laser heat treatment of steel, without surface melting. In: Journal of Engineering Physics. 56, 1989, Nr. 4, S. 456–462

[KOMA01] Komanduri, R.; Hou, Z.: Thermal analysis of the laser surface transformation hardening process. In: International Journal of Heat and Mass Transfer. 44, 2001, Nr. 15, S. 2845–2862

[KOMA04] Komanduri, R.; Hou, Z.: Thermal analysis of laser surface transformation hardening - optimization of process parameters. In: International Journal of Machine Tools and Manufacture. 44, 2004, Nr. 9, S. 991–1008

[KOPF17] Kopf, T.; Reinlein, C.; Goy, M.; Eberhardt, R.; Langebach, J.; Scheller, T.: Adapting the axial focus in high-power laser processing machines within mm-range. In: Tagungsband zum SPIE LASE. San Francisco, Saturday 28 January 2017. SPIE, 2017,

[KOST14] Kostov, V.; Wanner, A.: Untersuchungen zur zeitaufgelösten Spannungsentwicklung und Eigenspannungsentstehung beim Laserstrahlstandhärten am Beispiel des Stahls 42CrMo4. Karlsruhe, Karlsruher Institut für Technologie (KIT). Dissertation. 2014

[KOVA98] Kovalenko, V.; Dauw, D.: Ways to Intensify Laser Hardening Technology. In: CIRP Annals - Manufacturing Technology. 47, 1998, Nr. 1, S. 133–136

[KOVA90] Kovalenko, V.; Golovko, L.: The role of dimensional factors and absorption efficiency in laser surface hardening. In: Optics and Lasers in Engineering. 12, 1990, Nr. 1, S. 55–65

[KULM75] Kulmburg, A.; Korntheuer, F.; Schindler, A.: Untersuchungen zur Optimierung der Härtungsbehandlung von Schnellarbeitsstählen. 517, 1975

[KUNC03] Kunc, R.; Prebil, I.: Low-cycle fatigue properties of steel 42CrMo4. In: Materials Science and Engineering: A. 345, 2003, 1-2, S. 278–285

[KUNC07] Kunc, R.; ZEROVNIK, A.; Prebil, I.: Verification of numerical determination of carrying capacity of large rolling bearings with hardened raceway. In: International Journal of Fatigue. 29, 2007, 9-11, S. 1913–1919

[KÜPP96] Küpper, F.: Entwicklung eines industriellen Verfahrens zur Fest-Phasen-Härtung von Langprodukten mit CO2-Laserstrahlung. Aachen, RWTH-Aachen. Disseration. 1996

[LA C98] La Cruz, P. de; Odén, M.; Ericsson, T.: Effect of laser hardening on the fatigue strength and fracture of a B–Mn steel. In: International Journal of Fatigue. 20, 1998, Nr. 5, S. 389–398

[LANG16] Lang, K.-H.; Korn, M.; Rohm, T.: Very High Cycle Fatigue Resistance of the Low Alloyed Steel 42CrMo4 in Medium- and High-Strength Quenched and Tempered Condition. In: Procedia Structural Integrity. 2, 2016, S. 1133–1142

[LANG97] Lang, S.: Komplettbearbeitung rotationssymmetrischer Werkstücke für die Verfahrensfolge Drehen/Laserstrahlhärten/Schleifen. Essen, Technische Universität Braunschweig. Dissertation. 1997

[LÄPP10] Läpple, V.: Wärmebehandlung des Stahls. Grundlagen, Verfahren und Werkstoffe. Haan-Gruiten: Verl. Europa-Lehrmittel, 2010

[LASK14] Laskin, A.; Laskin, V.: Freeform beam shaping for high-power multimode lasers. In: Tagungsband zum SPIE LASE. San Francisco, Saturday 1 February 2014. SPIE, 2014, 1-12

[LDER06] Ider, H.; Hömberg, D.; Weiss, W.: Simulationsbasierte Regelung der Laserhärtung von Stahl. In: HTM Härtereitechnische Mitteilungen. 61, 2006, Nr. 2, S. 103–107

[LEUN01] Leung, M.: Phase-change heat transfer in laser transformation hardening by moving Gaussian rectangular heat source. In: Journal of Physics. 34, 2001, Nr. 24, S. 3434

[LEUN07] Leung, M.; Man, H.; Yu, J.: Theoretical and experimental studies on laser transformation hardening of steel by customized beam. In: International Journal of Heat and Mass Transfer. 50, 2007, 23-24, S. 4600–4606

[LI00] Li, L.: The advances and characteristics of high-power diode laser materials processing. In: Optics and Lasers in Engineering. 34, 2000, 4-6, S. 231–253

[LI08] Li, S.-X.; Yu, G.; Zheng, C.-Y.; Liu, X.-B.: High-power laser beam shaping by inseparable two-dimensional binary-phase gratings for surface modification of stamping dies. In: Optics and Lasers in Engineering. 46, 2008, Nr. 7, S. 508–513

[LI86] Li, W.-B.; Easterling, K.; Ashby, M.: Laser transformation hardening of steel II. Hypereutectoid steels. In: Acta Metallurgica. 34, 1986, Nr. 8, S. 1533–1543

[LISC97] Liscic, B.: Steel Heat Treatment. In: Totten, G.; Howes, M. (Hrsg.): Steel heat treatment handbook. New York: Dekker, 1997, S. 572–662

[LO03] Lo, K.; Cheng, F.; Man, H.: Laser transformation hardening of AISI 440C martensitic stainless steel for higher cavitation erosion resistance. In: Surface and Coatings Technology. 173, 2003, Nr. 1, S. 96–104

[LUSQ07] Lusquiños, F.; Conde, J.; Bonss, S.; Riveiro, A.; Quintero, F.; Comesaña, R.; Pou, J.: Theoretical and experimental analysis of high power diode laser (HPDL) hardening of AISI 1045 steel. In: Applied Surface Science. 254, 2007, Nr. 4, S. 948–954

[MAHM10] Mahmoudi, B.; Torkamany, M.; Aghdam, A.; Sabbaghzadeh, J.: Laser surface hardening of AISI 420 stainless steel treated by pulsed Nd:YAG laser. In: Materials & Design (1980-2015). 31, 2010, Nr. 5, S. 2553–2560

[MAHM11] Mahmoudi, B.; Torkamany, M.; Sabour Aghdam, A.; Sabbaghzadeh, J.: Effect of laser surface hardening on the hydrogen embrittlement of AISI 420. Martensitic stainless steel. In: Materials & Design. 32, 2011, Nr. 5, S. 2621–2627

[MART12] Martínez, S.; Lamikiz, A.; Tabernero, I.; Ukar, E.: Laser Hardening Process with 2D Scanning Optics. In: Physics Procedia. 39, 2012, S. 309–317

[MART17] Martínez, S.; Lamikiz, A.; Ukar, E.; Calleja, A.; Arrizubieta, I.; Lopez de Lacalle, L.: Analysis of the regimes in the scanner-based laser hardening process. In: Optics and Lasers in Engineering. 90, 2017, S. 72–80

[MART16] Martínez, S.; Lamikiz, A.; Ukar, E.; Tabernero, I.; Arrizubieta, I.: Control loop tuning by thermal simulation applied to the laser transformation hardening with scanning optics process. In: Applied Thermal Engineering. 98, 2016, S. 49–60

[MCBR14] McBride, R.; Trela-McDonald, N.; Currie, M.; Walker, D.; Baker, H.: Beamshaping for high-power lasers using freeform refractive optics. In: Tagungsband zum SPIE LASE. San Francisco, Saturday 1 February 2014. SPIE, 2014, 1-14

[MCLE08] McLeod, E.; Mermillod-Blondin, A.; Arnold, C.: Rapid Beam Shaping Using Tunable Acoustic Gradient Index of Refraction Lenses. In: Arnold, C. (Hrsg.): Optical Fiber Communication Conference. Washington: OSA The Optical Society, 2008

[MEYE90] Meyer-Kobbe, K.: Randschichthärten mit Nd:YAG- und CO2-Lasern. Hannover, Universität Hannover. Dissertation. 1990

[MICH06] Michaloski, P.: Illuminators for Microlithography. In: Dickey, F.; Holswade, S.; Shealy, D. (Hrsg.): Laser beam shaping applications. Boca Raton: Taylor and Francis, 2006, S. 1–54

[MIOK05a] Mioković, T.: Analyse des Umwandlungsverhaltens bei ein- und mehrfacher Kurzzeithärtung bzw. Laserstrahlhärtung des Stahls 42CrMo4. Karlsruhe, Universität Karlsruhe. Dissertation. 2005

[MIOK05b] Mioković, T.; Schulze, V.; Vöhringer, O.; Löhe, D.: Auswirkung zyklischer Temperaturänderungen beim Laserstrahlhärten auf den Randschichtzustand von vergütetem 42CrMo4. In: HTM Härtereitechnische Mitteilungen. 60, 2005, Nr. 3, S. 142–149

[MIOK06] Mioković, T.; Schulze, V.; Vöhringer, O.; Löhe, D.: Prediction of phase transformations during laser surface hardening of AISI 4140 including the effects of inhomogeneous austenite formation. In: Materials Science and Engineering: A. 435-436, 2006, S. 547–555

[MIOK07] Mioković, T.; Schulze, V.; Vöhringer, O.; Löhe, D.: Influence of cyclic temperature changes on the microstructure of AISI 4140 after laser surface hardening. In: Acta Materialia. 55, 2007, Nr. 2, S. 589–599

[MOEN16] Moench, H.; Conrads, R.; Gronenborn, S.; Gu, X.; Miller, M.; Pekarski, P.; Pollmann-Retsch, J.; Pruijmboom, A.; Weichmann, U.: Integrated high power VCSEL systems. In: Tagungsband zum SPIE LASE. San Francisco, Saturday 13 February 2016. SPIE, 2016,

[MUAN60] MUAN, A.; OMIYA, S.: Phase Relations in the System Iron Oxide-Cr2O3 in Air. In: Journal of the American Ceramic Society. 43, 1960, Nr. 4, S. 204–209

[MÜLL17] Müllegger, A.; Ryba, T.: I-PFO.The new technology for simple and flexible implementation of high productive on-the-fly remote processes. In: Tagungsband zum SPIE LASE. San Francisco, Saturday 28 January 2017. SPIE, 2017,

[NATH12] Nath, A.; Gupta, A.; Benny, F.: Theoretical and experimental study on laser surface hardening by repetitive laser pulses. In: Surface and Coatings Technology. 206, 2012, 8-9, S. 2602–2615

[NODE00] Noden, S.: The application of diffractive optical elements in high power laser materials processing. Loughborough, Loughborough University. Dissertation. 2000

[OH17] Oh, S.; Ki, H.: Prediction of hardness and deformation using a 3-D thermal analysis in laser hardening of AISI H13 tool steel. In: Applied Thermal Engineering. 121, 2017, S. 951–962

[OPPE11] Oppenkowski, A.: Cryobehandlung von Werkzeugstahl. Bochum, Ruhr-Universität Bochum. Dissertation. 2011

[ORAZ10] Orazi, L.; Fortunato, A.; Cuccolini, G.; Tani, G.: An efficient model for laser surface hardening of hypo-eutectoid steels. In: Applied Surface Science. 256, 2010, Nr. 6, S. 1913–1919

[ORLI71] Orlich, J.: Beschreibung der Austenitisierungsvorgänge unlegierter und legierter Stähle bei induktiver Schnellerwärmung. Berlin, Technische Universität Berlin. Dissertation. 1971

[ORLI74] Orlich, J.: Beschreibung der Austenitisierungsvorgänge bei der Schnellerwärmung von Stahl in Zeit-Temperatur-Austenitisierung-Schaubildern. In: HTM Härtereitechnische Mitteilungen. 45, 1974, Nr. 29, S. 231–236

[ORLI73] Orlich, J.; Rose, A.; Wiest, P.: Atlas zur Wärmebehandlung der Stähle. Zeit-Temperatur-Austenitisierung-Schaubilder. Düsseldorf: Verlag Stahleisen, 1973

[PANT05a] Pantsar, H.: Examination of laser hardened steel surfaces using interference microscopy. In: Journal of Laser Applications. 17, 2005, Nr. 4, S. 263–269

[PANT05b] Pantsar, H.: Models for diode laser transformation hardening of steels. Lappeenranta, Univ. of Technology Lappeenranta. Dissertation. 2005

[PANT07] Pantsar, H.: Relationship between processing parameters, alloy atom diffusion distance and surface hardness in laser hardening of tool steel. In: Journal of Materials Processing Technology. 189, 2007, 1-3, S. 435–440

[PANT02] Pantsar, H.; Kujanpää, V.: The absorption of a diode laser beam in laser surface hardening of a low alloy steel. In: Tagungsband zum ICALEO 2002. Scottsdale, October 14–17, 2002. Laser Institute of America, 2002,

[PANT04] Pantsar, H.; Kujanpää, V.: Diode laser beam absorption in laser transformation hardening of low alloy steel. In: Journal of Laser Applications. 16, 2004, Nr. 3, S. 147–153

[PANT06] Pantsar, H.; Kujanpää, V.: Effect of oxide layer growth on diode laser beam transformation hardening of steels. In: Surface and Coatings Technology. 200, 2006, Nr. 8, S. 2627–2633

[PASH03] Pashby, I.; Barnes, S.; Bryden, B.: Surface hardening of steel using a high power diode laser. In: Journal of Materials Processing Technology. 139, 2003, 1-3, S. 585–588

[PATW07] Patwa, R.; Shin, Y.: Predictive modeling of laser hardening of AISI5150H steels. In: International Journal of Machine Tools and Manufacture. 47, 2007, Nr. 2, S. 307–320

[PELL11] Pellizzari, M.; Flora, M. de: Influence of laser hardening on the tribological properties of forged steel for hot rolls. In: Wear. 271, 2011, 9-10, S. 2402–2411

[PETE02] Peters, M.; Leyens, C.: Titan und Titanlegierungen. Weinheim: Wiley-VCH Verlag GmbH & Co. KGaA, 2002

[PRIM05] Primartomo, A.: Laser surface treatment using customised heat source profiles. Loughborough, Loughborough University. Dissertation. 2005

[PÜTS16] Pütsch, O.; Loosen, P.; Schmitt, R.: Aktive und adaptive Strahlformungssysteme für die Werkstoffbearbeitung mit Laserstrahlung. Aachen, RWTH-Aachen. Dissertation. 2016

[RAČI11] Račiukatis, G.: Laser Processing by Using Diffractive Optical Laser Beam Shaping Technique. In: Journal of Laser Micro/Nanoengineering. 6, 2011, Nr. 1, S. 37–43

[RAUE16] Rauert, T.; Herrmann, J.; Dalhoff, P.; Sander, M.: Fretting fatigue induced surface cracks under shrink fitted main bearings in wind turbine rotor shafts. In: Procedia Structural Integrity. 2, 2016, S. 3601–3609

[RAWL81] Rawlings, R.; Steen, W.: Acoustic emission monitoring of surface hardening by laser. In: Optics and Lasers in Engineering. 2, 1981, Nr. 3, S. 173–187

[REIM17] Reimann, W.; Dobler, M.; Goede, M.; Schmidt, M.; Dilger, K.: Three-beam laser brazing of zinc-coated steel. In: The International Journal of Advanced Manufacturing Technology. 90, 2017, 1-4, S. 317–328

[RICH73] Richter, F.: Die wichtigsten physikalischen Eigenschaften von 52 Eisenwerkstoffen. (Reihe: Stahleisen-Sonderberichte, Bd. 8). Düsseldorf: Verlag Stahleisen, 1973

[RICH83] Richter, F.: Physikalische Eigenschaften von Stählen und ihre Temperaturabhängigkeit. (Reihe: Stahleisen-Sonderberichte, Bd. 10). Düsseldorf: Verlag Stahleisen, 1983

[RÖME10] Römer, G.R.B.E.; Huis in ’t Veld, A.: Matlab Laser Toolbox. In: Physics Procedia. 5, 2010, S. 413–419

[RÖME00] Römer, G.R.B.E.; Meijer, J.: Inverse Calculation of Power Density for Laser Surface Treatment. In: CIRP Annals - Manufacturing Technology. 49, 2000, Nr. 1, S. 135–138

[ROSE46] Rosenthal, D.: The theory of moving sources of heat and its application to metal treatments. In: Transactions of the American Society of Mechanical Engineers, 1946, Nr. 43, S. 849–866

[ROY00] Roy, A.; Manna, I.: Mathematical modeling of localized melting around graphite nodules during laser surface hardening of austempered ductile iron. In: Optics and Lasers in Engineering. 34, 2000, 4-6, S. 369–383

[RUDL93] Rudlaff, T.: Arbeiten zur Optimierung des Umwandlungshärtens mit Laserstrahlen. Stuttgart, Universität Stuttgart. Dissertation. 1993

[SAFO98] Safonov, A.; Aleksenko, S.: Effect of laser treatment on the wear resistance of steels. In: Metal Science and Heat Treatment. 40, 1998, Nr. 10, S. 399–401

[SAGA99] Sagaro, R.; Ceballos, J.; Blanco, A.; Mascarell, J.: Tribological behaviour of line hardening of steel U13A with Nd:YAG laser. In: Wear. 225-229, 1999, S. 575–580

[SANC19] Sancho, P.; Cordovilla, F.; Domínguez, J.; Montealegre, M.; Isaza, J.; García-Beltrán, Á.; Ocaña, J.: Customized laser beam intensity distribution for the laser surface treatment of geometrically convoluted components. In: Journal of Materials Processing Technology. 263, 2019, S. 223–232

[SAND91] Sandven, O.: Laser Surface Hardening. In: Committee, A. (Hrsg.): ASM handbook. Heat treating: ASM International, 1991, S. 286–295

[SCHL94] Schlebeck, D.: Entwurf eines Beratungssystems für das Laserstrahlhärten. Ilmenau, Technische Universität Ilmenau. Dissertation. 1994

[SCHL74] Schlicht, H.: Beitrag zur Theorie des schnellen Erwärmens und schnellen Abkühlens von Stahl. In: HTM Härtereitechnische Mitteilungen. 45, 1974, Nr. 29, S. 184–192

[SCHM10] Schmitt, F.: Laser Beam Micro Welding With High Brilliant Fiber Lasers. In: Journal of Laser Micro/Nanoengineering. 5, 2010, Nr. 3, S. 197–203

[SCHM86] Schmitz-Justen, C.: Einordnung des Laserstrahlhärtens in die fertigungstechnische Praxis. Aachen, RWTH-Aachen. Dissertation. 1986

[SCHU13] Schuh, G.: Lean Innovation. Berlin, Heidelberg: Springer, 2013

[SCHU14] Schulze, P.; Schmidl, E.; Lampke; T.: Entwicklung der Korngröße beim Erwärmen des Stahles 42CrMo4. In: Wotech. 3, 2014, Nr. 04

[SCHÜ00] Schürmann, B.: Umwandlungshärten mit Dioden-Laserstrahlung in Mehrstrahltechnik. Aachen, RWTH-Aachen. Dissertation. 2000

[SCHW12] Schwenk, M.: Numerische Modellierung der induktiven Ein- und Zweifrequenzrandschichthärtung. Karlsruhe, Karlsruher Institut für Technologie (KIT). Dissertation. 2012

[SCOP18] Scopus: Anfrage zu: The transformation hardening of steel surfaces by laser beams - I. Hypo-eutectoid steels - ScienceDirect. URL: https://www.sciencedirect.com/science/article/pii/0001616084901755 [Stand: 04.01.2018]

[SELV99] Selvan, J.S.; Subramanian, K.; Nath, A.: Effect of laser surface hardening on En18 (AISI 5135) steel. In: Journal of Materials Processing Technology. 91, 1999, 1-3, S. 29–36

[SHEA06] Shealy, D.: History of Beam Shaping. In: Dickey, F.; Holswade, S.; Shealy, D. (Hrsg.): Laser beam shaping applications. Boca Raton: Taylor and Francis, 2006, S. 307–347

[SHIU04] Shiue, R.; Chang, C.; Young, M.; Tsay, L.: The effect of residual thermal stresses on the fatigue crack growth of laser-surface-annealed AISI 304 stainless steel. In: Materials Science and Engineering. 364, 2004, 1-2, S. 101–108

[SHUR82] Shur, E.; Voinov, S.; Kleshcheva, I.: Increasing the design strength of steels by laser hardening. In: Metal Science and Heat Treatment. 24, 1982, Nr. 5, S. 341–344

[SKVA06] Skvarenina, S.; Shin, Y.: Predictive modeling and experimental results for laser hardening of AISI 1536 steel with complex geometric features by a high power diode laser. In: Surface and Coatings Technology. 201, 2006, Nr. 6, S. 2256–2269

[SLAT09] Slatter, T.; Taylor, H.; Lewis, R.; King, P.: The influence of laser hardening on wear in the valve and valve seat contact. In: Wear. 267, 2009, 5-8, S. 797–806

[SOLI84] Solina, A.; Sanctis, M. de; Paganini, L.; Blarasin, A.; Quaranta, S.: Origin and development of residual stresses induced by laser surface-hardening treatments. In: Journal of Heat Treating. 3, 1984, Nr. 3, S. 193–204

[SOLI86] Solina, A.; Sanctis, M. de; Paganini, L.; Coppa, P.: Residual stresses induced by localized laser hardening treatments on steels and cast iron. In: Journal of Heat Treating. 4, 1986, Nr. 3, S. 272–280

[SORG14] Sorgente, D.; Corizzo, O.; Ancona, A.; Scintilla, L.; Palumbo, G.; Tricarico, L.: Laser hardening of AISI 52100 bearing steel with a discrete fiber laser spot. In: Tagungsband zum SPIE LASE. San Francisco, Saturday 1 February 2014. SPIE, 2014, S. 1–10

[SORI11] Soriano, C.; Leunda, J.; Lambarri, J.; García Navas, V.; Sanz, C.: Effect of laser surface hardening on the microstructure, hardness and residual stresses of austempered ductile iron grades. In: Applied Surface Science. 257, 2011, Nr. 16, S. 7101–7106

[SOTI06] Sotirov, N.; Keßler, O.; Hoffmann, F.; Zoch, H.-W.: Überlappende Härtespuren beim Laserstrahlhärten CVD-beschichteter Stähle. In: HTM Härtereitechnische Mitteilungen. 61, 2006, Nr. 3, S. 160–164

[SPAN04] Spangenberg, S.; Grosch, J.; Scholtes, B.: Untersuchungen zum Einfluss des Restaustenits auf die Schwingfestigkeit einsatzgehärteter Proben. In: HTM Härtereitechnische Mitteilungen. 59, 2004, Nr. 1, S. 12–17

[SPUR15] Spur, G.; Zoch, H.-W.: Handbuch Wärmebehandeln und Beschichten: Carl Hanser Verlag GmbH & Co. KG, 2015

[STEE10] Steen, W.; Mazumder, J.: Laser material processing. London: Springer, 2010

[SUND17] Sundqvist, J.; Kaplan, A.; Shachaf, L.; Kong, C.: Analytical heat conduction modelling for shaped laser beams. In: Journal of Materials Processing Technology. 247, 2017, S. 48–54

[SVER97] Sverdlin, A.; Ness, A.: Effects of Alloying Elements. In: Totten, G.; Howes, M. (Hrsg.): Steel heat treatment handbook. New York: Dekker, 1997, S. 45–92

[TANI10] Tani, G.; Fortunato, A.; Ascari, A.; Campana, G.: Laser surface hardening of martensitic stainless steel hollow parts. In: CIRP Annals. 59, 2010, Nr. 1, S. 207–210

[TOBA06] Tobar, M.; Álvarez, J.; Amado, J.; Ramil, A.; Saavedra, E.; Yáñez, A.: Laser transformation hardening of a tool steel. Simulation-based parameter optimization and experimental results. In: Surface and Coatings Technology. 200, 2006, 22-23, S. 6362–6367

[VAZD09] Vazdirvanidis, A.; Pantazopoulos, G.; Louvaris, A.: Failure analysis of a hardened and tempered structural steel (42CrMo4) bar for automotive applications. In: Engineering Failure Analysis. 16, 2009, Nr. 4, S. 1033–1038

[VDI 95] VDI/VDE-Richtlinie VDI Verein Deutscher Ingenieure VDI/VDE 3511 (Januar 1995). Technische Temperaturmessung Strahlungsthermometrie

[VELI85] Velikikh, V.; Goncharenko, V.; Zverev, A.; Kartavtsev, V.: Residual stresses in carbon steels after surface hardening with CO2-laser radiation. In: Metal Science and Heat Treatment. 27, 1985, Nr. 4, S. 258–261

[VISS95] Visscher, H.; Rooij, M. de; Vroegop, P.; Schipper, D.: The influence of laser line hardening of carbon steel AISI 1045 on the lubricated wear against steel AISI 52100. In: Wear. 181-183, 1995, S. 638–647

[VÖLL18] Völl, A.; Vogt, S.; Wester, R.; Stollenwerk, J.; Loosen, P.: Application specific intensity distributions for laser materials processing. Tailoring the induced temperature profile. In: Optics & Laser Technology. 108, 2018, S. 583–591

[VÖLL19] Völl, A.; Wester, R.; Berens, M.; Buske, P.; Stollenwerk, J.; Loosen, P.: Accounting for laser beam characteristics in the design of freeform optics for laser material processing. In: Advanced Optical Technologies. 8, 2019, 3-4, S. 279–287

[VOLL05] Vollertsen, F.; Partes, K.; Meijer, J.: State of the Art of Laser Hardening and Cladding. In: Beyer, E. (Hrsg.): Lasers in Manufacturing 2005. Stuttgart: AT-Fachverl., 2005, S. 1–25

[WANG06] Wang, X.; Lu, X.; Chen, G.; Hu, S.G.; Su, Y.: Research on the temperature field in laser hardening. In: Optics & Laser Technology. 38, 2006, Nr. 1, S. 8–13

[WELL14] Wellburn, D.; Shang, S.; Wang, S.; Sun, Y.; Cheng, J.; Liang, J.; Liu, C.: Variable beam intensity profile shaping for layer uniformity control in laser hardening applications. In: International Journal of Heat and Mass Transfer. 79, 2014, S. 189–200

[WELL08] Wellburn, D.; Sharp, M.; Steen, W.; Ellis, N.; Dearden, G.; Watkins, K.: Beam Intensity Profile Modulation for Even Surface Treatment: Finite Element Modelling and Optical Design: Proceedings of 27th ICALEO. Orlando: Laser Institute of America, 2008, S. 430–437

[WIIA88] Wiiala, U.; Sulonen, M.; Korhonen, A.: Laser hardening of TiN-coated steel. In: Surface and Coatings Technology. 36, 1988, 3-4, S. 773–780

[WISS85] Wissenbach, K.: Umwandlungshärten mit CO2-Laserstrahlung. Darmstadt, Technische Universität Darmstadt. Dissertation. 1985

[WU06] Wu, W.; Liang, N.; Gan, C.; Yu, G.: Numerical investigation on laser transformation hardening with different temporal pulse shapes. In: Surface and Coatings Technology. 200, 2006, Nr. 8, S. 2686–2694

[XING18] Xing, W.; Shi, D.; Sun, J.; Zhu, Z.: Emissivity model of steel 430 during the growth of oxide layer at 800–1100 K and 1.5 µm. In: Infrared Physics & Technology. 88, 2018, S. 23–31

[YÁÑE02] Yáñez, A.; Álvarez, J.; López, A.; Nicolás, G.; Pérez, J.; Ramil, A.; Saavedra, E.: Modelling of temperature evolution on metals during laser hardening process. In: Applied Surface Science. 186, 2002, 1-4, S. 611–616

[YANG06] Yang, B.; Zhang, K.; Chen, G.; Luo, G.; Xiao, J.: A quantitative analysis of the effect of laser transformation hardening on crack driving force in steels. In: Surface and Coatings Technology. 201, 2006, Nr. 6, S. 2208–2216

[YANG90a] Yang, L.J.; Jana, S.; Tam, S.C.: Laser transformation hardening of tool-steel specimens. In: Journal of Materials Processing Technology. 21, 1990, Nr. 2, S. 119–130

[YANG90b] Yang, Y.-S.; Na, S.-J.: Residual stresses in laser surface hardening of large areas. In: Surface and Coatings Technology. 42, 1990, Nr. 2, S. 165–174

[YAO10] Yao, C.; Xu, B.; Huang, J.; Zhang, P.; Wu, Y.: Study on the softening in overlapping zone by laser-overlapping scanning surface hardening for carbon and alloyed steel. In: Optics and Lasers in Engineering. 48, 2010, Nr. 1, S. 20–26

Anhang

Anhang A: Simulative Näherung eines isothermen Temperaturfelds

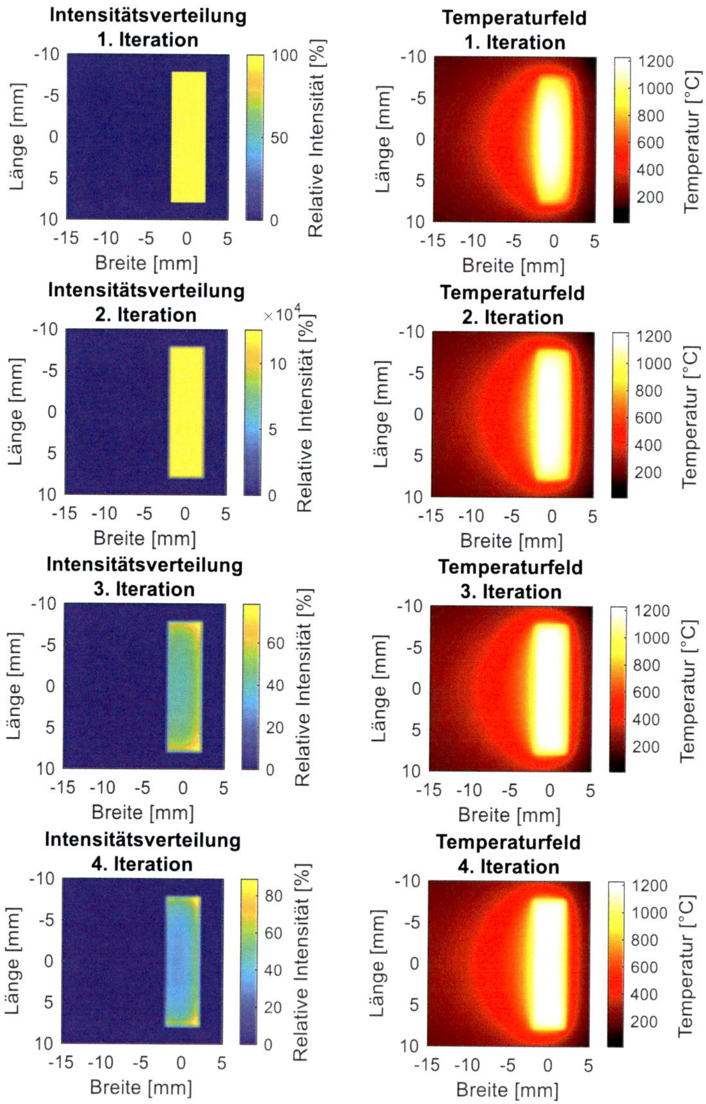

Abbildung 80: Intensitätsverteilung und Temperaturfeld eines isothermen Profils (Iteration 1-4)

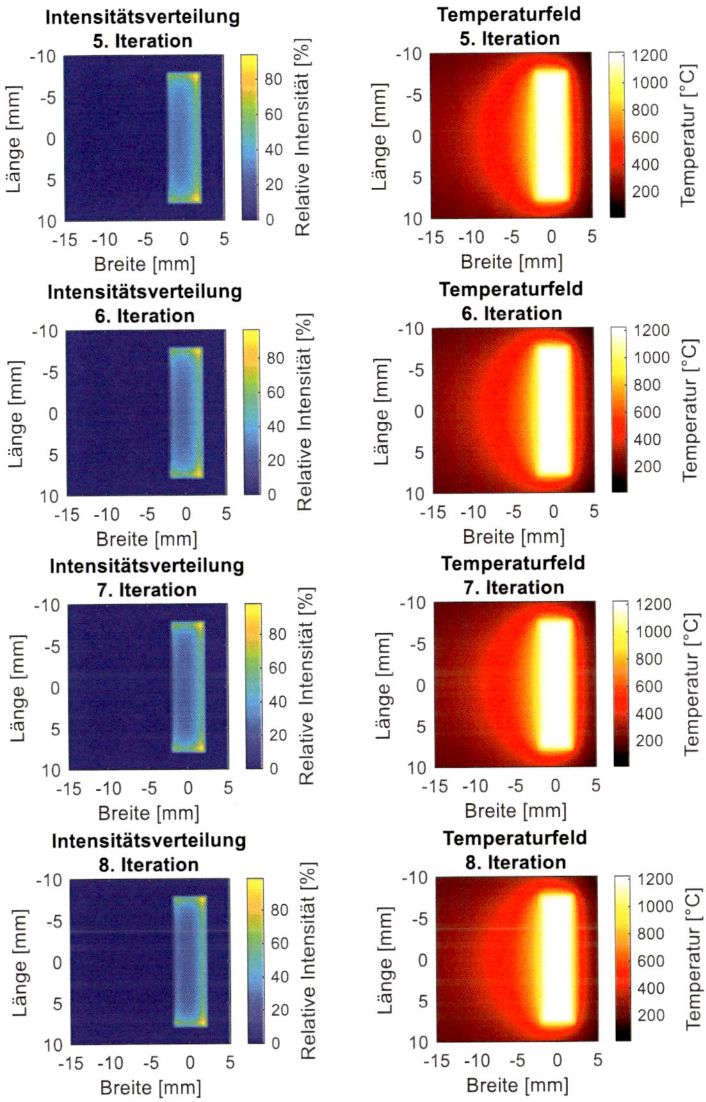

Abbildung 81: Intensitätsverteilung und Temperaturfeld eines isothermen Profils (Iteration 5-8)

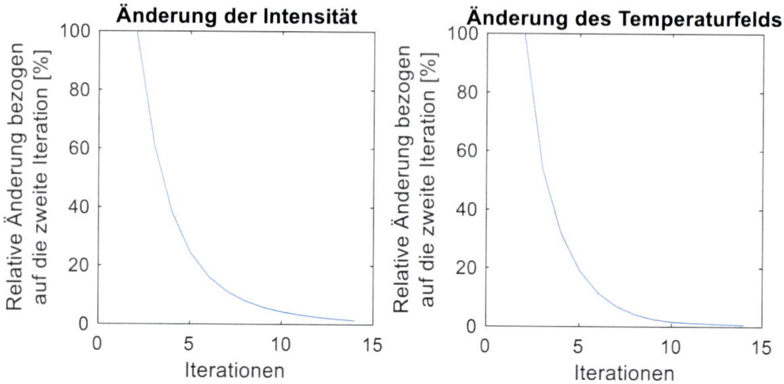

Abbildung 82:Relative Änderung mit zunehmenden Iterationen bei der Bestimmung von Intensitäten zur Erzeugung definierter Temperaturfelder

Anhang B: Annäherung der experimentellen Intensitätsverteilung

Die in den Veröffentlichungen von Pantsar verwendete Strahlquelle lässt sich nicht in ausreichender Genauigkeit mit einer gaußförmigen Intensitätsverteilung beschreiben, wie aus den in den Veröffentlichungen gezeigten Messungen hervorgeht [PANT05a; PANT05b; PANT07; PANT02; PANT04; PANT06].

Um die Verteilung anzunähern, wird daher die rechteckige Supergauß-Funktion gemäß Formel 34 verwendet. Hierzu sei angenommen, dass die Strahlradien den von Pantsar angegebenen Werten für die Laserradien entsprechen. Die die Steilheit des Profils beschreibenden $\boldsymbol{P_x}$ und $\boldsymbol{P_y}$ sind jedoch noch zu bestimmen.

Formel 34: $$f(x,y) \sim e^{\left(-\left(\frac{(x)^2}{2\,\sigma_x^2}\right)^{P_x} - \left(\frac{(y)^2}{2\,\sigma_y^2}\right)^{P_y}\right)}$$

Zur Bestimmung der Parameter wurden Simulationen für Werte für $\boldsymbol{P_x}$ von 1 bis 3 und $\boldsymbol{P_y}$ von 1 bis 2 in Schritten von 0,1 durchgeführt. Die sich ergebenden Strahlprofile bei Werten für $\boldsymbol{P_x}$ von 1, 1,5, 2, 2,5 sowie 3 und für $\boldsymbol{P_y}$ von 1, 1,5 und 2 sind zur Illustration des Parametereinflusses in Abbildung 83 dargestellt.

Auf Basis der von Pantsar verwendeten Parametersätze wurde mithilfe des Simulationsmodells die Oxidschichtdicke berechnet. Die auf die Intensität bezogene Oxidschichtdicke wurde daraufhin mit den angegebenen Werten für die Absorption korreliert. Mit diesen Werten konnten die Parameter für das Model zur Beschreibung der Absorption in Abhängigkeit der Oxidschichtdicke (vgl. Abbildung 20, links) neu bestimmt werden. Mithilfe der angepassten Parameter wurde der Vorgang wiederholt. Diese Abfolge wurde wenigstens 5mal für jede Parameterkombination von $\boldsymbol{P_x}$ und $\boldsymbol{P_y}$ durchgeführt.

Die Werte für $a_{Abs,1}$ liegen zwischen 61,99% und 63,34%. Für $a_{Abs,2}$ sind sie zwischen 0,156 1/µm und 0,2005 1/µm. Die Standardabweichung ist 0,01413% bzw. 0,00037033 1/µm.

Zur Feststellung welcher der Parametersätze von $\boldsymbol{P_x}$ und $\boldsymbol{P_y}$ demjenigen von Pantsar am nächsten kommt, wird ein Vergleich zwischen gemessener und simulierter Leistung verwendet. In Abbildung 84 ist die mittlere relative Abweichung dieses Wertes gezeigt. Während für Parameterwerte nahe eins der mittlere relative Fehler bei 12% liegt, sind die Abweichungen im Mittelfeld bei 4%. Der Wert ist dabei stärker von $\boldsymbol{P_y}$ als von $\boldsymbol{P_x}$ abhängig. Basierend auf den Ergebnissen wurde der Wert für $\boldsymbol{P_x}$ zu 2,5 und $\boldsymbol{P_y}$ zu 1,6 bestimmt. Die korrespondierenden Werte für die Parameter sind $a_{Abs,1}$ und $a_{Abs,2}$ sind 62,92% bzw. 0,1775 1/µm.

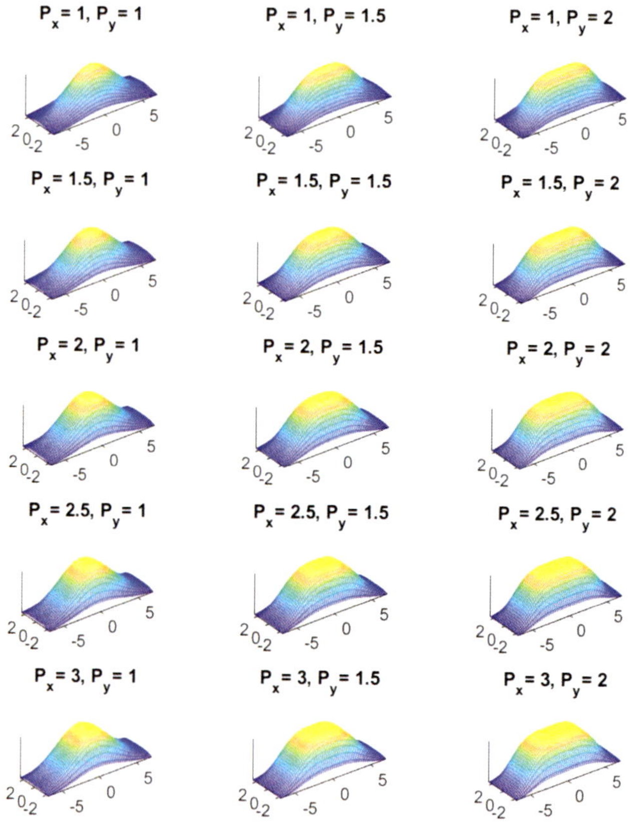

Abbildung 83: Mit dem Supergaußprofil angenäherte Intensitätsverteilungen nach Pantsar mit einer Variation der Exponenten P_x und P_y

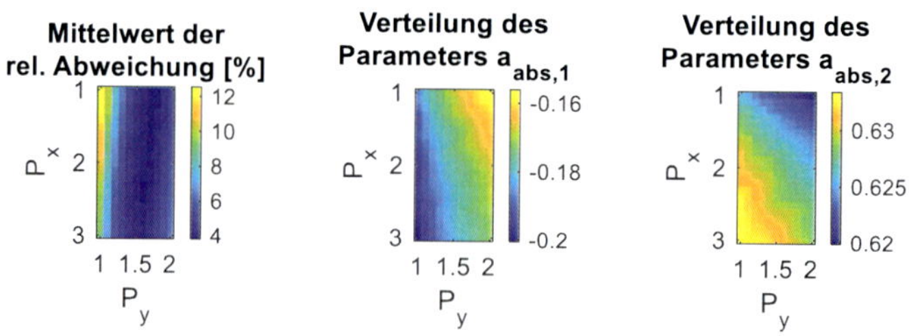

Abbildung 84: Mittlere relative Abweichung zwischen Simulation und Messwerten (links) und ermittelte Werte für $a_{Abs,1}$ (Mitte) und $a_{Abs,2}$ (rechts)

Anhang C: Herleitung des Temperaturverlaufs innerhalb der Oxidschicht

Für den Temperaturverlauf innerhalb der Oxidschicht lässt sich die Differentialgleichung in **Formel 35** mit den aufgelisteten Randbedingungen herleiten.

Formel 35 $$\frac{\partial^2 T}{\partial x^2} = \frac{\dot{\Phi}'''}{\lambda_{oxid}} \quad \begin{matrix} R_1: T(x=0) = T_{Oxidoberflaeche} & R_3: \lambda \frac{\partial T}{\partial x}|_{x=0} = 0 \\ R_2: T(x=s) = T_{Metalloberflaeche} & R_4: \lambda \frac{\partial T}{\partial x}|_{x=\delta_{Oxid}} = -P_{Li,j} \end{matrix}$$

Durch Integration folgt die zu lösende Formel 36.

Formel 36 $$\int\int dT\, dT = \int\int \frac{\dot{\Phi}'''}{\lambda_{Oxid}} dx dx => \frac{1}{2}T^2 + c_{Int1}T + c_{Int2} = \frac{1}{2}\frac{\dot{\Phi}'''}{\lambda_{Oxid}}x^2 + c_{Int3}x + c_{Int4}$$

Aus Randbedingung 3 folgt durch Substitution Formel 37.

Formel 37 $$\frac{\partial T}{\partial x} = \gamma \rightarrow \int d\gamma = \int \frac{\dot{\Phi}'''}{\lambda_{Oxid}} dx \rightarrow \frac{\partial T}{\partial x} = x + c_{Int1} \rightarrow \ c_{Int1} = 0$$

Aus Randbedingung 4 folgt durch Substitution Formel 38.

Formel 38 $$\frac{\partial T}{\partial x} = \hat{\gamma} \rightarrow \int d\hat{\gamma} = \int \frac{\dot{\Phi}'''}{\lambda_{Oxid}} dx \rightarrow \frac{P_{Lij}}{\lambda_{Oxid}} = \frac{\dot{\Phi}'''}{\lambda_{Oxid}}\delta_{Oxid} \rightarrow \dot{\Phi}''' = \frac{-P_{L,i,j}}{\delta_{Oxid}}$$

$$\frac{\partial T}{\partial x} = x\frac{-P_{L,i,j}}{\lambda_{Oxid}\,\delta} \rightarrow T = \frac{1}{2}x^2 \ \frac{-P_{L,i,j}}{\lambda_{Oxid}\,\delta_{Oxid}} + c_{Int2}$$

Aus Randbedingung 1 folgt durch Substitution Formel 39.

Formel 39 $$\Delta T = T - T_{Oxidoberflaeche}\ c_{Int2} = 0$$

Für den Temperaturverlauf innerhalb der Oxidschicht folgt hieraus Formel 40.

Formel 40 $$T_{(x)} - T_{Oxidoberfläche} = -\frac{1}{2}\frac{x^2}{\delta_{Oxid}}\frac{P_{L,i,j}}{\lambda_{Oxid}}$$

Somit ergibt sich für die Temperatur an der Metalloberfläche zu Formel 41:

Formel 41 $$T_{Metalobefläche} = T_{Oxidoberfläche} - \frac{1}{2}\frac{{\delta_{Oxid}}^2}{\delta_{Oxid}}\frac{P_{L,i,j}}{\lambda_{Oxid}}$$

Anhang D: Prozessdiagramme

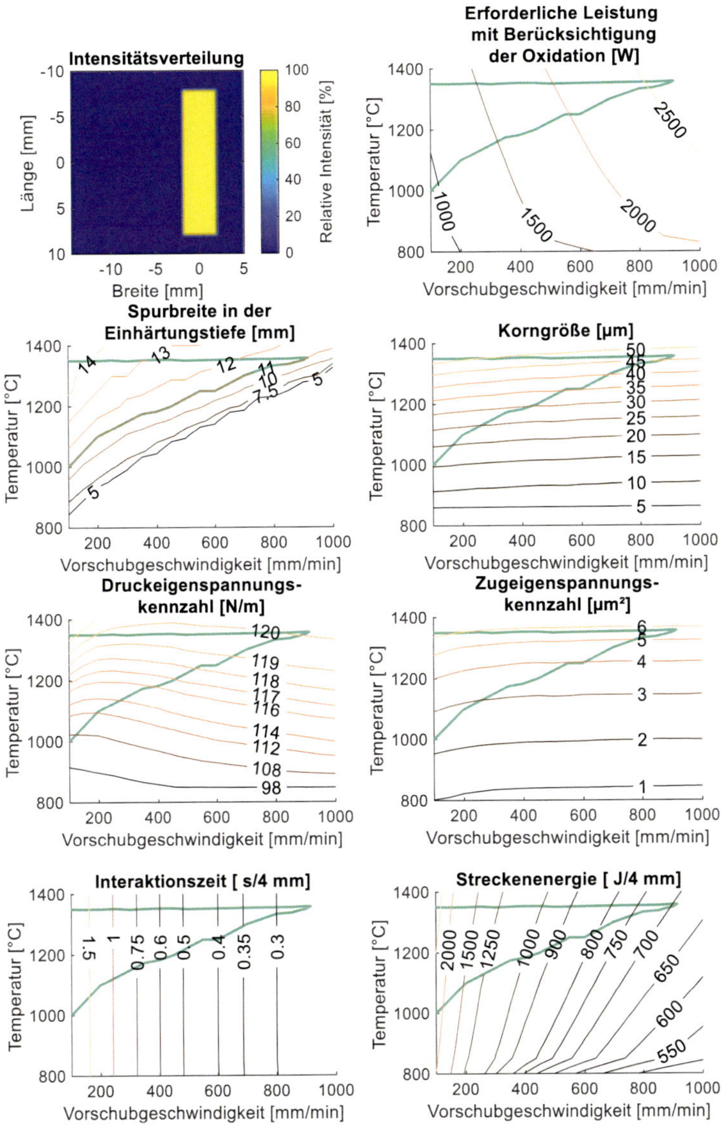

Abbildung 85: Prozessdiagramm eines Top-Hat-Profils
Länge:16 mm, Breite 4 mm, Gaußradius: 0,3 mm, mit Berücksichtigung der Oxidation

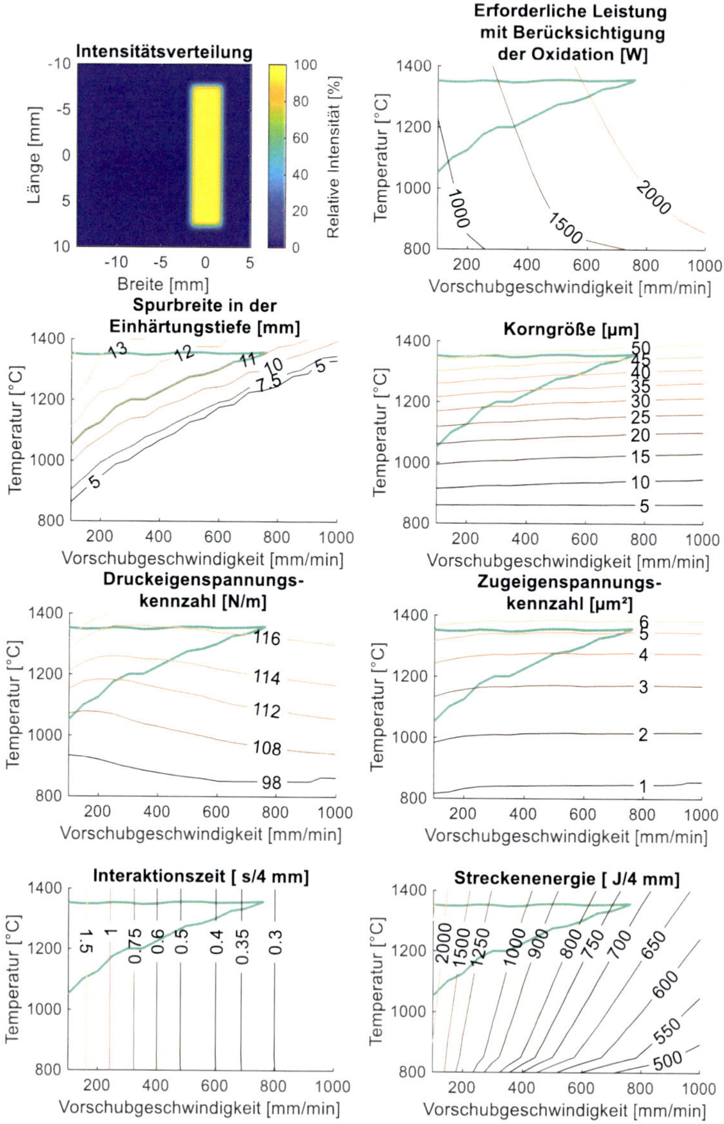

Abbildung 86: Prozessdiagramme eines Top-Hat-Profils
Länge:16 mm, Breite 4 mm, Gaußradius: 0,6 mm, mit Berücksichtigung der Oxidation

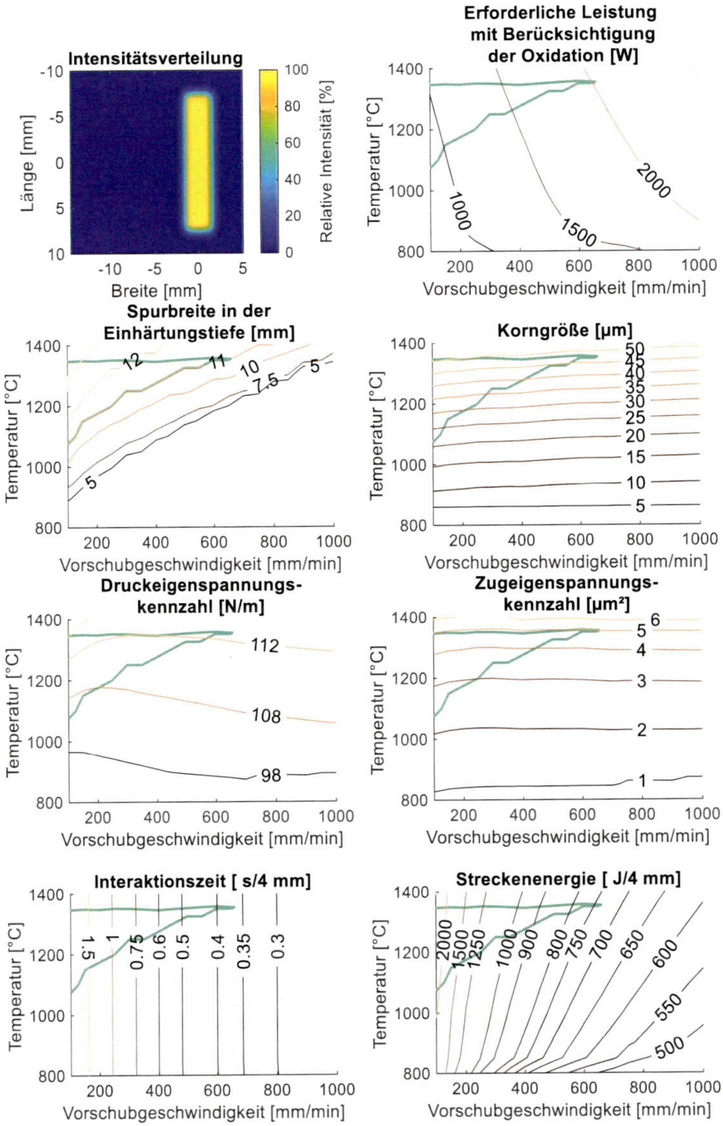

Abbildung 87: Prozessdiagramme eines Top-Hat-Profils
Länge:16 mm, Breite 4 mm, Gaußradius: 0,9 mm, mit Berücksichtigung der Oxidation

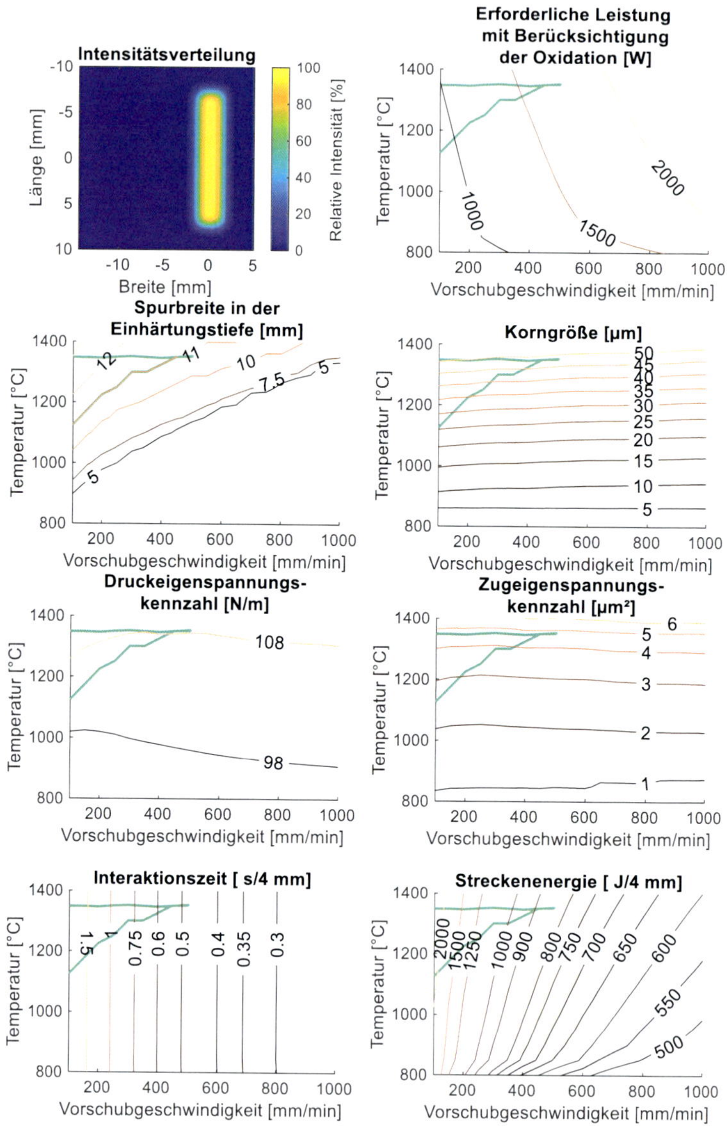

Abbildung 88: Prozessdiagramme eines Top-Hat-Profils
Länge:16 mm, Breite 4 mm, Gaußradius: 1,2 mm, mit Berücksichtigung der Oxidation

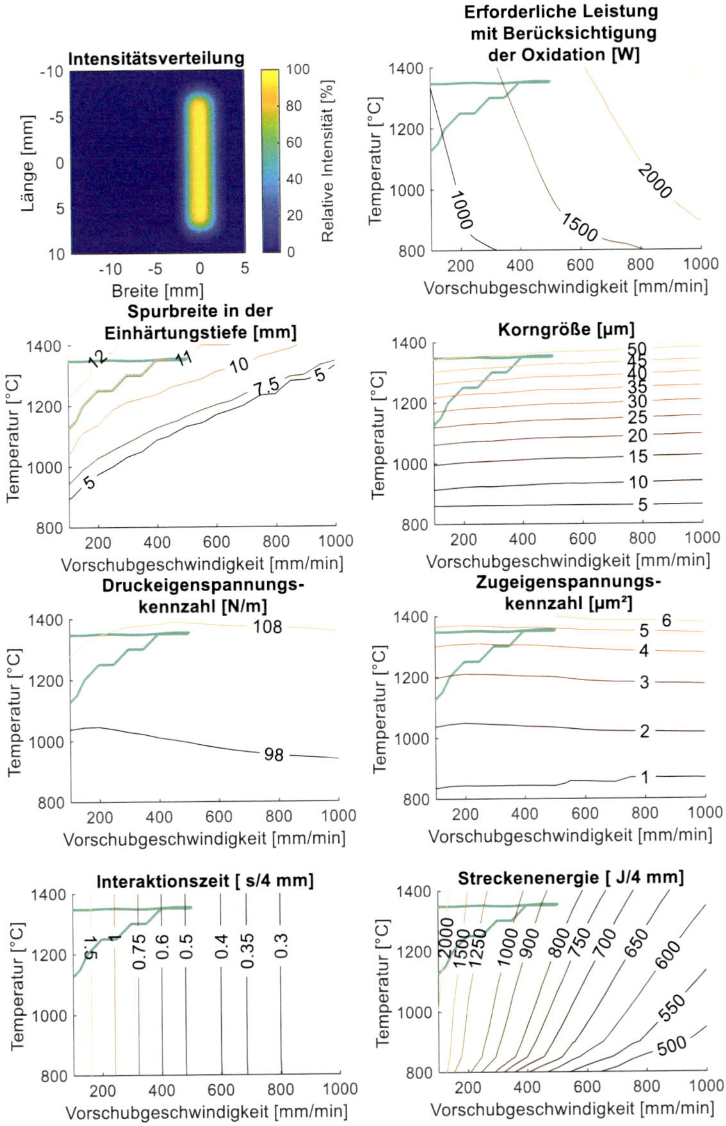

Abbildung 89: Prozessdiagramme eines Top-Hat-Profils
Länge:16 mm, Breite 4 mm, Gaußradius: 1,5 mm, mit Berücksichtigung der Oxidation

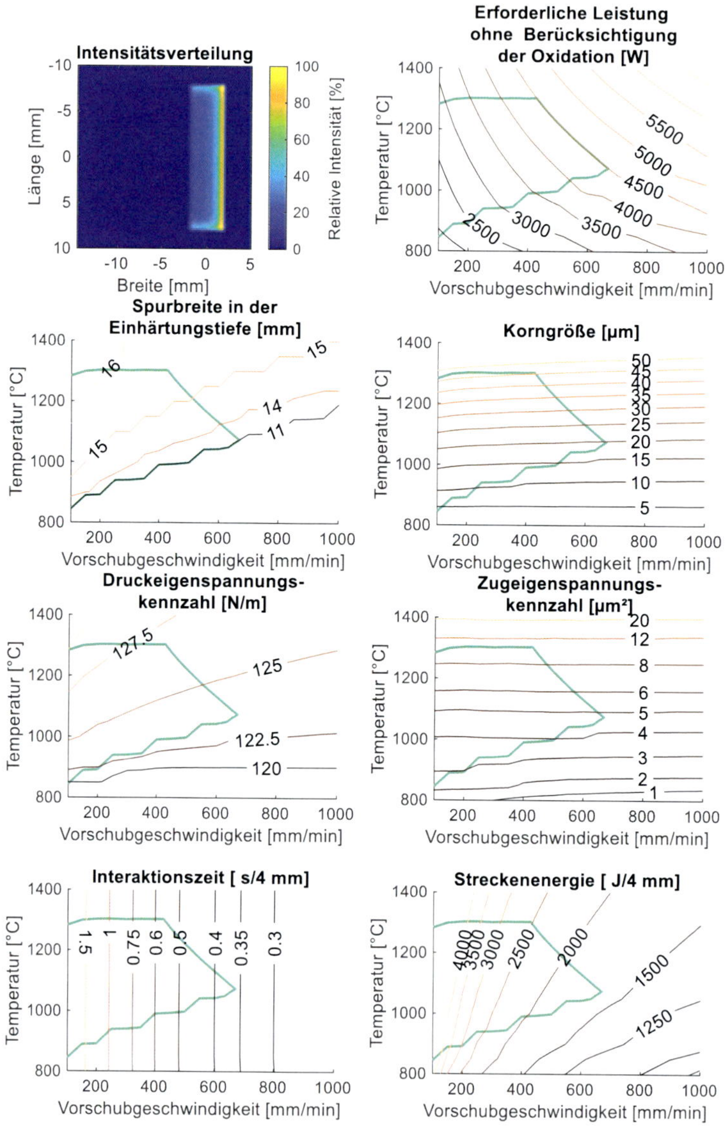

Abbildung 90: Prozessdiagramme einer isothermen Oberfläche
Länge: 16 mm, Breite: 4 mm, Gaußradius: 0,3 mm, ohne Berücksichtigung der Oxidation

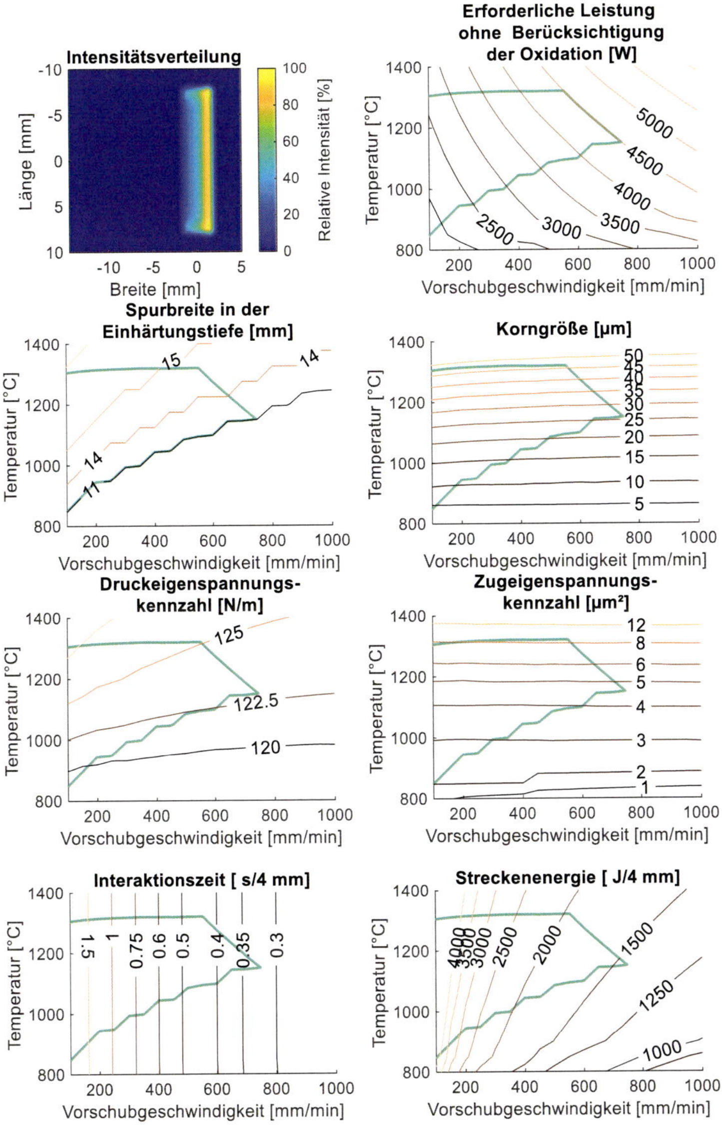

Abbildung 91: Prozessdiagramme einer isothermen Oberfläche
Länge: 16 mm, Breite: 4 mm, Gaußradius: 0,6 mm, ohne Berücksichtigung der Oxidation

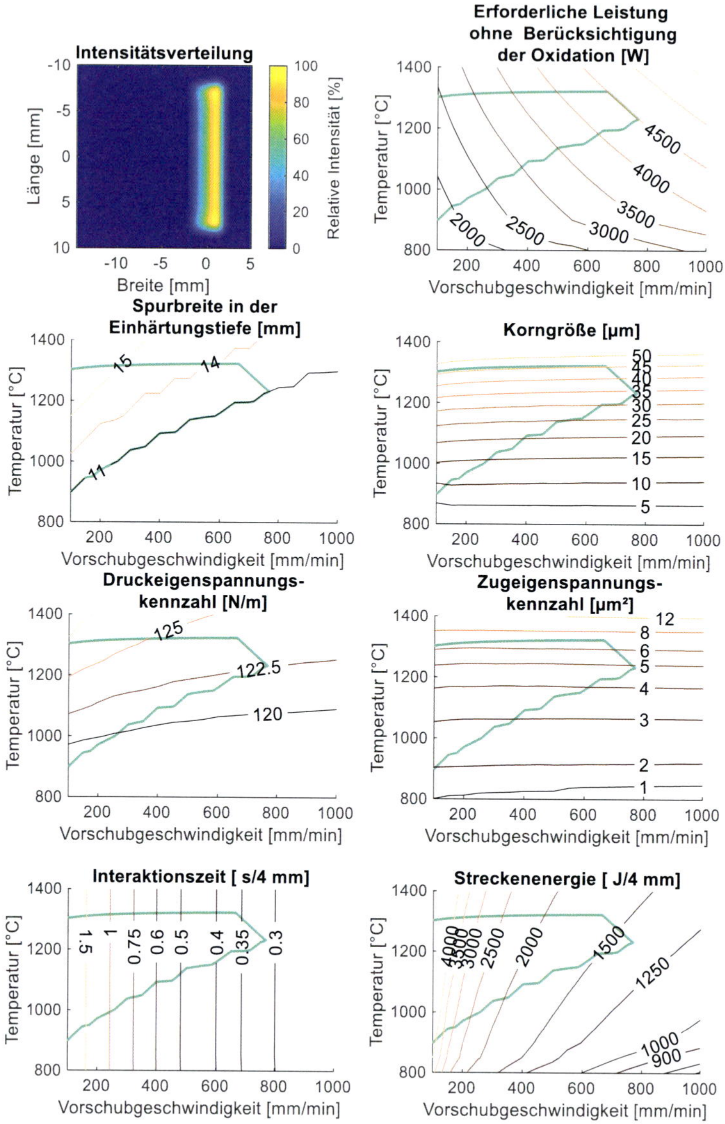

Abbildung 92: Prozessdiagramme einer isothermen Oberfläche
Länge: 16 mm, Breite: 4 mm, Gaußradius: 0,9 mm, ohne Berücksichtigung der Oxidation

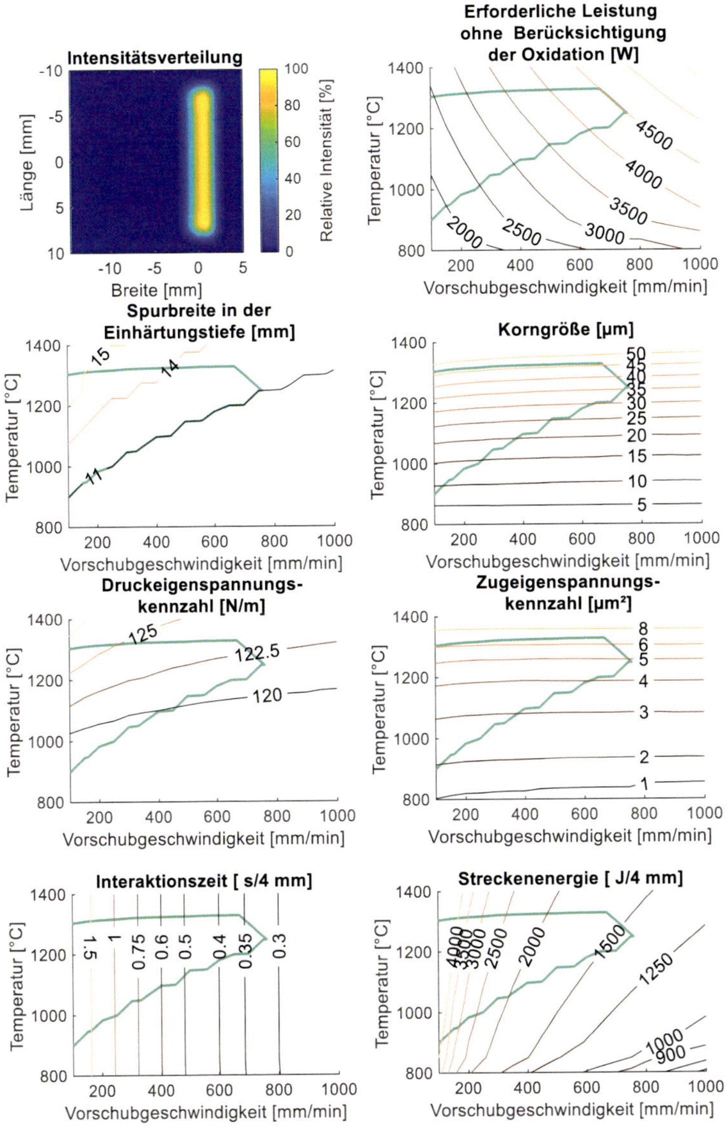

Abbildung 93: Prozessdiagramme einer isothermen Oberfläche
Länge: 16 mm, Breite: 4 mm, Gaußradius: 1,2 mm, ohne Berücksichtigung der Oxidation

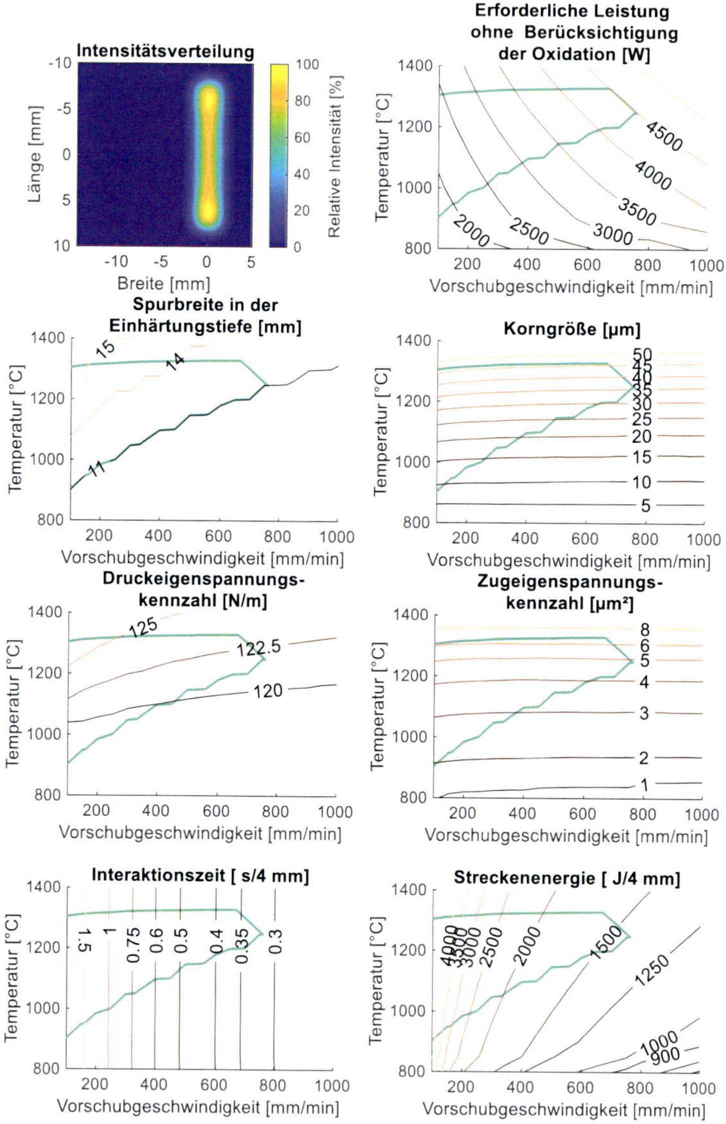

Abbildung 94: Prozessdiagramme einer isothermen Oberfläche
Länge: 16 mm, Breite: 4 mm, Gaußradius: 1,5 mm, ohne Berücksichtigung der Oxidation

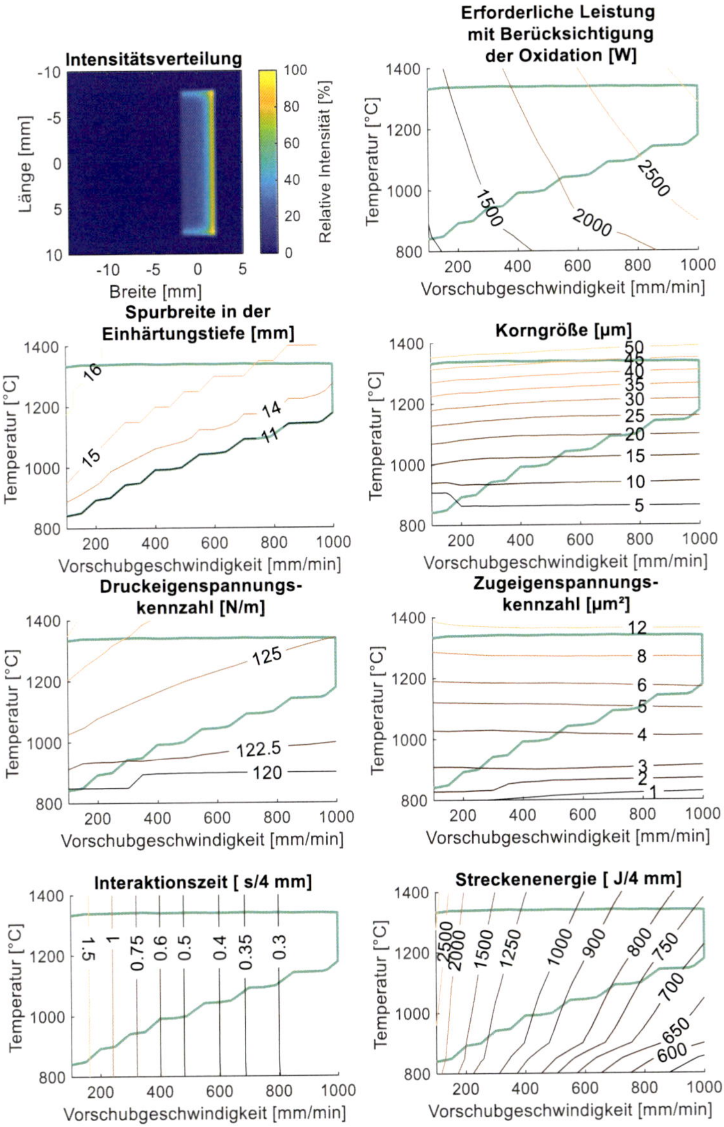

Abbildung 95: Prozessdiagramme einer isothermen Oberfläche
Länge: 16 mm, Breite: 4 mm, Gaußradius: 0,3 mm, mit Berücksichtigung der Oxidation

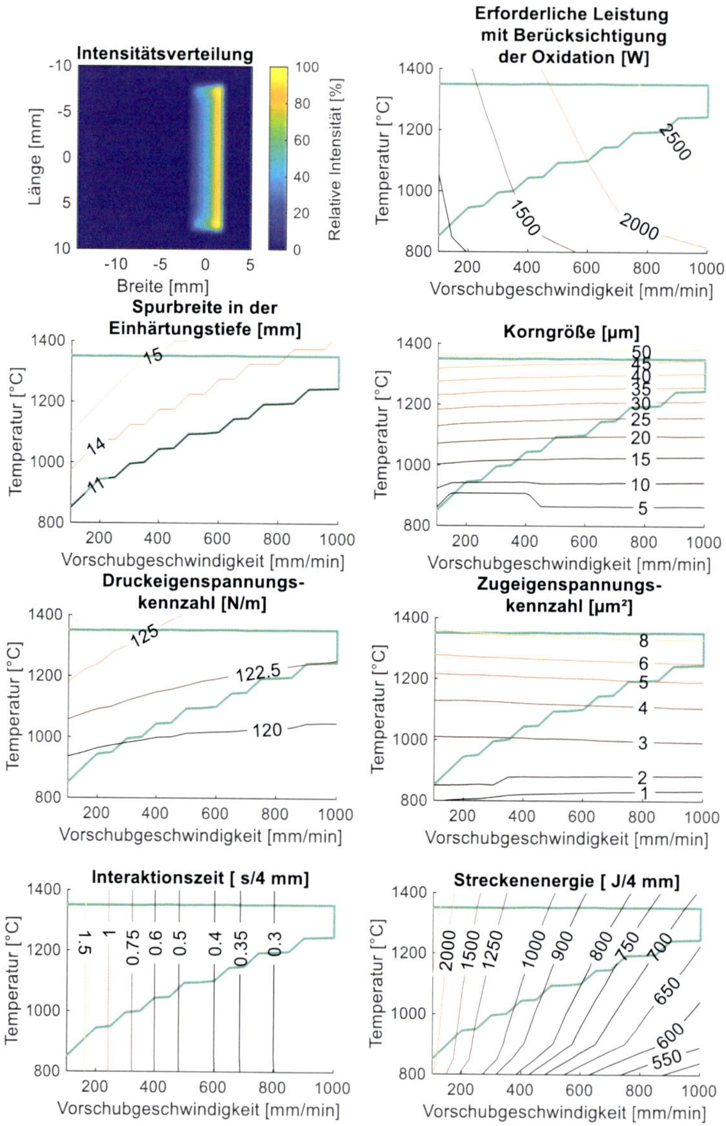

Abbildung 96: Prozessdiagramme einer isothermen Oberfläche
Länge: 16 mm, Breite: 4 mm, Gaußradius: 0,6 mm, mit Berücksichtigung der Oxidation

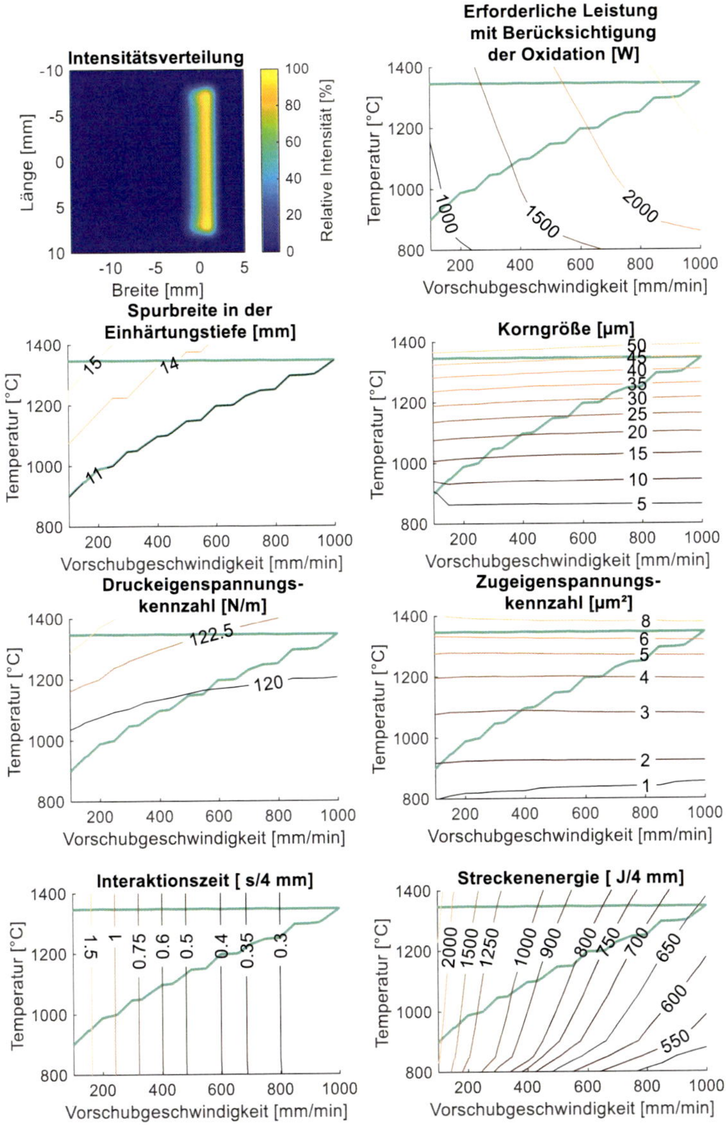

Abbildung 97: Prozessdiagramme einer isothermen Oberfläche
Länge: 16 mm, Breite: 4 mm, Gaußradius: 0,9 mm, mit Berücksichtigung der Oxidation

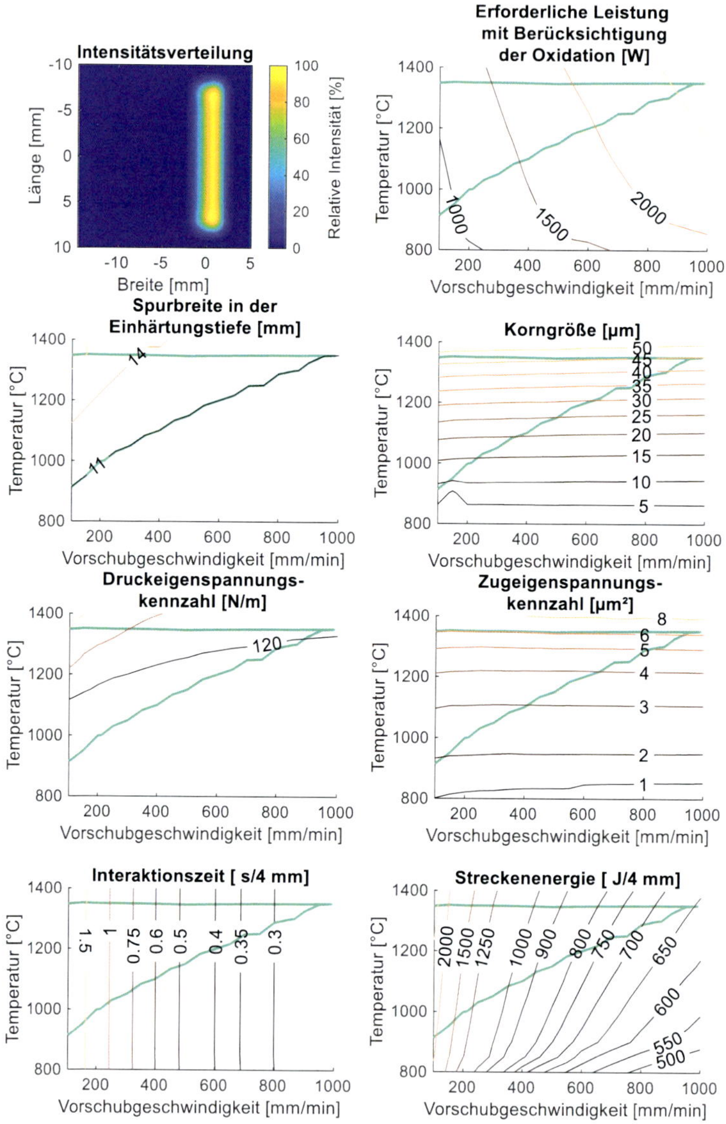

Abbildung 98: Prozessdiagramme einer isothermen Oberfläche
Länge: 16 mm, Breite: 4 mm, Gaußradius: 1,2 mm, mit Berücksichtigung der Oxidation

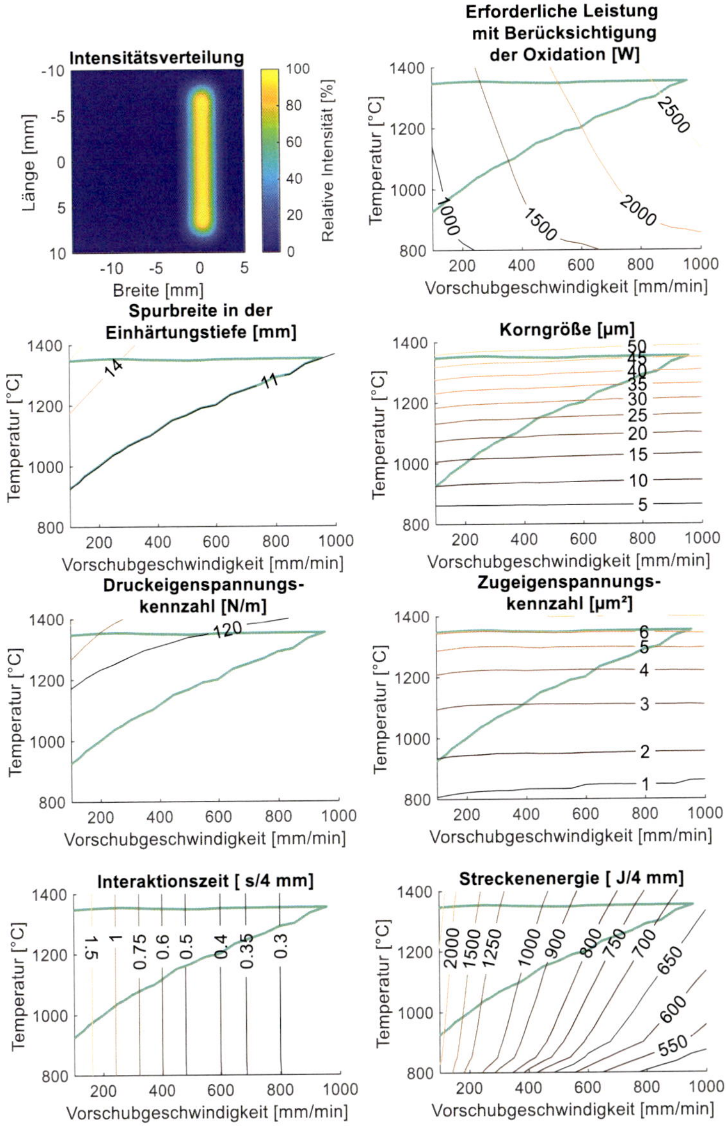

Abbildung 99: Prozessdiagramme einer isothermen Oberfläche
Länge: 16 mm, Breite: 4 mm, Gaußradius: 1,5 mm, mit Berücksichtigung der Oxidation

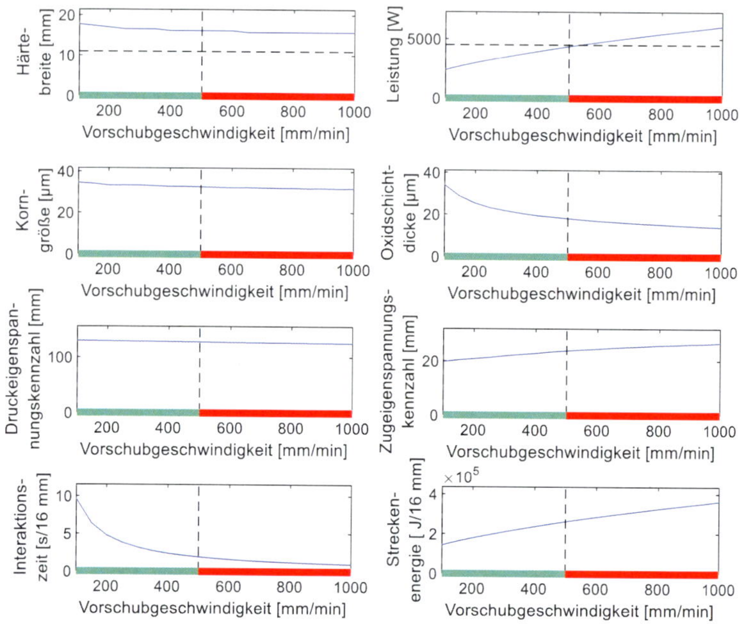

Abbildung 100: Prozessdiagramme des Profils zur Reduktion des Korngrenzenwachstums ASTM-Korngröße 7, Gaußradius: 0,3 mm, mit Berücksichtigung der Oxidation

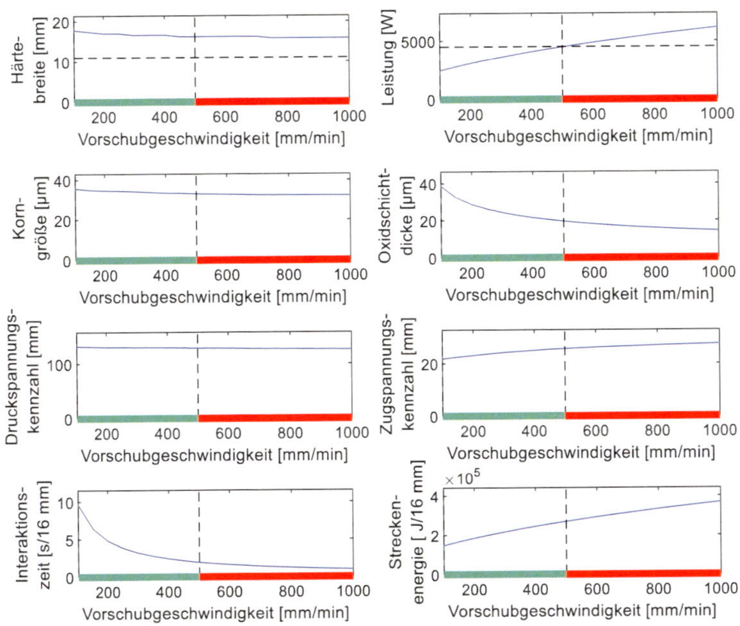

Abbildung 101: Prozessdiagramme des Profils zur Reduktion des Korngrenzenwachstums ASTM-Korngröße 9, Gaußradius: 0,3 mm, mit Berücksichtigung der Oxidation

In der Reihe **Ergebnisse aus der Produktionstechnik** zuletzt erschienen:

Busch, Max:
Intelligente Produktionsplanungsprozesse im Werkzeugbau
ISBN: 978-3-98555-095-1
Erscheinungsdatum: 14.07.2022

Eßer, Bastian:
Analyse des Betriebsverhaltens von Kugelgewindetrieben unter statischen axialen Betriebslasten
ISBN: 978-3-98555-065-4
Erscheinungsdatum: 11.07.2022

Fölling, Carsten:
Komplexitätsbeherrschung durch hybride Montageplanung
ISBN: 978-3-98555-090-6
Erscheinungsdatum: 30.06.2022

Schulz, Martin:
Optimierung des Temperaturfeldes beim Laserstrahlhärten
ISBN: 978-3-98555-078-4
Erscheinungsdatum: 23.06.2022

Ays, Johanna:
Kontextbasierte Integration agiler und plangetriebener Entwicklungsprozesse
ISBN: 978-3-98555-087-6
Erscheinungsdatum: 23.06.2022

Ebade Esfahani, Matthias:
Ontologie der Fabrikplanung mit Hilfe von Building Information Modeling (BIM)
ISBN: 978-3-98555-084-5
Erscheinungsdatum: 07.06.2022

Maslo, Semir:
Simulation of the Dynamic Vibration Behaviour and Spindle Speed Optimization During the Milling Process of Turbomachinery Components
ISBN: 978-3-98555-082-1
Erscheinungsdatum: 25.05.2022

Schmitz, Seth:
Datenbasierte Beschreibung der Prozessperformance in der Auftragsabwicklung
ISBN: 978-3-98555-079-1
Erscheinungsdatum: 19.05.2022

Goertz, David:
Gestaltungsmodell für eine vernetzte adaptive Montage im Werkzeugbau
ISBN 978-3-98555-072-2
Erscheinungsdatum: 05.05.2022

Scholz, Paul:
Applikation maschinell lernender Systeme in der vernetzten adaptiven Produktion
ISBN 978-3-98555-069-2
Erscheinungsdatum: 28.04.2022

Edition Wissenschaft
Apprimus

Wollbrink, Moritz:

Methodik zur Integration pulverbettbasierter additiver Fertigungstechnologien in Fertigungsprozessketten

ISBN 978-3-98555-070-8
Erscheinungsdatum: 22.04.2022

Menges, Alexander:

Bewertung von Produktvarianten mittels Process Data Mining

ISBN 978-3-98555-066-1
Erscheinungsdatum: 13.04.2022

Krauß, Jonathan:

Optimizing Hyperparameters for Machine Learning Algorithms in Production

ISBN 978-3-98555-020-3
Erscheinungsdatum: 13.04.2022

Schwenzer, Max:

Closing the Loop of Model Predictive Force Control in Milling with Ensemble Kalman Filtering

ISBN 978-3-98555-057-9
Erscheinungsdatum: 11.04.2022

Gützlaff, Andreas:

Entscheidungsprozess zur kontinuierlichen Gestaltung von Produktionsnetzwerken

ISBN 978-3-98555-058-6
Erscheinungsdatum: 22.03.2022

Patzwald, Marc:

Entwicklung von Technologiestrategien in einem volatilen Unternehmensumfeld

ISBN 978-3-98555-044-9
Erscheinungsdatum: 16.03.2022

Ochs, Jelena Katherina:

Model-Based Process Prediction for Predictive-Reactive Scheduling in Automated Stem Cell Production

ISBN 978-3-98555-059-3
Erscheinungsdatum: 22.04.2022

Fränken, Bastian:

Standortrollen in Produktionsnetzwerken

ISBN 978-3-98555-052-4
Erscheinungsdatum: 13.04.2022

Schäfer, Alexander:

Werkzeugseitiger Einsatz von NiTi-FGL zur Verbesserung der dynamischen Prozessstabilität bei der Fräsbearbeitung

ISBN 978-3-98555-060-9
Erscheinungsdatum: 11.04.2022

Grünebaum, Timm:

Methodik zur Gestaltung von Technologieketten und Prozessfolgen nach lebensphasenübergreifend ökologisch-ökonomischen Kriterien

ISBN 978-3-98555-043-2
Erscheinungsdatum: 24.03.2022

Hardt, Marvin:

Modeling the Material Behavior under Metal Cutting Conditions

ISBN 978-3-98555-045-6
Erscheinungsdatum: 16.03.2022

Buschhoff, Clemens:

Beitrag zur Qualitätssicherung beim in-situ Tape-Legen komplexer Laminate

ISBN 978-3-98555-047-0
Erscheinungsdatum: 14.03.2022

Edition Wissenschaft
Apprimus